TBM 터널 설계

TBM 터널설계

Modern TBM Tunnel Design Technology

지왕률 저

TBM 기술은 터널기술의 현재이자 미래이며, 2019년 말레이시아 ITA(국제터널학회) 총회에서는 AI를 이용한 자율주행 TBM 개발에 대한 논문이 발표되고, 달의 지하기지 개발을 위한 달나라 TBM, 남극과 북극의 자원 개발을 위한 극지개발 TBM, 신교통시스템, Urban Loop와 Hyper Loop System을 위한 지하 굴착용 Super Power TBM, 장기간 장대터널 굴착이 가능한 핵 TBM 연구 등 그 미래는 AI를 이용한 4차 산업 혁명의 시점에서 미래의 TBM은 인류사에 있어서 엄청난 역할을 하게 될 것이다.

씨아이알

서문

영원한 땅굴쟁이 Warren Jee!

아직도 코로나 바이러스가 극성인 2021년 3월을 맞이하여, 조상의 숨결이 느껴지는 200년 넘은 충남 아산 고택에서 지난 40여 년간 터널일을 회고할 때, 처음 터널에 입갱한 날을 잊을 수가 없다. 대학교 3학년 때 현장 실습차 파견된 곳은 지금도 지리적으로 꽤 먼 강원도 도계에 위치한, 아직도 지하에서 석탄을 생산하는 경동광업소였다. 첫 입갱은 Inclined Tunnel(사갱)이었다. Winch로 연결된 인차를 타고 내려가 메탄가스 표시 있는 곳은 절대 출입 금지 명령을 받았다. 종일 안전한 주운반 암반갱도에서 배수로 복구공사, 즉 단순 터파기일을 종일하고 지상으로 나왔을 때 마주친 눈부신 태양과 갱내에는 화장실이 없다는 새로운 사실 그리고 갱내에서 먹었던 광업소식당에서 광차로 보내준 점심 도시락의 맛을 잊을 수 없다.

처음 직장생활을 전문직으로 시작했던 1980년 4월 초로 돌아가 보면, 당시 대학졸업 후 대학 선배 소개로 서울 가리봉동에 위치한 자원개발연구소 위촉연구원이었다. 더구나 그때 필자는 호주 시드니의 UNSW 대학교 유학을 준비 중이던, 25살의 Junior Rock Mechanics Engineer로서 꿈 많던 청년이었다. 이후 1980년 11월 당시 새로이 확대 개편된 한국동력자원연구소 1기 공채시험에 우수한 성

적으로 합격하여, 정규직 기술원을 넘어 바로 정규직 연구원이 되었다. 당시 독일 Aachen 공대에서 귀국하신 암반 굴착 기계공학의 전문가 이경운 박사님 밑에서 운 좋게도 암반공학 영어 원서와 독일어 원서 전문서적를 받아 보곤 했고, 암반굴착공학이라는 새로운 학문에 눈을 뜨기 시작하였다.

연구소 입소 후 2년간 독일정부 초청장학생으로 RWTH Aachen 공대에서 암반공학, 광산터널, 기계굴착공학 등에 대해 입문하게 되었다. 지식인으로서 금연을 강요하신, 당시 나비넥타이 정장차림의 보수적이셨던 동독 출신 지도교수 Professor Tar, 카리스마의 학장 Professor Reuter 인자하신 Essen 석탄 연구소의 Dr, Everling 모두 잊을 수 없는 은사님들이시다.

1986년 강력한 체력으로 Rocky라는 별명으로 유명한, 호주 UNSW 대학교 학장 Roxborough 교수와의 서울 워커힐 국제학회에서의 만남이 호주로 박사학위를 공부하러 간 결정적인 계기가 되었다. 당시 스코틀랜드 New Castle Upon Tyne 대학 출신 Roxborough 교수를 통해 Rock Cutting Technology에 입문하여 TBM Engineer로서 터널의 기계화 시공에 입문하게 되었다. 이후 Roxborough 교수의 배려로 Australian Commonwealth Research Award, 4년간 호주 연방 정부 전액 장학생이 되어 학문에 더 집중할 수 있었었고, 꼼꼼하게 박사학위 논문을 지도해주신 지도교수 영국인 Prof. Leon, Thomas의 도움으로 박사학위 논문 심사를 3번 떨어지고 4번 만에 무사히 통과해 학위를 마칠 수 있었다. (호주는 공정성 때문에 지도교수는 논문 심사위원회에 들지 못하고, 논문 심사는 무제한 방식으로(Endless Defence) 북반부의 다른 나라들과는 차별화되어 까다로운 편이다.) 1988년 공부 초기 당시에 필자는 터널의 기계굴착 실무 분야에 대해서 정말 아는 것이 미천했는데, 40여 년이 지난 지금, TBM Engineer로서 국내외적으로 Professional 대접을 받게 되었고, 전공을 살려 호주를 포함한 전 세계 4개 대륙에서 30여 건의 터널 프로젝트를 수행했다. 특히 Malaysia Sarawak 정글에서 5년간 세계적 규모의 Bakun River Diversion Tunnelling

Project(바쿤 가배수로 터널공사)의 Designer로 활동했을 때가 나이 40으로 내 인생의 전성기가 아니었나 싶다. 그때 국제터널학회 2대 회장을 역임한 Norway, NTNU 대학 Einar Broch 교수와의 만남은 터널 시공에서 굴착 시 현지 암반의 정확한 지반공학적 분류가 지보재 설계에 미치는 중요성을 배우게 되었다.

당시 이미 호주 시드니에서부터 알게 된 같은 연구실 출신 현 호주 UNSW 공대 교수 Prof. Paul Hagan, Bakun Tunnel 발주처의 Consultant였던, 독일인 Diplom. Ing. Egon Failor, 서울 지하철 9-9공구 Slurry Type Shield TBM 터널 설계를 함께 수행했던, 스위스의 Dr. Martin Braun, 오스트리아의 Diplom. Ing. Klaus Rabensteiner, 일본의 Dr. Isago, 말레이시아, 칠레, 아르헨티나, 사우디아라비아, 이란, 터키, 미국, 프랑스 등 수많은 터널전문가들과 교류할 기회를 갖게 되었다.

지금도 국내외 각종 강연과 자문, 프로젝트 PM으로서 활동하고 있으니, 터널을 지나칠 때마다 솔직히 경이롭고 감사한 마음을 갖게 된다. 터널의 설계, 시공, 감리, 사업관리, 강의 및 연구 경력, 특히 미국 콜로라도 CSM 공대에서의 5년간

Mega TBM for highway at Santa Lucia

터널강의 및 연구 경험, TBM 굴진율 예측 CSM모델 창시자, Levent Ozdemir 교수 등 TBM 터널 굴착 전문가들과의 교류 등 그리고 건설기술연구원에서 홍성완, 장수호, 김창용 박사팀과 함께했던 터널 기계화 시공연구단 등 산학연을 오고 간 지난 40년 쉬지 않고 뛰어온 일상이 너무나도 즐겁고 감사하기만 하였다.

시드니의 Uncle이 지어준, 내 영어 이름은 Warren이다. 호주말로 토끼굴이란 뜻이다. 나와는 너무도 친숙하며 외국 친구들은 모두 그렇게 부른다. 동력자원연구소에서 1985년에 만난 지구과학교육 전공의 아내는 아직도 화날 때 나를 못된 '땅굴쟁이 Warren'이라 칭한다.

그러나 필자는 아직 제대로 된 나만의 터널 시공 교재, TBM 공법 교재, 영문 전공서적 작성 등 앞으로 할 일이 많이 남아 있으며, 기술적으로는 아직도 많이 부족한 상태이다. 또한 터널의 실무 Engineer가 주관이 된 터널학회의 활동, 그중에서 거의 5년간 터널의 기계화 시공 심포지엄을 주관했던 일들, 함께했던 선후배 Engineer들 모두에게 감사의 말씀을 전한다. 필자가 Global Tunnelling Engineer로서 경력을 갖추기까지는 많은 지도교수 및 선배 기술자들의 지도와 도움이 있었음을 잊지 않고 있다. 또한 지속적으로 TBM 터널 Project를 수행할 기회가 꾸준히 있었음도 실무일을 하는 Engineer에겐 큰 행운이었다.

미국과 사우디아라비아, 호주, 유럽, 동남아, 남미 등에서는 Engineer는 존경받는 직업군이다. 근래 필자 사무실이 있던 Saudi Jeddah에서 만난 사우디 고급 기술자들은 Engineer라는 명함을 자랑스럽게 건네곤 하였다. 사실 Professional Engineer를 육성하는 데 엄청난 비용이 투자되며 선진국에서는 그 기술력을 전수하기 위한 노력을 기울이고 있는 현실을 국내 업계나 학계도 인식해야 할 것이다.

암반공학을 전공하여 터널의 기계굴착공학, TBM을 이용한 터널의 기계화 시공도 앞으로 무궁무진한 기술발전이 예상되며, 엄청난 속도로 기술발전이 이뤄지고 있다. 전 세계 Infra Tunnel의 80% 이상이 TBM을 이용한 기계화 시공으로 굴착되고 있어, 특히 국내 TBM 공법 적용에 많은 연구와 투자가 요구된다. 앞으로 암반공학을 기초로 한, 많은 젊은 TBM Engineer가 배출되어서 전 세계 Infra-Tunnel 사업에 참여하게 되길 바라며, 국내 시공사가 TBM PQ가 부족하여 해외공사 입찰에 참여하지 못하는 불상사가 사라지길 기대하고 있다.

TBM 기술은 터널기술의 현재이자 미래이며, 2019년 말레이시아 ITA(국제터널학회) 총회에서는 AI를 이용한 자율주행 TBM 개발에 대한 논문이 발표되고, 달의 지하기지 개발을 위한 달나라 TBM, 남극과 북극의 자원 개발을 위한 극지개발 TBM, 신교통 시스템, Urban Loop와 Hyper Loop System을 위한 지하 굴착용 Super Power TBM, 장기간 장대터널 굴착이 가능한 핵 TBM 연구 등 그 미래는 AI를 이용한 4차 산업 혁명의 시점에서 미래의 TBM은 인류사에서 엄청난 역할을 하게 될 것이다.

끝으로 이젠 조금씩 멀어져 간, 과거 화려했던 시절의 국내외 친구, 동료, 선배, 후배 모두가 건강한 아주 멋진 터널암반굴착 공학도로서, 행복한 황혼기를 보내시길 바란다. 또한 이 부족한 Technical Hand Book 출간에 도움을 준, 나의 짝 Helena (오정혜), 두 딸 주희, 민희, 사위 정민, 성준, 개구쟁이 큰 손주 도안, 귀염둥이 둘째 손주 서인, 온 가족들과 편집을 도와준 후학 김진영 군, 늘 자애로우신 터널엔지니어링 선배 김승렬 박사님(전 KTA 회장), 그리고 본 집필을 격려해준 양대영 대표를 비롯한 GTS-Korea 임직원 여러분 등 사랑하는 모든 벗들과 씨아이알의 김성배 사장님께도 감사의 말씀을 전한다.

Glückauf!!!
안전제일 터널 시공!!
Safety First in Tunnel

2021년 3월 충남 아산 고택에서
지왕률 Warren Jee
GTS-Korea 회장(Tunnel Project PM)

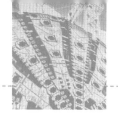

차 례

Modern TBM Tunnel Design Technology

CHAPTER
1

서 론

    터널의 기계화 시공의 시작은 영국의 산업혁명이었고, 2000년대 이르러는 전 세계 Infra Tunnel의 80%를 굴착하는 시공법으로 자리 잡은 바 있다. 터널의 공법은 크게 둘로 나눈다. Bore or Blast? 오늘날에 와서는 TBM을 이용한 기계화 시공이 터널공법의 주를 이루고 있으며, 아직 국내는 활성화되지 못한 터널공법으로, 앞으로 전망은 밝은 분야라 할 수 있다.

그림 1.1 TBM 제작의 산 역사

인력굴착에 의한 Brunel의
철제 Shield(1918년)와
Marc Brunel
(토목공학자)

Robbins사의 세계 최초 암반용
TBM(1956년)과
James Robbins
(광산공학자)

Herrenknecht사의
Modern TBM(2000년)과
Martin Herrenknecht
(기계공학자)

그림 1.1 TBM 제작의 산 역사(계속)

터널의 기계화 시공의 선조격이라 할 수 있는 터널 Project는 아직도 사용되고 있는 London의 Thames강을 횡단하는 Thames Tunnel을 들 수 있다. 1800년도 초 Enclosure Movement(종획운동)로 일자리를 잃은 일반 농노들이 살던 지방을 떠나 대도시 London 으로 이주해가던 시절이었다. 따라서 인구 50만 명 정도의 조용한 도시 London이 세계에서 제일 복잡한 도시로 바뀌었고, 주택문제, 환경문제, 상하수도 문제, 교통문제가 큰 골칫거리로 떠올랐다. 그중에서도 도시계획 없이 자연스럽게 주거지 및 상가가 확장된 London의 대중교통문제는 해결해야만 하는 Big Issue였다. 당시 영연방제국은 해가지지 않는 나라라는 이름에 걸맞게 세계 최고의 부국이었고, 철혈 여제였던 Elizabeth 1세의 통치하에 있었고, 막대한 부와 권력을 가진 엘리자베스 1세 여왕은 기술발전, 산업화, 교통문제 개선뿐만 아니라 문화 예술에도 엄청난 지원을 하였고, 골치 아픈 교통문제 해결의 대안은 결국 Underground Railway, 즉 오늘날 지하철이 탄생하는 계기가 되었다. 그러나 당시에는 빽빽이 발달한 빌딩 하부로 터널을 뚫어 철도를 운행시킨다는 것은 1960년대 인류가 달나라에 가는 것 정도로 불가능한 일이었다. 어떠한 토목쟁이, 광산 쟁이, 터널쟁이도 감히 대도시 밑에 터널을 굴착할 엄두를 내지 못한 것이다. 그러나 1843년에 25년 만에 Thames강 하부를 횡단하여 준공한 Thames Tunnel의 성공에 힘입어 서 1863년 세계 최초의 Metro London 지하철이 개통하게 되었고, 오늘날 전 세계 대도시의 주요 교통시설인 지하철 건설의 모태가 되었던 것이다.

장난감 같았던 Brunnel이 설계한 무동력 Shield는 최초의 터널굴착기계 장비로 역사에 남게 되었고, London 교외에는 Brunnel Museum이 있어 아직도 위대한 토목쟁이 Brunnel 부자를 기리고 있다.

오늘날 같은 강력한 암반 굴착형 TBM은 1950년대 미국의 광산굴착기계 기술자였던 미국의 James. S. Robbins가 시카고의 하수도 터널에 투입한 직경 5.4m의 TBM이 최초로 분류되며, 최초의 현대화된 TBM은 1950년에 South Dakota주의 Pierre의 Oahe Dam 공사 가배수로 터널 공사에 투입된 장비로 James Robbins가 설계 제작하였다. 그러나 경암 굴착을 위해서 Disc Cutter를 개발한 James Robbins의 설계로 Pick 대신 Disc Cutter가 장착된 TBM은 시카고 Humber강의 하수도 터널 공사에 1956년 최초로 투입됐으며, 오늘날까지 경암 굴착의 표준 TBM으로 사용되고 있다.

Robbins는 아들을 거쳐 현재 손녀가 경영하고 있으며, 경영권은 최근에 중국계 회사로 넘어간 것으로 보인다. 연약지반의 굴착 장비로는 1970년대 일본에서 개발된 EPB TBM(토압식 TBM)을 들 수가 있다. EPB TBM과 Slurry TBM은 연약지반의 TBM 굴착의 신혁명을 이루어냈다.

그림 1.2 TBM 2대로 굴착 중인 LA Metro 터널공사 현장(2020. T & T Journal)

현대 TBM의 아버지라 불리는 독일의 Dr. Martin Herrenknecht는 (본인은 터널업계의 엘비스 프레슬리라고 불리는 것을 좋아하지만, 그럼 저자는? 한국 터널업계의 조용필인가?) 남부 독일의 작은 마을 Schwanau에서 태어나 40년 전에 Herrenknecht를 창업하여, 그 지방의 영웅이 되었다. 원래 자동차 수리공이었던 Martin은 40년 전 스위스의 TBM Tunnel 현장의 수리공으로 일하게 되면서, 독일의 자체적으로 강한 분야, 기계제작, 유압, 전기, 재료공학, 터널공학, 토목공학 등의 특성을 활용한 융합 산업인 TBM 제작에 뛰어들어 오늘날 세계 제일의 TBM Maker를 이루게 되었다. 그의 팀이 개발한 고출력의 Powerful한 High-Power TBM의 제작은 직경 20m에 이르는 대구경 Infra터널의 동시 시공이 가능케 되어 새로운 대구경 Mega TBM의 시대를 열고 있다.

그의 또 다른 TBM 개발 공헌 분야는 연약지반 및 수압이 큰 하저나, 해저에서 굴착이 가능한 Slurry TBM을 기술적으로 거의 완성시켰다는 점을 들 수 있다. Slurry TBM은 Hydroshield라 불리기도 하고, Herrenknecht에서는 제품명을 Mixed Shield라 부른다. Slurry TBM은 원래 영국에서 개발된 것으로 장비 설계 개념은 Bentonite Tunnelling Machine으로 첫 특허는 John Bartlett(Mott, Hay and Anderson사)으로 개발 후 영국에서 두 개 터널 Project에 투입된 바 있다. 이때 막장을 지지하는 매체는 Slurry, 물, 공기이다. 이 방법은 완벽하진 않아, 보다 완벽한 개선이 필요했고, Robbins가 제작한 첫 번째 장비는 1964년에서 1970년 사이 파리 지하철 새로선 공사에 투입되었다. Drum Digger의 커터헤드에서 막장을 지지하는데, 압축 공기가 사용되었다. 문제는 막장에서 공기압을 유지하는 것이 지반으로 유출되는 공기 때문에 어려운 일이었다. 압축된 Bulk Head Chamber의 막장 사용의 원리는 1972년 영국국립개발공사와 런던교통공사가 공동으로 1972년에 시험 터널 모래자갈 층에서 Bartlett Bentonite 터널굴착장비를 시험했는데, 압축공기보다는 Slurry Medium 재질이 더 막장 지지력이 우수함이 밝혀졌다.

당시 터널장비는 Robert Priestly사에서 제작했고, 시공사는 Edmund Nuttall사였다. Nuttall은 이 장비를 Lancashire, Warrington의 지반 조건이 어려운 하수도 터널 프로젝트에 사용하였다.

미래의 TBM은 어떤 모습으로 우리에게 다가올 것인가? 지금 최대 출력 10,000kW급 이상을 대구경 Mega TBM이라 하는데, 원자핵으로 가동되는 출력 100,000kW 이상의 원자력 TBM이 나올 것으로 예상되며, 장비의 Design도 출중한 A.I Robot가 시공사 현장 관리도 기술력이 출중한 AI 로봇이 하게 되며, 오늘날도 지하 작업장 근무를 기피하는 인간 본능의 특성상, 인력이 많이 필요한 발파터널 현장은 소음, 진동에 의한 환경보호 문제 등으로 도태될 가능성이 높아 보인다.

Modern TBM은 고속화 운행에 따른 고속도로와 고속전철의 장대터널이 설계되고, 터널 단면이 대단면화하면서, 과거의 Pilot TBM＋확장 발파식의 복잡한 Procedure가 사라지고 High-Power TBM을 이용한 전단면 Full Face Cut이 일반화되고 있다. 급속 시공과 장비의 안전성을 높인 Double Shield TBM이 과거의 Open TBM을 대체하기 시작했으며, 하저나 해저는 Slurry TBM이 일반화되고 있어, 불과 10년 전 Bore or Blast? 공법 선정을 놓고 경쟁하던 일이 옛날 이야기가 되었다. 현재 전 세계적인 터널공사의 흐름으로 볼 때 한국도 Infra-Tunnel의 TBM을 이용한 기계화 시공의 확대 적용 시점에 와있기 때문에, TBM 장비 제작, 운영, 유지 보수 및 수리, 부품개발, TBM Engineer, TBM Operator 등 국내 자체 인력을 개발해야 할 것이다.

CHAPTER
2

TBM 터널의 역사

CHAPTER 2

TBM 터널의 역사

TBM을 이용한 기계화 시공의 역사는 인류가 아직 정복하지 못한 우주, 심해저, 지하세계에 도달하지 못했다. 하지만 인류는 이 세 가지 못 이룬 꿈을 이루기 위해서 부단한 노력을 기울이고 있다. TBM의 역사를 얘기할 때 영국의 토목공학 Marc Brunnel의 Thames 터널 공사를 들 수 있고, 이 프로젝트에 Brunnel이 발명한 특허를 지녔던 인류 최초의 Shield Machine을 주목하지 않을 수 없다.

산업혁명의 영향으로 갑자기 거대한 대도시가 된 London은 대중교통의 문제에 직면하게 되었다. 주거지인 런던 교외에서 런던 시내의 공장 및 사무실 등으로 출근하려는 런던 시민들의 출퇴근 방법이 여객선을 타고 Thames강을 횡단하는 것밖에 없다는 것이었다. 이에 대한 문제해결을 고민하던 Marc Brunnel은 Thames강을 횡단하는 도보 횡단 터널을 계획하게 되었으나, 당시의 터널기술이 강 밑의 연약지반 London Clay를 뚫고 굴착하기에는 터무니없이 기술력이 열악하여, 불가능에 가까운 일이었다. 그럼에도 불구하고 당시 많은 투자자가 Thames Tunnel Project의 사업성을 믿고 대규모 민자 투자가 일어나게 되어 최초의 민자 사업인 Thames Tunnel 공사가 시작되었다. 설계단계에서 Civil Engineer였던 Brunnel은 Thames강 하부의 연약지반인 London Clay의 특성상 터널굴착 시 차수가 가능하고, 강도가 약해 발파 터널기술이 필요 없이 인력 굴착 후 조적식

지보재를 쌓는 개념으로 공기를 3년이면 충분하다 생각하여 1818년 착공 시 공사 설명회에서 터널의 완공시기를 3년 후인 1821년으로 선정하였다. 그러나 Marc Brunnel은 1821년 타계하고, 아버지보다 유명한 PM Isambard Kingdom Brunnel 이 바통을 물려받아 모든 어려움을 극복하고 Thames Tunnel을 완공한 것이 1843년 여름, 즉 착공한 지 25년 만이었다. Project 수행 도중 많은 어려움이 있었지만, PM으로서 이 프로젝트를 마무리한 Isambard Kingdom Brunnel의 업적은 영국의 토목 기술사에 영원히 남아 있다.

Marc Brunnel   Isambard Kingdom Brunnel

그림 2.1 Thames Tunnel 제안자 아버지 Marc Brunnel과 Project를 완공시킨 그의 아들 Isambard Kingdom Brunnel

그러나 수직구(그림 2.2, 2.3, 2.4)를 굴착하고 하저에 연약지반인 London Clay층을 굴착 시 문제가 발생하였다. 물론 연약지반이라 발파도, 기계굴착도 필요 없이 삽과 곡괭이를 이용한 인력 굴착이 가능했으나, 연약 지층을 만나자 수압의 영향으로 London Clay가 굴착한 터널 내부로 밀려들어 오고, 비라도 오면 늘어난 수압으로 막장에 강물이 유입되어 전진 굴착이 불가능하였다. 연약지반 내 터널 굴착은 중지되고, Thames Tunnel Project도 위기에 봉착하였다. 그러나 의외의 장소에서의 기억이 이러한 터널 문제를 해결하게 하였다. 젊은 시절 Marc Brunnel은 런던의 채텀 조선소 목재 부서에서 근무했었는데, 일을 하던 중에 조그마한 좀조개가 목재를 뚫고 들어가며 물에 젖은 목재

내에서 압사하지 않고 살아나며 계속 굴진을 하는 것을 관찰하게 되었다. 좀조개는 머리부의 두꺼운 갑각류 Head로 목재를 깎아 전진하며, 물에 젖은 목재가 팽창하여 구멍이 압착되면 압사하는 것을 막기 위해 특수한 액체를 뿜어 구멍 내부를 지보재로 지지하여 구멍을 유지한다. 이처럼 굴착과 동시에 지보재 철제 Shield로 지지하면서 굴착하면 연약지반 내에서도 터널이 무너지지 않고 튼튼하게 굴착할 수 있으리란 Idea를 떠올렸고, 인류 최초의 연약지반 내 기계화 굴착 장비 Shield를 발명하게 되었다(그림 2.5).

그림 2.2 Thames Tunnel 굴착용 수직구 버력 작업

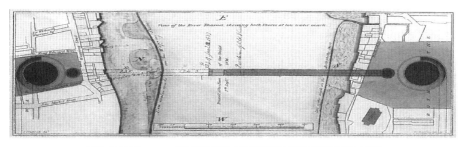

그림 2.3 Thames 터널의 평면 선형(강폭이 가장 좁은 곳을 선정)

좀조개의 그 머리 부분이 오늘날 Shield TBM의 Cutter Head를 닮았고, 그 액체를 굳혀 만든 터널 내 지보재는 오늘날 Shield Skin Plate와 지보재 RC Segment와 유사한 기법이라 하겠다.

그림 2.4 수직구 종단면도

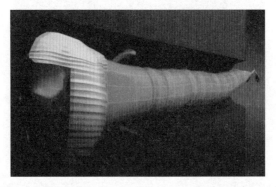

그림 2.5 좀조개의 형상(Shape of Shipworm)

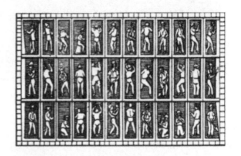

그림 2.6 좀조개와 36개 작업 막장과 Miner들

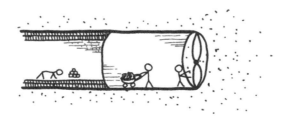

그림 2.7 Brunnel 터널공법의 개요도

그림 2.8 터널공사 중 1828년 1월 12일 런던에 홍수가 발생하여, 6명의 광부가 익사하고 PM인 Marc Isambard Brunnel도 수직구를 통해 대피해 목숨을 건진 대형 사고가 발생

Brunnel Shield 공법의 개요를 보면 막장에 Shield 구조체를 설치하여, 굴착 중 연약지반이 터널 내부로 밀려 들어와 터널굴착 작업을 방해하는 것을 막고, 연약지반인 London Clay는 인력 굴착하고 버력은 인력수레나 마차를 통해 외부로 반출하며, 지보재는 벽돌로 신속하게 조적식으로 구축하는 공법이다.

그러나 Shield를 적용해 터널굴착이 하저의 연약지반 내에서 가능해졌으나, 터널 공사는 예상치 못한 홍수 등 천재지변 등의 영향으로 Marc Brunnel의 착공 시 예상했던 공기 3년을 넘어 1843년 총 25년이 걸린 후에 PM의 의지를 지닌 그 아들 Isambard Kingdom Brunnel의 노력에 힘입어 개통하게 된다. 공사 중 어려움에 닥칠 때마다 PM인 Isambard Kingdom Brunnel은 온갖 아이디어를 내어 투자자를 고무시키며, 광부 가족들을 진정시키고, 프로젝트의 중요성을 강조하며 Project를 중단하지 않고 순항하도록 관리하였다(그림 2.9).

1843년 Thames Tunnel의 개통식을 맞이해 Marc Brunnel은 착공 3년 만에 사망하여 터널의 준공을 보지는 못했으나, 당시 London Times는 세계 7대 불가사의, 이집트의 피라미드, 중국의 만리장성에 못지않은 세계 8대 불가사의 Thames Tunnel의 개통을 치하하였다. 당시에 터널 뚫는 것도 어려운 시절에, 런던 Thames강을 횡단하여 강하저의 연약지반 London Clay 속에 터널을 뚫은 기술은 그 당시에는 충격적인 기술로 세계 8대 불가사의 터널이라고 런던은 자랑하였다.

그림 2.9 공사 중인 Thames Tunnel에서 투자자와 광부 가족 등 사업 참여자들을 터널 내부 갱으로 초대하여 이들을 고무시키는 Banquet Party를 하는 모습

이러한 Thames 터널의 관통 굴착은 당시 엘리자베스 1세 지휘로 연구 중인 런던의 대중교통문제 해결의 해법으로 거론된 Underground Railway System, 즉 지하철 건설에 자신감을 북돋아, 1863년 세계 최초의 지하철 London Metro가 개통하게 되고, 이어 이러한 터널을 이용한 지하철 기술은 전 세계로 퍼져나가 오늘날 지하철 없이는 대도시에서 살기 어려운 지경에 이르러 대도시의 주요 Infrastructure가 되었다.

CHAPTER
3

TBM 터널의 설계 계획

CHAPTER
3

TBM 터널의 설계 계획

3.1 Bore or Blast?(기계굴착이냐? 발파굴착이냐?)

2011년 영국의 모리스 존스가 발표한 Choice of Excavation(T & T Journal 2011/6/9)에 따르면 다음 그림과 같이 터널발파공법과 기계화 시공에 대해 비교해놓았다.

그림 3.1 발파공법 VS 기계화 시공법

	NATM		TBM
공법특성	천공·발파		기계화 시공
평균 굴진율	4~5m/Day		10~20m/Day
적용길이	0~2km		2~30km
적용지역	도로 하부·산악		도시 하부
적용심도	천심도(도시)		대심도(도시)
터널 지보 특성	• Shotcrete • Rock Bolt	• 방수막 • Concrete Lining(복잡)	• Segment • Back filling(단순)

그림 3.2 일반적인 터널공법의 비교 사례

3.1.1 터널 굴착공법의 선정

터널공사 계획에서 가장 중요한 결정 중 하나가 굴착공법의 선택사항이다. 구조(자연적 혹은 인공 지보재 투입사항), 지하수, 표면 침하, 안전 및 터널수명과 같은 다른 인자와의 복잡한 함수관계를 갖고 있기 때문에 단순하게 결정할 수 없는 사항이다 (Maurice Jones, 2011).

최근 터널 굴착공법이 발전하면서 전반적인 터널기술이 크게 발전하였지만 프로젝트 조건에 따라 굴착공법을 간단하게 결정하는 경우는 아주 드물다. 작은 도서관을 채울 만큼 많은 고려사항이 있지만, 현대 터널 굴착공법에 대한 기술개발은 다음과 같은 사항에 중점을 두어왔다.

1. 다양한 지반조건
2. 지하수 상태
3. 프로젝트 비용관리
4. 굴착 시 안정성

이러한 조건에 맞추기 위해 다음과 같은 주요 터널공법들을 적용한다.

1. 발파공법

2. TBM 공법

3. 로드 헤더 공법

4. 기존 Open Face 채굴공법

효율적인 지하 막장 채굴공법은 일반적인 땅 고르기 기술을 통한 적합한 지보공 설치에 좌우되기 때문에 본 기술검토는 첫 세 가지 공법에 집중할 것이다. 제한적인 공간에서 동작하는 것과 보다 더 혹독한 환경을 대처하기 위해 일반적인 모델에 기반을 둔 전문적인 플랜트 모델들이 개발되었지만, 이것에 사용은 쉽지 않은 일이었다. 전통적인 굴착의 넓은 범위 안에 유압 굴착기와 해머가 포함된다. 후반부에서는 TBM 공법을(Full Face 기계굴착) 선택할 때 포함되는 몇몇의 고려사항과 TBM 종류 선택에 관한 사항을 논하며 결론을 추출해볼 것이다. 전반부는 발파와 로드 헤더에 대해 논할 것이다.

3.1.2 TBM 장비는 과연 클수록 좋은 것인가?

몇 가지의 기술적인 발전들로 인해 터널 기계굴착공법을 지지하는 사업 프로모터 사이에 굴착공법에 대한 경쟁적 주장이 심화되었다. 예를 들어 이제는 괴물(Monster) TBM의 시대라고 말할 수 있다. 현재 TBM 제작사들과 클라이언트가 '더 큰 것'을 더 자주 추구하기 위해 무한 경쟁을 한다. 이전 프로젝트 개발자들은 필요사항을 충족하기 위해 여러 터널로 조금 더 표준화된 크기에 만족하였다. 오늘날 대구경 TBM을 주로 사용하는 곳은 주로 피난 경로를 갖춘 다차선 복층고속도로 터널 프로젝트나 수로 터널 프로젝트다.

발파 공법 및 기존 전통적 터널공법의 지지자들은 복합지반에 대구경 Closed-Face 시스템을 사용하는 것이 바람직한지에 대한 의문을 갖는다. 특히 '무엇이 잘못되어' 막장에 바로 개입할 필요가 있을 시 어떤 문제가 일어나는지 볼 수 있는 것에 대한 장점을 주장한다. 막장을 벗어나면 터널 구조를 설치할 수 있는 TBM의 더 시스템적인 지보재 설치와 발파 및 기타 Open-face 공법을 일반적으로 더 맞춤형 (따라서 인적과오가 더 발생할 가능성이 많은) 공법으로 비교해야 한다. 지상과의 상호작용을 고려할 시 주요 사항은 지반통제이다. 하지만 대부분 도시권에서 굴착진동이 주요 굴착공법 사이에 점점 더 큰 논쟁거리가 되고 있다. 이는 공적인 관심사이기도 하지만 이러한 부작용이 과장될 때도 있다.

TBM 및 로드 헤더와 같이 연속 기계굴착공법은 터널 굴착 시 비교적 낮은 진동을 발생시킨다. 암석 터널의 심도가 상당히 얕지 않은 이상 시민들이 생각하는 만큼 큰 영향을 받지 않는다. 발파로 인한 진동은 클 수 있지만 폭약 제작사 및 컨설턴트들은 지상에 측정한 진동을 감소하기 위해 중대한 노력을 기울고 있다. 특히 전방 지반예측기술 혹은 록볼트, 그라우팅 및 숏크리트 같은 추가적 지보공 사항을 추가적인 기능으로 주요 3가지 터널 굴착장비에 설치하는 성향이 있다.

3.1.3 터널 시공 오차

단순한 참고형 레이저 빔 외에 보다 더 복잡한 레이저 유도장치는 TBM에만 사용되었다. 하지만 지금의 발파용 점보 드릴 및 로드 헤더는 굴착 진행 중 정확한 터널선형뿐만 아니라 운영자가 overbreak 혹은 underbreak을 피할 수 있는 사전 프로그램을 설비하고 프로파일을 포함한 시스템을 갖추었다. 발파공 드릴 시스템은 사전 설계된 드릴 패턴을 포함하여 필요시 실용적으로 완전자동 운영식 방법을 사용할 수 있다.

드릴 리그 및 로드 헤더 단면 조종 장치가 지질정보를 포함할 수 있고 이는 드릴성능 및 발파조건을 예측하는 데 더 유용할 확률이 높다. 주요 굴착공법은 막장에 유사하고 일관적인 지질구조에 이점을 얻는다. 절대적이라고 할 수 없지만 Earth Pressure Balance TBM 사용의 발전으로 (첨가제 사용, 더 좋은 지반 통제 시스템 및 더 높은 지하수압 허용) 본 굴착공법이 복합지반에 더 적합할 수 있었다.

3.1.4 시공 시 공법의 유연성

지표 분열에 대한 높은 처리 비용과 토질가치 및 리머 헤드에 의해 Aker Wirth사에서 일본의 지질조건을 위해 특별히 제작한 일부 TBM을 제외하고, 대부분 TBM은 원형 단면형태를 변형할 수 없다. 따라서 교차로, 역, 연결통로 등은 별도로 굴착해야 한다. 발파 및 로드 헤더는 상대적으로 변형된 단면 및 부수적인 작업에 유연하게 적용할 수 있다. 하지만 장비가 클수록 적용할 수 있는 범위가 줄어든다. 이러한 터널의 굴착공법에는 적용 유연성과 TBM 제작 가능성에 자연적인 균형이 이루어져 있다.

3.1.5 굴진 비용 대 굴진 연장

터널 굴착 플랜트의 투자는 굴착할 터널연장과 적합해야 되는 것은 확립된 원칙이다. 따라서 TBM은 일반적으로 장비 제작비 등으로 더 비싸지만 만약 프로젝트 준공에 대한 시간적 제한이 있으면 프로젝트 진행속도에 의해 이러한 투자는 가치가 있게 된다. 일반적으로 발파공법은 터널연장 3km가 넘는 터널굴착운영에 TBM과 경쟁할 수 없다는 게 세계적으로 용인되고 있다. 발파와 로드 헤더의 상대적인 경쟁적 위치는 더 짧은 연장이다. 하지만 로드 헤더가 연속 굴착으로 보다 짧은 연장에도 효과적이나, 발파공법은 본래 Cycle Time 때문에 굴진율에 대한 차이가 있다.

Maurice Jones가 발표한 2011년만 해도 이러한 이론이 일반적이었으나, 10년이 지난 오늘날 도심지 터널 굴착은 환경, 및 민원 문제로 발파공법의 사용이 전 세계적으로 금지되고 있다. 산악 터널도 터널 연장이 2km만 넘어도 기계화 시공이 더 경제적인 것으로 밝혀지고 있다.

3.2 현재의 TBM 기술현황

현대 터널 굴착공법 확장기능에 대한 검토에서는 터널굴착기계(TBM)의 주도적인 역할을 고려할 것이다. Maurice Jones은 현재 산업에서 선도를 하고 있는 TBM 제작사를 연락하고 이러한 여러 기능들에 대해 설명할 수 있게 제작사의 의견과 TBM의 발전사항에 대해 물어보았다.

최근 주요 터널 굴착공법에 큰 발전들이 이루어졌지만, 적어도 긴 연장을 갖거나 대구경 터널인 경우 TBM이 더 효율적인 터널운영을 주도하였다. 지반관리에 각별한 관심이 필요한 도시환경에서도 터널굴착의 안전을 개선하였다. TBM은 터널 공사를 '산업' 과정으로 변신시킬 수 있는 잠재력이 있지만 대개의 경우 TBM 굴착과정은 연속적으로 이루어지기 보단 아직도 Cycle Time으로 이루어진다. 이는 TBM은 Plant Engineering으로 연속 작업을 해야 함에도 해외와 달리 우리나라 등에서는 토목공사의 일부로 취급하기 때문이다.

3.2.1 TBM 크기 문제

최근 계획되고 실제로 제작된 TBM 최대 직경 기록들은 새로운 대구경 장비의 출현으로 새로운 기록을 갈아 치우고 있다. Herrenknecht가 네 번째 Elbe Tunnel(14.65m), Madrid M-30(15.20m), Shanghai(15.43m) 양쯔강 하부 통과 터널 그리고 이제 이탈리아의 Sparvo Tunnel(15.62m)으로 통해 대부분 주도적인 역할을 하고 있다. 미국의 Robbins도 최근 마지막 굴착으로 뚫은 경암 나이아가라 수력발전 터널을 TBM 'Big Becky'(직경 14.4m)과 몇 년 전 네덜란드 Groene Hart 고속열차터널의 NFM(외경 14.87m) 또한 각각 주도적인 역할을 맡고 있다. 그리고 일본의 히다치 조선의 대구경 자경 17.48m TBM이 미국 Seattle의 Alaskan highway Project에 2018년 투입되었고, Herrenknecht의 직경 19.25m 대구경 장비가 러시아 성 페테스부르크의 올레프스키 도로터널에 투입되도록 계약되었으나, 제작 중지된 바 있다.

Hitachi Zosen의 Seattle Alaskan Highway 17.48m TBM까지, 이전 최대 직경 TBM은 Kumagai Gumi, Hazama 및 JDC 조인트 벤처가 사용한 14.14m slurry-shield TBM이다. 이는 Trans-Tokyo Bay Highway 프로젝트의 Kawasaki Tunnel Ukishmia North Phase One에 사용되었다. 이전 일본에서 가장 큰 EPB TBM은 직경 13.6m, 최근 Central Circular Shinagawa Ohi 고속도로 터널을 굴착 완료하였다.

그림 3.3 제작 중인 Kawasaki 대구경 TBM

Kawasaki Tunnel Ukishima North Phase One, Trans-Tokyo Bay(TTB) 고속도로 프로젝트를 위한 Slurry shield 장비는 한때 Hitachi Zosen의 최대 구경 TBM이었다. 근래 홍콩의 첵랍콕 고속도로에 투입한 Herrenknecht의 직경 17.63m의 Mixed Shield TBM이 현존하는 최대 구경의 TBM 기록을 가지고 있으며(그림 3.4), 국내의 경우 한국도로공사에서 발주한 수도권 제2 외곽 고속도로 Project 김포-파주 간 한강 하 터널에 직경 14.01m의 대구경 TBM이 독일의 Herrenknecht에서 제작되어 2021년 봄이면 국내 현장에 반입될 예정으로 국내 최대 구경의 TBM 장비로 기록에 남게 될 것이다.

그림 3.4 2020년 홍통 첵랍콕 공항고속도로 터널에 투입된 현재
현존하는 최대 직경 17.63m의 Herrenknecht TBM

　　많은 사람들이 TBM 크기의 증가가 단순히 '한발 더 앞서가기'에 불과하다고 생각을
하고 있다. 하지만 이러한 대구경 TBM은 혼잡한 도로 터널과 같이 필요성이 증대되는
경우 쉽게 사업화될 수 있다. 여기서 일반적인 의견이 하나의 대구경 터널 굴착이 작은
2개의 터널 굴착 과정보다 더 경제적이라는 것인데 이는 현장 조건에 따라 다를 수도
있다. 최근 미국 Seattle에서 Alaskan Way Highway 고가 교체 프로젝트는 한때 가장 대규
모 TBM(17.48m)을 제작하여 사용하였는데, 이는 쌍굴터널 대안 조사를 따라 결정된 것
이다. 쌍굴터널을 대안의 선택기준으로 낮은 구매비용, 더 작은 운영팀, 더 좁은 침하구
간 및 유연한 탈출대책이 포함된다.

　　이러한 거대한 TBM을 제작 및 운송하기 위해 대규모 워크숍을 포함한 시설을 필요
로 한다. 하지만 이러한 시설들이 부족할 때가 많다. 더구나 터널현장으로 운송하기 위
해 세심한 수송계획이 필요하다.

　　Robbins 사장 Lok Home은 TBM 현장 운송의 실행계획이 실제 TBM 크기를 제한하는
요소가 될 수 있다고 했다. 또한 TBM의 대형 부품을 기계가공할 수 있는 대형 기계도

구의 가용성이 또한 하나의 요소가 된다고 했다. "이러한 과제들이 있음에도 불구하고 오늘날 (직경) 20m까지 가능하고 향후 10~20년은 더 큰 직경이 가능할 것이다."라고 언급했다.

이탈리아 터널시공사회사 겸 TBM 제작사 Seli는 2011년 4월에 일본 제작사 Kawasaki 와 5년 협력계약을 맺어 EPB TBM과 전반적 시장 개발을 공동으로 참여하기로 했다. Seli 사장 Remo Grandori 또한 현재 직경 20m TBM도 오늘날 기계적으로 제작 가능하다고 말했다.

발파공법의 몇몇의 옹호자들은 이러한 대구경 장비가 특히 복합지반에서 바람직한 지에 대한 의문을 제시하였다. Grandori는 "대구경 TBM은 토양 및 연약지반 터널에서는 기존 발파공법보다 항상 더 낫다. 석회암과 같은 연마암이 아닌 경암 같은 암석에서는 대구경 TBM의 편의성은 터널연장, 지보공 및 설계조건에 따라 달라진다. 화강암과 같은 경암 및 연마성암 암반층에 대구경 터널 굴착을 실행 시 기존 발파굴착공법을 더 선호한다."라고 말했다.

3.2.2 터널 단면형태

대부분의 TBM 굴착 사례에는 TBM이 원형으로 굴착을 실행하는 것으로 알려져 있다. 하지만 비슷한 장비로 비원형 굴착도 가능하며 이는 일본에서 수년간 실행해왔다. 이러한 특별한 설계는 일본의 특별한 조건들에 맞추기 위해 아직도 적극적으로 사용하고 있다. Hitachi Zosen의 Risa Hirano는 특별 형태 'TBM'이 굴착해서 나온 버력은 하나의 원형 TBM에서 나온 양보다 적을 수 있다고 했다(그림 3.5 참고). 지하에 수많은 장애물을 피해야 하고, 원형 TBM이 들어가지 못할 때 이러한 특별 TBM을 사용한다(다음 참고). 일본에서 특히 구조물 아래 굴착할 시 사유지가 아닌 공유지에만 TBM을 사용할 수 있어 지역권을 추가적으로 제한한다.

Section of TBM with twin
overlapping cutterheads
of smaller diameter

Section of full diameter
TBM bore of the
same height

그림 3.5 단일 원형 TBM 굴착을 통한 쌍굴 '쌍안경(binocular)'과 대구경 기계굴착의 비교[Hitachi Zosen]

또한 Manhattan 아래 New York East Side Access Project의 Hard-rock 공동에서 원형 TBM으로 더 크고, 비-원형 구간에 상당한 부분의 굴착에 사용되었다는 것에 주목할 만할 가치가 있다.

3.2.3 장기 굴진

프로젝트에 장대터널을(기타 조건에 따라 2,500∼3,000m으로 다양하게 지정됨) 굴착할 시 TBM이 발파에 비해 큰 장점을 갖고 있는 것은 일반적으로 용인되었으며 발파 지지자들 또한 인정하는 부분이다. 프로젝트에 굴착 단면이 하나일 경우 발파 과정이 더 복잡한 주기 적용으로 TBM이 더 유리하다. 일반적으로 위 언급한 터널연장을 지나가면 발생할 수 있는 일반적인 문제 사항이 할애하는 시간을 포함해 TBM의 높은 굴진율이 TBM의 보다 더 긴 장비설치 및 제작과정의 단점을 넘어선다.

Lok Home(Robbins 사장)에 의하면 또 다른 주요한 기타 기준들을 고려해야 한다고 한다. "프로젝트 준비 스케줄이 발파 장비에 비해, 더 긴 TBM 제작 및 운송기간을 고려해야 한다."

이러한 설치 시간을 줄이거나 없애면 상당한 비용 절약을 할 수 있고, 이러한 부분을 발파에 비해 더 경제적으로 적용하여 TBM의 이론적인 장점을 부각시킬 수 있다. 지형상 가능하면 TBM을 상대적으로 평평한 표면에서 바로 터널갱구에 발진하는 것을 선호한다(예 : 산악지대). 만약 수직구로 발진구 혹은 도달구가 필요할 시 가용할 수 있는 제한적인 공간 때문에 설치하는 시간이 더 길어질 것이다. 예를 들어 Robbins의 경우 멕시코시와 Andhra Pradesh에 적용했듯이 TBM의 현장 최초 조립 방식으로(Onsite First Time Assembly-OFTA)로 설치시간을 축소하려고 노력하고 있다.

또 하나의 방법은 현대 터널선형 방향감시의 정확성과 유도 시스템 적용으로 수직구와 계획된 종단곡선을 없애는 것이다. 이러한 방법들은 방향천공/유도천공의 예를 따라 Microtunnelling 및 기타 소구경 굴착 시스템으로 개발되었다. 하지만 현재는 Herrenknect TBM으로 급구배에 St Petersburg 지하철 연결로를 굴착한 것과 같이 위 원리들이 특별한 철골 구조물을 적용하여 초기 굴진반응을 거쳐, 점점 더 큰 구경의 TBM에 적용하고 있다. Hitachi Zosen에서 시공사 Obayashi와 Jinno 조인트 벤쳐가 Chubu Gas의 해저 가스관에서 사용한 URUP 방법을 예시 들고 있다. 이는 2.13m 커터헤드를 설치한 Hitachi Zosen EPBM을 1.1km 굴착연장에 적용하였다. 본 과정에 수직구가 필요하지 않았고, 첫 번째 굴착은 몇 개월 전 완료되었다.

설치가 완료되었을 시, TBM이 한 번 굴착할 수 있는 최대거리는 일반적으로 프로젝트 필요거리보다 월등히 더 길다. 이탈리아 터널 엔지니어 기업 Seli의 사장 Remo Grandori는 다음과 같이 말했다.

"우리가 한 개착구에서 굴착한 터널의 최대거리는 25km이고 몇 km 더 굴착할 수 있었다. 일반적으로 최대거리에 제한적 및 주요한 사항은 환기 시스템 혹은 인력 및 버력을 운송하기 위한 운송 시스템이다. 따라서 소구경 터널에는 적절한 환기 및 운송 시스템을 설치하기 어려워 터널 직경이 굴착연장에 영향을 준다. 일반적으로 장대터널을 굴착하기 위한 이상적인 직경은 5~6m 사이다."

"25km를 넘는 거리 혹은 소구경 터널의 경우의 중간 수직구가 환기 혹은 버력처리에 도움이 된다.

Home은 또한 비슷하게 보고하였다.

"현재 연장이 25km 넘는 터널을 시공하는 중이고, 이의 2배의 연장 또한 실행 가능하다."

이러한 발언들은 기술적 역량에 집중하는데 일반적으로 제한요소는 운영비용이다. Home은 "10,000m 이후 기본장비의 비용 등이 더 이상 주요 원가요소가 아니게 되어 meter당 단가는 상승한다. 여기서 장비까지 가는 인력 관련 비용과 (주로 장거리의 버력 운송 및 적절한 환기) 같은 기타 요소들이 적용된다. 장대터널은 일반적으로 전체 연장에 대한 지반정보가 적기 때문에 리스크가 더 많아진다."라고 말했다.

3.2.4 경암 및 연암

몇몇의 전문가들은 굴착방법을 선택할 때 모든 것이 지반조건부터 시작한다고 언급했다. TBM이 일반적으로 광범위한 지반조건을 적용할 수 있는 능력이 개선되었지만 아직도 가장 어려운 과제를 제공한다. 특히 경암이 포함된 복합지반은 일부러 경암을 위한 설계가 되지 않은 이상 커터에 과다 마모 혹은 기타 손상을 입힐 수 있다. 이에 따라 프로젝트에 지연과 추가 운영비용이 발생하며 백로드를 변경할 가능성 또한 있다.

Robbins사 사장 Lok Home은 "복합막장은 디스크 커터에 그렇게 문제가 되지 않습니다. 오늘날 고급 설계는 광범위한 조건에 굴착이 가능하며, 터널 막장에 어느 정도 퍼센티지에 암석이 존재한다고 해서 문제가 되지 않는다."라고 주장하였다.

Grandori는 "강한 베어링과 디스크가 있는 대구경 커터는 문제없이 복합지반 혹은 관입 경암을 처리할 수 있다. 하지만 이러한 조건에서 TBM은 당연히 제대로 운영되어야 한다."라고 언급하였다. Home은 극단에 상황에 예를 들어, "TBM이 굴착 못할 경암은 없다."라고 주장하였다. 또한 "불안정한 부피감소변형(squeezing) 지반의 경우에 TBM에 설계 개선 혹은 NATM 기술이 통합되어야 경쟁적으로 될 수 있다."라고 추가적으로 말했다.

3.2.5 TBM의 굴진성능

한번 설치되면 TBM의 주요 장점은 속도이다. 여기서 무엇을 예상할 수 있는가? Seli

의 Remo Grandori는 "(이상적인) 암석에서 우리가 달성한 기록적인 굴진율 및 PC Lining 한 달에 2,500m(30일) 그리고 하루에 110m이다. 연암/EPB TBM 운영에서 우리가 달성한 기록은 하루에 22링(33m) 정도의 범위에 속한다. 암석 TBM은 20m/day보다 더 좋은 성과를 내어 발파공법보다 훨씬 '우수'할 수 있다."라고 말했다.

3.2.6 TBM 굴진 정확성

모든 종류의 TBM에는 매우 정교한, 레이저 기반 방향성 모니터링 및 유도 시스템을 갖추고 있다. 곡선을 포함한 모든 면에서 정확한 방향성을 확정하기 위해 사용되는 것뿐만 아니라 PC 세그먼트 지보링 설치를 최적화하기에 적절히 사용되기도 한다. 종합적인 TBM 제어 시스템의 통합사용은 지반제어에 또한 도움을 준다.

이러한 정교한 기기장치 및 유도 시스템이 있음에도 불구하고, 특히 복합 및 연암지반의 지반성질 때문에 유도하는 것이 어려울 수 있다. Hitachi Zosen의 Risa Hirano는 "일본에서 급격한 곡선을 굴착할 때 소형 혹은 중형 TBM으로 굴착을 진행하는 것이 일본에는 일반적이다. 아주 연약한 지반에 곡선으로 굴착할 시 시공사는 곡선 바깥쪽에 그라우팅(지반 보강용)을 진행해야 한다(그림 3.6 참고). 곡선의 바깥쪽에 그라우팅을 하지 않으면 TBM은 곡선을 이루지 않고 직선으로 갈 것이다."라고 말했다.

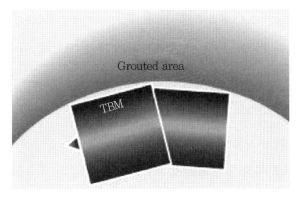

그림 3.6 TBM이 곡선을 따라가기 위한 충분한 저항력을 제공하기 위해 곡선 외곽에 그라우팅을 할 필요가 있을 수 있다.

3.2.7 민원 문제

도시환경에 어떠한 터널 굴착공법이 적합 여부에 대해 영향을 주는 많은 요소들이 있다. 이는 민원 문제가 가장 크고, 주요인으로 침하통제가 있으며 소음, 진동, 버력 운송, 물자운송, 서비스, 도로 우회로 및 통행권을 포함한다.

이론적으로 TBM은 도심지 굴착 시 이러한 요인들로부터 많은 장점을 제공한다. 이는 인구밀집 지역 아래 특히 복합지반에서 터널굴착의 수를 증가하는 데 도움을 준다. 이럼에도 불구하고 지반통제는 항상 특별한 관심사이다. 특히 인접하거나 굴착 단면 위에 놓여 있는 구조물을 손상시킬 수 있는 부등침하를 피하기 위해서이다. 이는 현재 구조물의 지반공학적 기기 모니터링과 연관되기 시작되었다. 이러한 통제사항은 특히 지반구조가 이해 가능하고 불안정할 가능성이 있는 바, 도시 상황에서 큰 이익이 될 수 있다. EPB TBM 사용에 대한 기술 개발로, 특히 객토를 위한 첨가제 사용이 지반통제 방안을 크게 개선하고 쉽게 처리할 수 있는 지반의 범위를 넓혔다. 이는 EPB TBM이 숙련된 운영과 적용 전문성이 필요하지 않다는 것은 아니다.

TBM 자체가 통합 시스템일 수 있어도 기타 지반 지보재 및 모니터링 시스템이 TBM과 같이 사용될 수 있다. "막장 지보재, 지반 컨디셔닝, 뒷채움 그라우팅 및 모니터링… 이러한 모든 기술은 매년 산업체로부터 개선이 되고 있으며 오늘날 기술은 매우 선진적이다."라고 Seli의 사장 Remo Grandori가 말하고 있다.

지표침하의 정확한 모니터링은 이에 대한 영향만을 확인하는 것만 아니라, 경암 및 EPB TBM이 굴착하여 제거한 버력량을 측정하는 것을 포함해 이의 일반적인 원인인 과다 굴착을 확인하는 것이다. Home은 "가장 흔하게 사용된 시스템은 버력양의 부피를 계산하는 측정기기이다."라고 말했다. "이는 버력 단면의 레이다(Radar) 모니터링과 벨트 컨베이어 스케일을 포함한다. 레이더(Radar) 기기는 벨트 특정구간에 '쏘고' 버력 높이를 측정한다. 공동을 피하기 위해 운송되는 버력양의 부피 대 TBM 굴진율을 계산한다. 레이더가 slurry 물질을 통과하면 유용한 데이터가 생성되지 않기 때문에 레이더

(Radar) 측정방법은 slurry 장비에 유용하지 않다."라고 말했다.

하지만 지반에서 미래 성능을 측정하는 것은 쉽지 않다. Home은 "터널산업공학적으로 막장이 전진하는데 양질의 모니터링 혹은 지반조건을 예상하는 데 많은 기술발전이 되진 않았다. 가장 좋고 주요한 방법은 아직 Probe Drilling이다. 이와 Pre-grouting은 절대적으로 추천되며 많은 경우에 필요하다. Prob Drilling과 그라우팅은 점점 TBM 설계에 통합되고 있으며, 이는 장비 앞에 지반 압밀이 가능케 한다. McNally Ground Support System과 같은 새로운 시스템들은 손상된 암반을 고정시키는데 강재 혹은 나무 Slat을 사용하고 이는 안정성을 엄청나게 증가시킨다."라고 말했다.

지반통제가 문제가 될 확률이 낮은 시가지 아래 경암 지반에서 TBM은 주요 경쟁자인 로드 헤더나 발파공법에 비해 약간의 장점이 있다. Home은 "로드 헤더는 경암에서는 한계가 있다."라고 말했다. "특히 100MPa UCS 이상일 때, 굴진율은 급격히 떨어지는 경향이 있다. 발파는 많은 도시권에서 폭약에 대한 제한규정 때문에 사용이 제한된다. 일반적으로 TBM이 도시환경에서 가성비가 더 좋다."라고 주장했다. "하지만 이는 각 프로젝트 조건에 따라 가변적이다."

도시환경을 보면, 지상과 지하 부분 모두 아주 혼잡하다. 이는 일본에서 통행권에 영향을 주는 특정한 문제이다.

Hirano는 다양한 종류의 파이프, 기타 터널 및 말뚝을 포함한 많은 지하 장애물이 있다고 했다. 정부에서 단일, 원형 TBM으로 이러한 장애물을 피할 수 있는 충분한 단면도를 획득하지 못하면, 특이한 단면, 직사각형 및 쌍둥이-원형과 같은 특이 모양 TBM을 사용할 수도 있다.

3.2.8 기타 지반통제 사항

막장압 균형, 굴착 부피제어 및 설계 라이닝과 같이 일반적인 TBM 통제방법으로 충분한 지반지보가 자립 확신을 받지 못할 때 일반적으로 Probe drill, Rock bolt, 그라우팅 및 숏크리트 시스템을 위해 필요한 공간을 만들어 TBM에 필요한 설계변경을 할 수 있는 방법을 설계 엔지니어들이 주장할 수 있다.

이러한 조치의 필요성에 대한 의견은 분열되었지만 특히 공동, 흐르는 지하수 및 높은 지하수압과 같이 많은 것들이 예상 혹은 인접한 지반조건에 의존한다. 비록 그렇다 할지라도 추가 장비가 불충분할 수 있다.

Grandori는 "TBM은 Probe Drilling 및 그라우팅 시설로 장착되어야 하지만 이는 모든 어려운 지질조건을 극복하기 불충분하다. Seli를 포함한 TBM 제작사들은 새로운 설계 및 연장된 사전－처리 시설들이 개발되었고 지금도 지속적으로 개발하고 있다."라고 했다.

일본에서는 Probe Drilling이 인기가 많지 않다고 보고하였다. 이의 부분적인 이유는 정부와 시공사는 착공하기 전 지반에 어떠한 장애물이 있는지 잘 알기 때문이다. 또한 일반적으로 많이 사용되는 소구경 TBM은 Probe Drill을 TBM 어셈블리에 설치될 공간이 부족하다. 만약 예상치 못한 장애물을 접촉하면 소구경 TBM의 내부를 해체하여 Probe Drilling을 위한 공간을 만들 필요가 있을 수 있다.

그라우팅의 경우 이전에 언급되었듯이 일본 시공사는 가끔 지상에 별도 보조공사 활동을 하는데 이는 더 나은 TBM 통제를 위한 지반 보강 개선 활동을 포함한다.

3.2.9 비용

TBM이 기계적인 관점에서 매우 효율적이라도 해도 프로젝트 예산은 선택된 TBM의 비용을 감당할 수 있어야 한다. 하지만 이전에 언급했듯이, TBM의 빠른 진행이 긴 연장의 경우 프로젝트 비용 상환 및 미터당 비용을 상충할 수 있다.

Home은 "TBM의 미터당 단가는 발파와 비교할 때 빠른 굴진율, 필요한 지보재 감소, 더 나은 물리적 구조로 이러한 모든 사항을 볼 때 최종적으로 TBM은 연장이 더 긴 터널에는 비용적인 면에서 더 효율적이다."라고 했다.

프로젝트 종료 후 TBM 중고가격 및 제작사 되사기 옵션(Buyback Option) 또한 공사비 회수에 도움이 될 수 있지만, 보통 장비는 프로젝트에 의해 탕감된다. 이는 TBM Shield가 봉인이 되거나 지보 설계의 일부분에 사용되어 지반보강에 최소한 사용되는 것이 포함될 수 있다.

전반적으로 TBM의 비용은 프로젝트의 재정적·물리적인 성공에 따라 계약 시 협상의 필수적인 사항이다.

많은 TBM 공급자들은 비용절감하기 위해 중고 TBM을 재정비하는 업체이기도 하다. Seli는 이러한 재정비의 선두기업이다. 사장 Remo Grandori는 TBM은 첫 번째 프로젝트에 70~80% 정도 가치가 하락한다고 예상한다. 만약 두 번째 프로젝트를 위해 재정비되면, 만약 추가 개선사항이 필요 없다면 새 TBM 가격에 15~20% 정도면 수리해 재사용할 수 있다고 본다.

가격은 예상이 가능하지만 특정한 프로젝트 조건을 참고하지 않은 이상 운영비를 예측하는 것은 실제적으로 불가능하다. 장비 비용 상환에 더불어 기타 운영비는 전기료, 윤활유, 커터, 서비스 부품, 기타 소비품 및 인력 비용을 포함한다. 하지만 일반적으로 미터당 비용은 굴착 연장에 따라 상승하고 이전에 언급했듯이 제한적 요인이 될 수 있다.

그림 3.7 직경 6.3m Aker Wirth Double Shield TBM을 사용한 Brenner Base 터널 파일롯 굴착(연장 10.5km)

그림 3.8 인도 북부 Kashmir 연장 14km Kishanganga 수력발전 프로젝트를 위한 Seli Double Shield는 HCC의 Squeezing 지반에서 어려운 역할을 수행하기 위해 설계되었다.

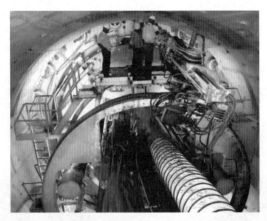

그림 3.9 인도 Andhra Pradesh에서 Pula Subbaiah Veligonds 물이송 프로젝트에 Robbins Double Shield TBM 안에서 Probe Drilling을 실행하고 있다.

3.3 TBM 터널 설계를 위한 지반공학적 지반조사

막장 앞이 막힌 TBM 장비의 특성상, 굴착 시 막장 전방의 지반조사용 Face Mapping 자체가 육상 지대의 경암 지대 외는 불가능하므로, TBM 굴착 시 예상치 못한 지반 상태 변화로 지반 붕락, Caving 등 굴착에 어려움이 발생하곤 하여, 굴착 시 막장 전방의 지반 상태를 미리 확인할 수만 있다면, 굴진율 향상에 큰 도움이 될 것이다. 따라서 장비 설계 및 전체 터널의 선형 결정 등에 지반조사 Data가 중요한 역할을 하게 된다.

3.3.1 TBM 터널 설계를 위한 주요 지반조사

고하상, 거력층, 단층대 등 터널 주변의 지질 및 지반 상태를 이해하여, 분석된 지질 및 지반 상태에서 발생할 수 있는 지반 거동의 특성을 예측하고, TBM 터널 설계 및 TBM 장비 설계에 필요한 제반 정보를 제공하여 최적의 터널 설계를 가능케 하는 데 그 목적이 있다. 지반조사 결과의 설계 적용 내용은 다음과 같으며, 대상 지반이 토사층, 암반층 또는 혼합 지반 등 조건에 따라 주요 검토 대상이 달라질 수 있다(Ozdermir, 2000, CSM).

1) 사업 타당성 검토
2) 터널 노선의 선정
3) 잠재적 문제와 재해 요소의 정의
4) 설계를 위한 상세 지반 정보의 획득
    - 굴착공법 및 장비 선정
    - 굴진성능 예측
    - 지보 및 라이닝 설계
    - 기타

다음은 이를 위해 획득하여야 하는 핵심적인 지반 정보이며, 이에 대응되는 조사 방법의 적용성은 표 3.1과 같다(Nilsen and Ozdermir, 1999).

1) (3차원) 지층 구조 : 토질 및 암반의 분류 및 분포

2) 지층의 물성 : 역학적 특성, 풍화상태, 토질특성, 절리특성, 수리지질 특성 등

3) 잠재 위해 요소 : 단층, 공동, 가스, 오염 등

4) 암반의 응력 조건

5) 지하수 조건 : 대수층 특성

표 3.2는 TBM 굴착공법 선정, 암반 분류, 설계 정수 산정 등 기계굴착 터널 설계 등에 필요한 지반조사 및 분석 내용을 정리한 것이며, 표 3.3은 TBM 터널 지반조사 항목을 설계 단계 또는 조건에 따라 적용성을 정리한 것이다.

표 3.1 지반 특성 조사를 위한 주요 조사 방법의 적용성

조사 내용 \ 조사 방법	사전조사 desk study	지표조사 Field mapping	물리탐사 geo physics	시추조사 core drilling	탐사갱 Expl. adits	현장시험 field test	실내시험 Lab. test
암석종류	◎	◎	○	◎	◎		◎
역학적 특성	○	○	○	○	◎	◎	◎
풍화상태	○	○	◎	◎	◎	×	×
토질조건	◎	◎	◎	◎	◎	×	×
절리특성	○	◎	×	○	◎	○	○
단층/연약대	◎	◎	◎	◎	◎	×	○
암반 응력	○	×	×	×	○	◎	×
지하수조건	○	○	◎	○	◎	◎	×

◎ : 적합, ○ : 보통, × : 부적합

표 3.2 TBM 터널의 주요 설계항목에 필요한 지반조사 내용

설계항목		설계 필요사항	조사 및 분석	TBM 굴진율 분석
터널설계	굴착공법	• TBM 장비 적용성 검토 • 장비별 굴진율 분석 • 굴착 난이도 평가 • 굴착암 유용성 평가	• Cerchar 마모시험, Punch Penetration Test, LCM Test • 실내 암석 시험 • 기계굴착 모델링(CSM, NTNU, QTBM) • 본선암 유용성 시험	

표 3.2 TBM 터널의 주요 설계항목에 필요한 지반조사 내용(계속)

설계항목		설계 필요사항	조사 및 분석	
터널 설계	암반 분류	• TBM 설계를 위한 암반분류	• 시추코어 건설표준품셈 분류 • RMR, Q, QTBM 암반분류 • 전기비저항탐사 + 대심도탄성 파탐사 • 시추조사와 물리탐사결과 상관성분석 • 암반등급도 작성	**RMR-Q 상관성 분석**
	설계 정수 산정	• 토사층 설계 정수 • 암반 연속체 설계 정수 • 암반 불연속체 설계 정수 • 내진 및 수리 상수	• 표준관입시험, 공내재하시험, 실내시험 • 삼축압축시험, 절리면 직접전단시험 • 수압파쇄시험 • BIPS, Televiewer, Scan Line조사 • 지표투수시험, 양수시험	**인근설계자료 분석**
	단층대 특성	• 단층대 위치 및 규모 • 단층 최대 변위량 • 측압계수 및 지중응력상태	• 인근 지역 설계 자료 분석 • 경사 시추 • 단층 최대변위량 분석 • 수압파쇄시험	
	근접 시공 구간	• 지중 및 지상 횡단 구조물 현황 • 주요 근접구조물 현황 • 구조물 인접구간 3차원 지층 상태	• 격자형 시추 • 탄성파 토모그래피 탐사 • 시추공 및 실규모 시험발파 • 수직구 구간 GPR 탐사	**탄성파 토모그래피**
	방수 배수 설계	• 지하수위 강하량 • 터널 내 지하수 유입량	• 투수 및 수압시험 • 양수 시험, 수질 검층 • 지하수 모델링을 통한 지하수 유동 분석	**지하수 모델링**
상부지반 안정성 검토		• 지하수위 강하량 • 지반의 공학적 특성	• 취약구간 격자형 시추 • 퇴적토층 기원분석 • 토사층 삼축압축시험, 압밀시험 • 양수시험 병행 지중침하 계측 • 그라우팅 시험시공	**압밀 분석**
수직구 및 가시설설계		• 연약지반 분포 유무 • 지층분포 현황 • 지층별 설계정수 • 지반 동적 특성	• 시추조사(수직구별 1~2공 수행) • 표준관입시험, 공내재하/전단시험 • MASW 탐사, 하향식 탄성파 탐사, S-PS검층, BIPS, Televiewer	**양수 시험**
유지·관리		• 지하수 오염 및 오염원 확산 가능성	• 잠재오염원 현황 파악 • 추적자 시험 • 지하수위/수질 장기 모니터링 시스템 구축	

표 3.3 TBM 터널 설계 시 적정 지반조사법

구분				기본	실시	도심지
예비조사	실내조사		항공사진 분석	○		
			인공위성영상 분석	◎		
			음영기복도 분석	◎		
			기존 문헌 분석	◎		
	현장답사		지질/지형	◎		
			지하수/하천	◎		
			인문지리	◎		
	지표조사		광역지표지질조사	◎		
			광역수리지질조사	◎		
	지하조사		예비시추조사	△		
			시험물리탐사	△		
본조사	지표조사	지질공학특성	불연속면특성조사	△	○	△
			노두RMR조사		△	△
		수리지질특성	정천현황	○	○	◎
			지하수이용실태	○	◎	◎
			잠재오염원		△	◎
			누수지점 현황		△	△
	현장조사	토사/암반	현장밀도시험			△
			대자율비등방성		△	△
		지하수	지표투수시험		△	△
			양수시험	○	◎	◎
			순간충격시험		○	◎
			추적자시험		△	◎
			단열암반 수리특성		△	◎
	시추조사	코아	코아로깅	◎	◎	◎
		현장시험	표준관입시험	◎	◎	◎
			공내재하시험	◎	◎	◎
			공내전단시험		○	◎
			현장투수시험		○	◎
			현장수압시험	○	○	◎
			시추공시험발파		△	△
			수압파쇄시험		○	◎
		물리검층	BIPS/BHTV		△	◎
			하향식 탄성파 탐사		△	△
			밀도검층		△	△

표 3.3 TBM 터널 설계 시 적정 지반조사법(계속)

구분				기본	실시	도심지
본조사	시추조사	물리검층	음파검층		△	△
			S-PS검층		△	●
			전기비저항검층	○	○	○
			방사능검층		△	△
			자연전위검층		△	△
			중성자검층		△	△
			유향유속검층	△	○	○
	물리탐사	전기탐사	전기비저항탐사	◎	◎	△
			자연전위탐사		△	△
			토모그래피		△	●
		탄성파탐사	굴절법탄성파탐사	◎	◎	△
			반사법탄성파탐사		○	△
			대심도탄성파탐사		○	●
			토모그래피		○	●
			MASW		△	△
			미진동탄성파탐사		△	●
		GPR 탐사			○	◎
	실내시험	토질시험	함수비시험	◎	◎	◎
			비중시험	◎	◎	◎
			액소성한계		◎	◎
			입도분포시험	◎	◎	◎
			직접전단시험		△	◎
			진동삼축시험		△	△
			공진주시험		△	△
		암석시험	물성시험	◎	◎	◎
			일축압축시험	◎	◎	◎
			삼축압축시험	◎	◎	◎
			점하중강도시험	○	○	○
			간접인장시험		△	△
			이방성시험		△	△
			절리면전단시험	○	◎	◎
			공진주시험		△	△
			DRA/AE 시험		△	◎
			셰르샤마모시험		△	◎
			펀치투과지수시험		△	◎

표 3.3 TBM 터널 설계 시 적정 지반조사법(계속)

구분			기본	실시	도심지
본조사	실내시험	암석시험 LCM Test		△	◎
		광물조성	◎	◎	◎
		암버력유용성시험		△	◎
		실내수질분석	△	○	◎
	지하수	지하수유동모델링	△	○	◎
		지하수오염이송모델링	△	△	◎
		불연속체지하수모델링	△	△	◎
성과분석	암반분류	RMR 분류	○	○	○
		Q-system		○	○
	터널기계굴착	CSM 분석모델		○	○
		NTNU 분석모델		○	○
		QTBM 분석모델		○	○

주) ◎ 반드시 수행, ○ 수행, △ 현장조건에 따라 검토 후 수행, ● 도심지에서 유용한 조사

3.3.2 물리탐사

토목공학 분야의 물리탐사에 흔히 이용되는 지반의 대표적인 물성(物性)으로는 탄성파 속도, 전기적 성질, 밀도 등을 들 수 있다. 이에 따라 탐사 방법은 크게 탄성파탐사, 전기탐사, 전자탐사 등으로 나눌 수 있다. 또한 탐사가 수행되는 지역에 따라 육상, 해상 및 공중 탐사로 나눌 수 있다. 육상 물리탐사의 경우 측정 방법에 따라 지표상에서 탐사가 이루어지는 지표 탐사와 시추공을 이용하는 시추공 탐사로 나눌 수 있다. 표 3.4는 설계 및 시공을 위하여 많이 사용되는 탐사법을 측정 방법에 따라 분류한 것이다.

표 3.4 설계 및 시공을 위한 대표적 물리탐사법

대분류	소분류		대표적 탐사방법	측정대상	많이 적용되는 탐사법
지표 탐사	탄성파탐사		• 탄성파 굴절법 탐사 • 탄성파 반사법 탐사 • SASW, MASW/TSP	탄성파 도달시간 및 파형	탄성파 굴절법
	전기탐사		• 수평 탐사(Profiling) • 수직 탐사(Sounding)	전기 비저항	쌍극자 배열 수평 탐사
	전자탐사		• 주파수 영역 탐사 • 시간 영역 탐사	유도 전류의 위상 및 진폭	CSMT (IMAGEM) 탐사
	GPR 탐사		• 반사법 GPR 탐사	레이다파 도달 시간 및 파형	반사법 GPR
시추공 탐사	단일 시추공 탐사		• 다운홀 탐사(PS 검층) • 시추공 GPR 탐사	탄성파 도달 시간 반사 레이다파	다운홀 탐사
	시추공간 속도측정		• 크로스 홀 탐사	탄성파 도달 시간	크로스 홀 탐사
	시추공간 토모그래피		• 탄성파 토모그래피 • 비저항 토모그래피 • 레이다 토모그래피	탄성파 도달 시간 전기 비저항 직접 레이다파	탄성파 Tomography
	물리검층	전기검층	• 전기 비저항 검층 • 자연 전위 검층	전기 비저항 자연 전위 등	비저항 검층
		방사능검층	• 자연 감마 검층 • 밀도 검층	감마량 측정	밀도검층
		음파검층	• Sonic logging • Suspension PS logging	P, S파 도달시간	SPS logging
		시추공 영상촬영	• Optical Scanning(BIPS) • Acoustic Scanning (Televiewer)	공벽 영상 초음파 도달시간	BIPS(OBI), Televiewer(ABI)

지표 탐사는 조사 단계 초기에 광역조사를 위하여 주로 사용된다. 광역 지질 조사 및 지표 탐사를 통하여 개략적인 지질 분포 및 지층 구조 상태를 파악한 다음 시추 위치 및 심도를 정하고 시추를 한 후 시추공 탐사를 포함한 정밀 탐사를 수행하는 것이 일반적이다.

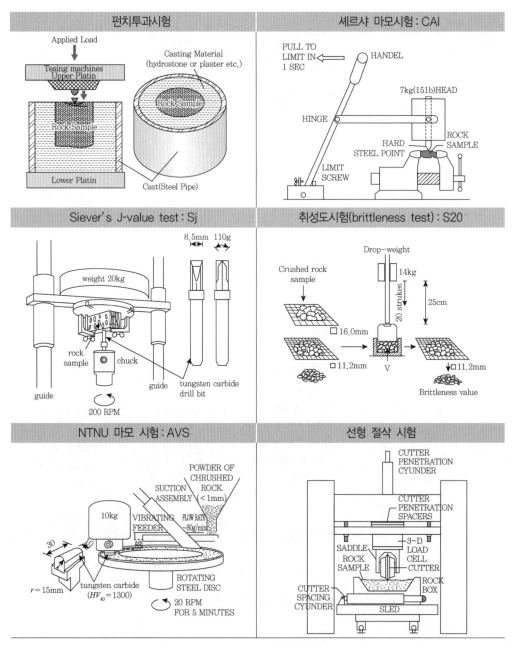

그림 3.10 TBM 굴진성능 예측을 위한 주요 시험

셰르샤 마모지수(CAI, Cerchar Abrasivity Index)는 셰르샤 마모 시험을 통하여 얻어지는 지수로서, 커터의 수명과 커터비용을 추정할 수 있다. 셰르샤 마모시험은 철제 Tip

(또는 다이아몬드 Tip)으로 암반을 10mm 길이로 긁어 발생되는 절삭 홈의 직경과 모양으로 암석의 마모도를 측정하는 방법으로, 적용되는 수직하중은 7kgf이다. 절삭홈의 크기는 0.1mm 단위로 측정된다. 표 3.5는 CAI값을 이용한 암석 마모도 분류와 주요 암석의 범위이다.

표 3.5 CAI를 이용한 암석 마모도 분류

Category	CAI
Not very abrasive	0.3~0.5
Slightly abrasive	0.5~1.0
Medium abrasive	1.0~2.0
Very abrasive	2.0~4.0
Extremely abrasive	4.0~6.0

CAI	Range	Middle value	1	2	3	4	5	6
Sandstone with clay/carbonate cementation	0,1~2,6	0.8	---o------------					
Limestone	0,1~2,4	1.2	----o------					
Sandstone with SiO_2 cementation	2,3~6,2	3.4			--------o-----------------			
Basalt	1,7~3,5	2.7		--------o-------				
Andesite	1,8~3,5	3.0		-----o----				
Amphibolite	3,0~4,2	3.7			----o----			
Schists	2,0~4,5	3.2		--------o------				
Gneiss	2,5~6,3	4.4			--------o---------			
Syenite/Diorite	3,0~5,6	4.6			--------o------			
Granite	3,7~6,2	4.9			--------o-------			

3.3.3 RMR 분류

Bieniawski에 의하여 1973년 개발된 RMR(Rock Mass Rating System)은 암반 등 지반의 각종 특성을 분석하여 공학적인 평가항목을 정하고 이에 따른 범위와 점수를 지정하여 암반의 등급을 매기고 이에 따른 구간별 굴착규모와 경험적 보강 패턴 및 제반 공학적 정보를 결정 또는 추정한다(Bieniawski, 1989). 평가된 RMR 값은 암반 분류와 설계정수 사용에 직접적으로 활용되며, 특히 TBM 굴착공법 선정에 중요한 기준으로 활용될 수 있다. 기본적으로 RMR은 발파 굴착공법을 토대로 개발되었기 때문에 TBM 터널의 경우에서는 발파로 인한 손상을 최소화할 수 있으므로, Alber et al.(1999)는 이를 고려하여 기존 RMR을 천공발파 RMR(RMRD+B)로 두고, 다음과 같이 RMR TBM을 제안하였다. 그림 3.11은 RMR 값의 범위에 대응되는 TBM 공법의 적용 조건이다(Ozdermir b).

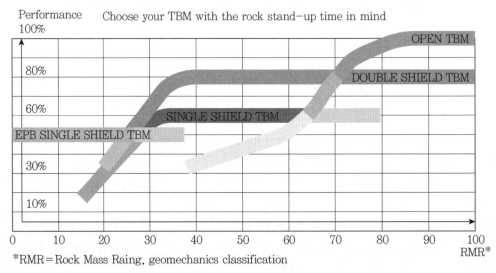

그림 3.11 RMR 분류와 TBM 장비의 적용성

3.3.4 터널 시공 중 물리탐사

1) 터널 전방 탄성파 탐사

토모그래피나 하향식 탄성파 탐사 등은 조사 대상 부지에 대한 포괄적인 정보를 제공하여주지만 지표에서 실시되거나 제한된 위치의 시추공에서 시행되므로 탐사가 미치는 지질구조대에 대한 파악에는 한계가 있다. 시공 중에는 터널 막장에서 선진 시추 조사공으로 이러한 정보를 얻는 것도 가능하나 조사공은 비용이 많이 들고 조사 범위가 제한되며 터널 작업을 지연시켜서 경제적으로 손실이 크다. 또한 선진 조사공은 조사공 위치의 기하학적인 한계로 전방의 지질구조의 방향성을 충분히 파악하기 어렵다.

이와 같은 한계를 극복하기 위한 TSP(Tunnel Seismic Prediction)는 터널 벽면의 수진기를 잡음이 영향을 주지 않을 정도로 인입하고 터널 벽면에서의 발파를 수행하는 방법이다. 터널 벽면에 3성분 지오폰을 설치하고 일정 간격으로 터널 벽면에서 발파를 수행하여 자료를 획득한 후 전방 파쇄대나 단층에 대한 정보를 얻는 방법이다(그림 3.12).

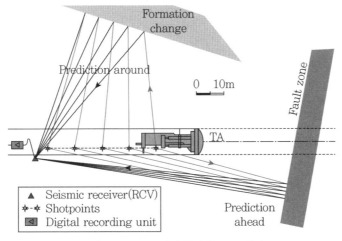

그림 3.12 TBM 터널 굴진 중 TSP 탐사

TSP 탐사 이외에도 SSP(Sonic Soft ground Probing) 등 TBM 커터에 직접 발진기와 수신기를 직접 장착하여 굴진 중단 없이 전방의 거력이나, 단층 등을 예측하는 등 송신원과 수신기의 배열에 따라 다양한 전방 물리탐사 기법이 제시되어 있다(그림 3.13).

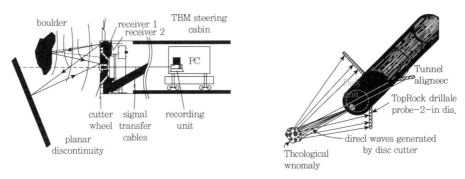

그림 3.13 TBM 기계굴착 터널의 다양한 전방 물리탐사 기술

3.3.5 탐성파 기술을 이용한 TBM 터널 영상화 방법

- TBM 굴착 시 터널벽에서 발생하는 P파, S파를 이용하여 굴착 전면의 암종과 불균질 구조를 파악하는 기술
- 터널 굴착 주요인자 : 지질환경, geomechanical parameters
- 불균질 지질 : 동굴, 단층대, 불규칙 암반(erratic rocks), 균열대(fracture zones), 대수층(wet layers)
- RSSR 파 : Reflection-Scattered S wave-Rayleigh wave
  - 터널 전면에 S파의 송신기와 수진기를 설치하여 자료를 취득하고 분석
  - 굴착 손상대(excavation damage zones)에서 RSSR 파의 분산곡선 차이
  - RSSR 파를 이용한 단층대 예측결과는 지지질조사나 탐사시추 결과 비교하였을 때 거의 일치하고 있음

1) TSP(Tunnel Seismic Prediction System)법

- Dickmann & Sander(1996) 터널측면에 발파공, 시추공에 가속도계를 설치하여 탄성파 반사파를 취득하고 터널 주변 영상화하는 방법
- 탐사방법
  - P파, S파를 기록
  - 초동주시 토모그래피로 속도모델 구성
  - 반사파 토모그래피 또는 탄성파 구조보정으로 불연속면 예측

2) Sonic Soft-ground Probing : SSP법

- Kneib et al.(2000) 고안, soft ground에 적용
- TBM cutterhead에 P파 진동음원과 가속도계를 설치하여 고주파수 탄성파 자료를 취득함

- 굴착을 진행하는 동안 자료를 취득함
- P파 반사파에 대한 탄성파 구조보정 영상화로 굴진면 전방 수 10m의 영상을 확보할 수 있음

그림 3.14 송수신기가 부착된 SSP법(from Kneib et al., 2000)

3) Tunnel Seismic-While-Drilling : TSWD법

- Petronino & Polotto(2002) 개발
- TBM 작동 시 발생하는 진동을 이용하는 방법
- 수진기를 TBM 전면과 후면 공벽을 따라 설치하여 굴진면에서 반사파된 파를 기록함
- TBM 전면에 설치한 수진기 신호와 후면에 설치한 수진기 신호음을 상호상관하여 속도이상대를 찾아가는 방식
- 실체파(P파, S파) 입사방향을 탄성파 구조보정에 적용하여 영상화 불확실성을 줄임

4) In-tunnel Horizontal Seismic Profiling : HST법

- Inazaki et al.(1999)

- 지표면 탄성파 굴절법 탐사와 같이 음원과 수진기를 배열하고 자료를 취득함

- 탄성파 수직탐사 자료처리 방식으로 자료를 처리함

5) True Reflection Tomography : TRT법

- Neil et al.(1999)

- 터널 전면과 측면에 가속도계 수진기를 설치하고 해머 충격으로 P파, S파를 송신
  하여 자료를 취득함

6) Integrated Seismic Imaging System : ISIS

- Borm et al.(2003)

- 터널측면에 1m 간격으로 공기압 해머 충격하여 음원을 송신

- 2m 간격 3성분 수진기를 설치하여 자료를 취득함

- 초동주시 토모그래피 이용하여 속도모델 구축

- 3성분 극성정보를 이용하여 정확성을 높임

7) 3D elastic modeling 기술

- Bohlen et al.(2007)

- TBM 후면 공벽에 송신기와 수진기 설치하고 레일리 파를 송신

- 자료취득 방법

  • 굴진 전면에 도달하는 표면파(Rayleigh)는 실체파로 변환되어 터널 내부 불균질
    매질에서 반사되고 일부가 표면파로 변환된 후 수진기에 기록됨

  • 표면파를 분석하여 속도를 구함

– 장점

• 터널 전면에 송수진기를 설치하지 않아 굴진작업 간섭을 최소화함

• 굴착지대에서 기인한 분산곡선 분석을 통해 S파 속도를 구함

• 단층경사 방향에 따른 탄성파 자료 분석으로 터널영상화 정확도가 좋음

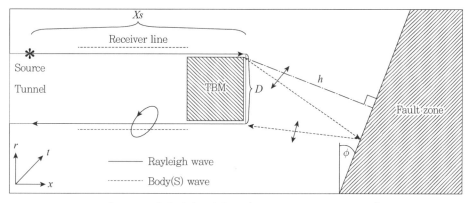

그림 3.15 3차원 탄성모델링 기술(from Bohlen et al., 2007)

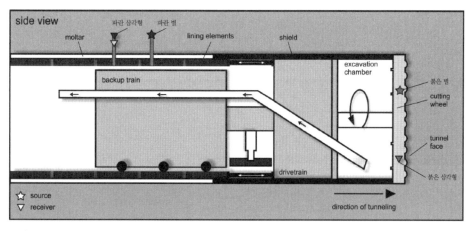

그림 3.16 TBM 굴착 시 진동 소스와 리시버 위치 SSP(붉은 별과 삼각형), TSWD(녹색 면판, 붉은 별과 삼각형) TSP/hSP(파란색 별과 삼각형)

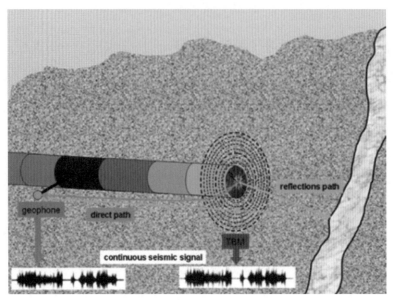

그림 3.17 수동 탄성파법의 적용사례

터널 내부 구조파악을 위한 다양한 탐사방법. SSP 방법을 붉은 별과 삼각형, TSP/HSP법은 파란색 별과 삼각형, TSWD법은 녹색 부분과 녹색 삼각형으로 송신원과 수진기를 나타내고 있음(from Jetschny, 2010)

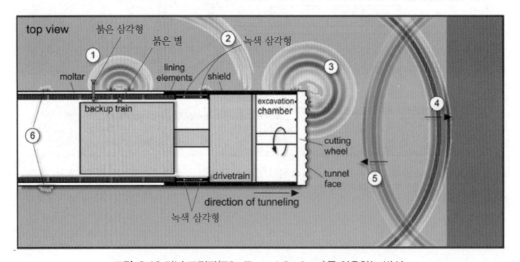

그림 3.18 터널 표면파(TS : Tunnel Surface)를 이용하는 방식

8) 터널 내 무선 탄성파 탐사 기술 개발 제안

- 점탄성 매질에서 터널 내 3차원 탄성파 모델링
- TBM 후면에 송신기 – 수진기를 설치하고 취득한 자료에 대한 능동형 탄성파 탐사에 대한 3차원 모델링과 현장 적용
- TBM 후면에 수진기를 설치하고 TBM 진동을 기록하여 불균질을 규명하는 수동형 탄성파 탐사 모델링과 현장 적용

9) 한국지질자원연구원(KIGAM) 무선 탄성파 탐사 기술

- 무선 탄성파 시스템
  - 무선 탄성파 수진기 : 10Hz, 135개
  - 35일 연속 자료기록
- 무선 탄성파 탐사사례
  - 장대터널 대심도 토모그래피 탐사(성남 – 세종 고속도로 설계)
  - 미얀마 산악지형 석유탐사
  - 도심지 천부가스 탐사 : 하천이용 무선 탄성파 탐사

3.4 연약지반 쉴드 TBM 터널 굴착 시 전석 장애물 탐지방법 및 보상방법

3.4.1 개요

최근 연약지반상의 도심지 굴착사례가 증가하면서 터널 굴착 중 전석(Boulder) 처리가 문제점으로 대두되고 있다. 터널 굴착 중 갱도에 전석이 출현하는 경우를 전석 장애라고 하며, 전석 장애는 추가적인 처리 비용을 유발하게 된다. 전석 장애의 형태는 '장애를 일으키는 전석이 너무 커서 일반적인 방법으로 파쇄하거나 버력처리 시스템(Mucking system)으로 처리하기 어려운 경우' 또는 '전석 제거를 위해 갱도 또는 터널 외

부에서 이루어지는 천공 및 파쇄(또는 발파)와 같은 보조공법이 필요한 경우'로 구분할 수 있다.

전석(호박돌)이란 일반적으로 조약돌 또는 자갈보다 치수가 큰 암석을 의미하지만, 현장의 기반암보다 그 크기가 훨씬 작아 설계 및 시공단계에서 노선상의 전석을 직접 간파하는 것은 쉽지 않다. 그러나 설계자가 어떠한 지층에 대해 전석의 존재 가능성과 관련 정보를 인지하고 있다면, 물리탐사를 보다 효과적으로 수행할 것이며, 굴착 작업 중 전석 탐지에 초점을 맞춰 막장관찰을 실시할 것이다.

전석 장애물의 제거는 추가적인 처리와 비용이 요구되지만, 기본 굴진율과 생산성에 고려되지 않는 것이 현실이다. 전석 장애물 제거는 공기지연을 유발하며, 직간접적으로 보상을 필요로 하게 된다. 보상문제는 전석 장애물 제거를 직접 공정에 포함시키는 방법과 별도의 부수적인 공정으로 분리하는 방법이 고려될 수 있다. 두 가지 경우 모두 전석 제거에 대한 비용을 산정해야 한다는 공통점을 내포하므로 전석의 크기 및 특성에 대한 정보 수집이 필수적이라 할 수 있다.

본 3.4절에서는 연약지반상의 터널 굴착 시 전석 장애물을 탐지하는 방법 및 처리기술을 소개하고, 비용상의 보상문제를 사례 조사를 하여 설명하였다. 또한 전석 장애물 보상문제와 관련된 해외 프로젝트 사례 8개를 제시하였다.

3.4.2 전석 탐지기술

1) 지반조사 및 물리탐사

전석 장애물에 대한 보상방법을 선정하기 전에 매장된 전석의 지질학적 특성과 전석이 발생할 확률을 평가해야 한다. Hunt & Angulo(1999)는 지반조사 및 물리탐사를 이용하여 다음 6개 항목의 전석 발생 특성을 제안하였다.

- Frequency(발생빈도)

- Distribution(발생분포)

- Sizes(크기)

- Shapes(형상)

- Rock Composition(암석 구성)

- Matrix Soil Composition(토층 구성)

전석의 상태를 적절히 평가하기 위한 조사 방법으로 대구경 시추조사, 시험굴 굴착, 물리탐사 기법, 조사터널 굴착 등이 고려될 수 있다. 그림 3.19는 전석 및 암석 시추가 가능한 대구경 시추장비이며, 이를 이용하여 시추된 전석들의 형상이 그림 3.20에 제시되어 있다.

그림 3.19 대구경 시추 장비

그림 3.20 대구경 시추장비로 시추된 전석들

전석 탐지를 위한 물리탐사 기법으로 탄성파 탐사가 있다. 탄성파 탐사는 인위적으로 발생시킨 탄성파가 지하 매질을 통해 전파할 때, 매질에 따라 전파 속도가 변화하며, 매질의 경계부에서 굴절 또는 반사하는 성질을 이용한 것으로 그림 3.21은 전석 탐지가 가능하도록 탄성파 탐지 시스템을 장착한 TBM 장비를 보여주고 있다. GPR 탐사는 고주파수를 이용하여 목표물의 탐지 및 위치를 파악하는 방법으로 전석 탐지를 위한 효과적인 방법이 될 수 있다. 이 밖의 물리적인 탐사기법으로 시추공 탄성파 탐사, 시추공 레이더 탐사 등이 있다.

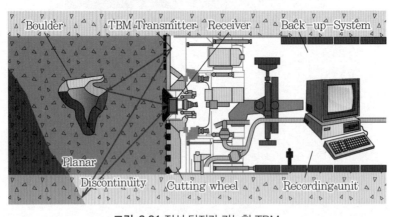

그림 3.21 전석 탐지가 가능한 TBM

2) 전석 장애물의 정량적 평가

굴진율에 영향을 주는 전석의 특징들을 파악하기 위해서는 전석의 구성, 모양, 분포, 토층, 위치와 같은 사항들이 고려되어야 하나, 처리 비용 산정 시 이들 사항을 종합적으로 고려하는 것은 쉽지 않다. 전석을 정량적으로 평가하는 방법으로 Geotechnical Baseline Report for Underground Construction(Technical Committee, 1997)와 Essex & Klein(2000)이 제안한 방법을 인용하면 다음과 같다.

- 예상되는 전석 장애물의 횟수
- 예상되는 전석 장애물의 양
- 전석 장애물 제거 시간(TBM 비가동 시간, 마모된 커터를 보수하는 시간을 포함)

Hunt & Angulo(1999)는 미국 밀워키(Milwaukee) 지역 프로젝트에 대하여 전석 장애물을 정량적으로 평가하고, 이들을 데이터베이스화하여 두 가지 방법으로 전석을 평가하였다. 첫 번째 방법은 전석의 양을 터널 굴착량의 백분율로 표현하고 대략적으로 산정하는 방법이며, 두 번째 방법은 터널 굴착량에 대한 전석의 백분율을 결정하기 위해, 시추작업 시 분석된 전석 빈도를 이용하여 반경험적 상관관계로부터 밝혀내는 것이다. 이들은 밀워키 지역에서 수행된 5개 프로젝트를 분석하였으며, 3개 프로젝트를 추가 분석하였다. 표 3.6은 미국 밀워키 지역에 대하여 추가로 실시한 3개 프로젝트에 대한 전석 평가 결과를 보여주고 있다.

표 3.6 밀워키 지역 전석 평가 결과

Case No.	1	2	3
Project Name	Oklahoma Ave. Relief Sewer	Oak Creek Southwest	Miler, 37th and State MIS
Tunnel Length	725m	1524m	383m
Excavated Diameter	1.52m	1.40m	2.64m
No. of Borings	12	12	9
Avg. Boring Spacing	68.6m	132.6m	44.2m
Boulder Length / Boring Length in Till / Outwash	4.7%	1.8%	8.9%
Est'd No. of Boulders	15	11	29
Reported No. of Boulders in Tunnel	151	156	346
Reported No. of Boulders Obstruction	71	156	60
Avg. Boulders per 30m of Tunnel	6.2	3.1	27
Max. Boulders per 100m of Tunnel	59	-	154
Estimated Boulder Volume, m^3	12.3	36.8	33.7
Avg. % Boulders by Volume in Tunnel	0.93%	1.57%	1.62%
Max. % Boulders by Volume, 60m(200ft) Tunnel Segment +/−	2.3%	−	2.9%

그림 3.22는 시추 시 분석된 전석 데이터에 대응하는 전석의 백분율 상관관계를 나타내고 있다. 연구 결과에 의하면, 이 지역의 전석 체적은 평균적으로 터널 굴착 체적의 0.01∼1.82% 범위에 있는 것을 알 수 있다.

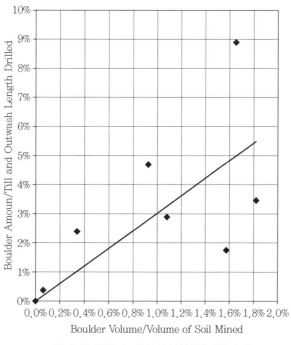

그림 3.22 밀워키 지역의 전석 발생 상관관계

3.4.3 전석 장애물 제거 방법

1) 측방으로 밀어내는 방법

　TBM의 주변 둘레에 부분적으로 접하고 있는 전석은 측방으로 밀어내는 방법이 적용될 수 있다. 이 방법을 적용하기 위해서는 TBM에 부분적으로 폐쇄된 면이 존재해야 하며, 전석이 주변 지반에 근입이 가능하도록 지반이 적당히 느슨해야 한다. 그러나 전석이 너무 커서 측방으로 밀어낼 수 없는 경우가 있으며, 연약한 토층에서 만나는 전석이 커터헤드를 따라 회전하거나 헤드의 개구부에 박혀버리는 경우도 발생한다. TBM의 주변 둘레에 부분적으로 접하고 있는 전석은 측방으로 밀어내는 방법이 적용될 수 있다. 이 방법을 적용하기 위해서는 TBM에 부분적으로 폐쇄된 면이 존재해야 하며, 전석이 주변 지반에 근입이 가능하도록 지반이 적당히 느슨해야 한다. 그러나 전석이 너무 커서 측방으로 밀어낼 수 없는 경우가 있으며, 연약한 토층에서 만나는 전석이 커터헤

드를 따라 회전하거나 헤드의 개구부에 박혀버리는 경우도 간혹 발생한다.

2) 원상태로 수집

TBM 헤드의 개구부가 전석을 통과시킬 정도로 충분히 큰 경우 원상태로 수집될 수 있다. 헤드의 구멍을 통과하는 전석의 크기는 전석과 헤드 구멍의 크기와 형상에 따라 달라진다. 매끄럽고 둥근 형상은 직사각형 또는 각진 전석보다 쉽게 TBM 헤드의 개구부를 통과할 것이다. 각진 형상의 전석은 파쇄될 때까지 헤드의 전면을 따라 회전하거나 구멍에 박혀 있을 것이다. 대부분의 TBM은 굴착직경의 15~30% 이하 크기의 전석을 처리할 수 있다. 일단 전석이 헤드 부분을 통과하면, 버력처리 시스템을 통과해야 한다. 그러나 커다란 전석의 경우 별도로 분쇄하는 과정이 부수적으로 필요하다.

3) 분쇄 후 처리

(1) 커터를 이용하여 분쇄

전석을 분쇄하는 커터의 능력은 커터 종류, 마모 정도, 암석의 구성, 강도, 전석의 형상, 방향, 토사층의 강도 등에 따라 결정된다(Dowden & Robinson, 2001). 커터의 종류에는 드래그 픽(Drag pick), 롤러 커터(Roller cutter), 디스크 커터(Disc cutter) 등이 있다.

드래그 픽은 강도가 약한 암석이나 적당히 산재된 경암 전석을 분쇄할 수 있으나, 무리지어 있는 전석에는 효과적이지 못하다. 롤러 커터는 전석을 조각으로 잘라낼 수 있으나, 전석의 강도가 강할 경우 절삭 속도가 느려지는 경향이 있다.

그림 3.23 드래그 픽과 디스크 커터가 장착된 대구경 쉴드 TBM

디스크 커터(그림 3.23)는 전석이 분쇄되는 동안 전석을 잡아줄 수 있을 정도로 토층이 충분히 단단한 경우 매우 효과적인 방법이다. Navin 등(1995)은 커터에 작용하는 힘에 대한 근입된 전석의 지지력을 비교하여 요구되는 토층의 강도를 제안한 바 있다. 만일 토층이 너무 느슨하거나 연약하면, 전석은 커터 주위를 회전하거나 커터를 손상시킬 것이다.

(2) 기계적으로 분쇄

터널 내부를 통해 헤드 부분으로 접근이 가능하고, 막장이 그라우팅 보강 등으로 안정화된 경우 전석 장애물은 헤드의 개구부를 통해 다음과 같이 기계적으로 분쇄할 수 있다.

- 전석에 폭약을 설치하여 발파
- 천공홀에 유압을 작용하여 분쇄
- 천공홀에 급팽창 모르타르를 삽입하여 분쇄

(3) 충진공간 내에서 분쇄

슬러리 쉴드 TBM은 일반적으로 충진공간 내에서 전석을 파쇄하기 위해 암석 분쇄기를 장착하고 있다. 전석은 슬러리 상태로 펌핑될 수 있도록 충분히 작은 크기로 컷팅헤드의 구멍을 지나게 된다. 일반적으로 굴착직경의 20~35% 크기의 전석을 처리할 수 있으며, 전석의 크기에 따라 커터헤드의 구멍 및 암석 분쇄기의 용량이 결정된다. 암석 분쇄기의 종류에는 Roller, Cone, Jaw 타입이 있다.

4) TBM 외부에서 제거

(1) 천공홀로 밀어내는 방법

이 방법은 굴착할 위치로 지표 접근이 필요하므로, 지상에 중요한 구조물이 없어야 한다. 또한 굴착 장비는 0.8~1.2m 정도의 천공홀을 형성할 수 있어야 하며, TBM 아래로 1~2m 정도 추가 굴진이 가능해야 한다. 이 방법은 밀워키 지역에서 전석 제거를 위해 부분적으로 적용되었다(그림 3.24). 전석 제거 후 천공홀은 뒷채움이 되며, 전석 주변의 공극은 그라우팅으로 채워져야 한다.

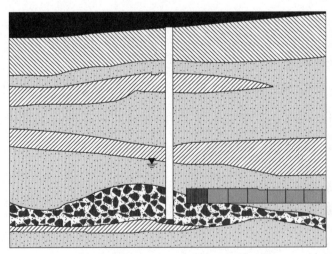

그림 3.24 천공홀 속으로 전석을 밀어내는 TBM

(2) 지표 천공 후 발파

만일 발파가 가능한 여건이면, 지표에서 전석 안으로 천공을 하고 이를 발파하는 것도 가능한 방법이다. 이 방법은 적절한 위치에 천공을 하고 장약을 충진하는 것이 관건이다.

(3) 임시 수직갱을 통해 제거

1~2m 직경의 케이싱 홀 또는 라이닝 수직갱을 이용하여 지표로부터 접근이 가능한 경우 임시 수직갱을 통해 전석 장애물을 제거할 수 있다.

(4) 접근 터널을 이용하여 제거

작업갱 근처에서 인력으로 접근 터널을 굴착하여 전석 장애물을 제거할 수 있다. 임시 지보재는 목재, 강관, 강판 등이 사용된다.

3.4.4 전석 장애물에 대한 보상문제

1) 잡비 처리

전석 장애물이 얼마 되지 않고, 제거 비용이 그다지 높지 않을 때, 전석 장애물 제거 작업은 잡비로 처리할 수 있다. 전석 장애물이 잡비로 처리된다면, 전석 장애물에 대한 정량화 작업이 더욱 상세히 이행되어야 한다. 전석 장애물에 대해 이러한 과정이 무시된다면, 저가 입찰자는 전석 장애물이 예상되지 않는다고 가정할 것이며, 설상가상으로 전석 장애물 처리가 불가능한 장비를 선정할 수도 있다. 이러한 경우 전석 장애물이 굴착 중에 나타나고, 제거 비용이 발생한다면, 시공사는 상이한 현장 여건과 시방서의 결함에 대해 추가 비용과 함께 공기 연장을 요구할 것이다.

2) 계약 수정

계약 수정에 의한 전석 장애물 보상비용 산정 방법은 효과적인 방법이 될 수도 있고 그렇지 않을 수도 있다. 만일 전석 장애물이 예상되고, 시공사가 이를 신속하고 효과적으로 제거할 적절한 장비를 보유하고 있다면, 이 방법은 좋은 선택이 될 수 있다. 이 방법은 전석 장애물이 예상되지 않거나, 입찰 전에 전석 장애물 제거 작업의 범위를 충분히 결정할 수 없을 경우 실용적인 방법으로 고려할 수 있다.

3) 별도 공정으로 보상

(1) 조우 횟수를 기준으로 보상

전석 장애물을 보상하는 간편한 방법은 장애물의 조우 횟수에 근거하여 1개의 장애물에 대해 단위 비용으로 보상하는 것이다. 구체적으로 언급하면 15분 정도 소요되는 1회 발파로 비교적 작은 전석 장애물을 제거한다고 가정할 때, 이에 대하여 동일한 단위 비용을 적용함을 의미한다. 하지만 규모가 큰 전석의 경우 1회 이상의 발파가 필요할 것이며, 시간도 15분 이상이 소요될 수 있다. 또한 전석 제거를 위해 막장을 보강할 경우가 발생하는데, 이 방법은 모든 경우에 대해 동일한 단위 비용을 적용하는 문제점이 있다.

(2) 크기를 기준으로 보상

전석의 크기를 기준으로 전석 장애물을 판단하는 방법은 앞서 언급한 방법보다 좀 더 공정한 보상 방법이지만, 크기를 측정하는 것은 쉬운 일이 아니다. 이 방법을 적용하려면 크기에 대한 기준을 명확히 할 필요가 있다. 예를 들어 TBM의 버력처리 시스템을 통과하는 비교적 작은 크기의 전석은 보상에서 제외하고, 보상의 범위에 있는 전석의 크기를 2~3개 정도로 분류하여 각 크기에 대해 보상에 차등을 두는 것이다.

(3) 체적을 기준으로 보상

체적을 이용한 보상방법은 전체 전석 또는 조각이 터널 막장으로부터 쉽게 제거되어 측정이 용이할 때, 실용적인 방법이 될 것이다. 그러나 전석은 불규칙한 형상이며, 대략적인 체적은 치수를 근거로 계산된다는 점에서 앞서 언급한 크기를 기준으로 보상하는 방법과 별반 차이가 없다.

(4) 중량을 기준으로 보상

중량으로 전석 장애물을 보상하는 방법은 체적보다 측정하는 것이 용이하다. 보상기준이 되는 전석은 적정 중량 이상으로 표현이 가능하다. 그러나 보상기준이 되는 전석을 구분하고, 중량을 측정하는 일은 추가적으로 수반되어야 한다.

(5) 작업시간을 기준으로 보상

이 방법은 전석 장애물로 발생하는 TBM의 굴진정지에 대하여 장애물 제거로 소요되는 작업 시간을 기준으로 보상하는 방법으로 가장 합리적인 방법이 될 수 있다. Manson, Berry, Hatem(1999)는 장애물 제거를 위한 작업시간에 대한 기준을 전체 공정의 125%로 하였으며, 이를 초과하지 않으면 공기에 영향을 주지 않는다고 제안하였다.

3.4.5 프로젝트 사례(하수도 터널공사)

1) Case 1-Interplant Solids Pipeline

몇 개의 분산된 전석이 설계단계에서 예상되었으나, 장애물의 양이 결정되지 않았고, 비용 항목으로 고려되지도 않았다. 시공단계에서 232개의 전석 장애물이 발생하였으며, 커터헤드의 개구부를 통해 발파하여 제거하는 데 82.5시간이 소요되었다. 전체 장애물 제거에 총 $57,123이 소요되었으며, 굴진 중 자연 파쇄된 전석을 제외하면, 전석 장애물당 $372의 비용에 해당된다. 이를 전석 장애물당 작업시간으로 환산하면, 평균 21분에 해당된다.

2) Case 2-South Pennsylvania Ave.

이 사례의 경우 전석 장애물이 예상되었으나, 장애물의 양이 기록되지 않았으며, 제거 비용 또한 예산에 포함되지 않았다. 계약상에는 '기술자의 검토 후 계약수정'하도록 되어 있었다. 시공사는 막장개방형 TBM을 선택하였으며, TBM 굴진 중 262개의 전석을 적절히 발파하였다. 이 전석들은 대부분 실트질 점토로 이루어진 빙역토에 근입되어 있었으며, 발파하는 동안 막장의 불안정은 문제되지 않았다. 발파 작업 동안 굴착 지연시간은 전석당 15~60분이 소요되었으며, 평균 32분으로 기록되었다. 전석 처리 비용은 전석당 $1,620으로 산정되었다. 이 프로젝트의 경우 시방서에 전석 등을 고려하여 TBM 장비를 선정할 것을 명시하지 않았다. 이 프로젝트의 최종 입찰자는 막장개방형 TBM 장비가 적절하다고 선정하였지만, 두 번째로 낮은 입찰가를 제시한 입찰자는 단지 $50의 차이를 보였고, 커터헤드가 막혀 있는 마이크로 터널링 TBM의 일종인 Iseki Unclemole(그림 3.25)를 계획하였으며, 이는 단지 자갈과 매우 작은 전석만을 처리할 수 있었다. 이 입찰자가 선정되었다면, 전석에 대한 계약 수정 비용은 5~10배 높았을 것이다. 이 사례를 볼 때, 장비선정의 중요성과 조사단계에서 반드시 전석의 양이 기록되어야 함을 알 수 있다.

그림 3.25 Iseki Unclemole MicroTBM

3) Case 3-Ramsey Ave. 하수도 터널

전석 장애물이 지반조사 보고서에 기록되어 있으며, 2개의 전석 장애물에 대해 비용 항목으로 기록되어 있다. 최소 가격이 명기되어 있지 않았지만, 최소 제거 범위가 다음과 같이 계약상 명시되어 있었다.

"장애물 발생은 터널 굴착 장비로 굴착할 수 없는 크기의 전석과 기타 장애물을 만나는 경우로, 계약자는 장애물을 제거할 적절한 방법을 결정해야 한다. 방법에는 장애물 근처로 사람이 접근할 수 있도록 갱을 굴착하거나, 장애물을 밀어 넣을 수 있는 공간을 확보하는 것이다."

시공사는 Iseki Unclemole를 선정하였다. Iseki Unclemole는 앞서 언급한 바와 같이 막장으로 접근이 불가능하고, 자갈은 처리가 가능하나 전석은 불가능하다. 터널 굴진율 80%까지 전석 장애물은 발견되지 않았다. 그러나 6.4m를 남겨두고 물을 포함한 조립토층에 근입된 직경 600mm의 고강도 화성암 전석에 의해 굴진이 정지되었다. 시공사는 인력으로 외부에서 접근 갱을 굴착하였으며, 전석을 신속하게 제거하고자 별도의 막장 안정처리를 하지 않았다. 그러나 액상화 현상이 일어나는 등 막장이 불안정하자 결국 지반 그라우팅을 실시하여 전석을 제거하였다. 비록 전석 장애물이 예상되었고, $5,000의 비용 항목으로 고려되었으나, 대략 $600,000의 비용이 발생하였다. 비용을 청구하였으나, 청구는 거절되었고, 소송을 피하기 위해 전석 처리 비용은 입찰가 $5,000에서 화해 금액 $100,000으로 합의되었다.

4) Case 4-CT-7 Collector System

이 사례에서는 전석이 분산된 것으로 예상되었으나 양이 기록되지 않았고, 비용 항목으로 지정되지도 않았다. 굴진 중 5개의 전석이 나타났으나, 실제 굴진에는 영향을 주지 않았다. 전석들은 투수성이 낮은 실트질 점토층에 존재하였으며, 전석이 버력처리 시스템을 모두 통과한 사례이다.

5) Case 5-Elgin Northeast Interceptor

이 프로젝트에 대한 계약문서에는 전석 장애물에 대한 리스크를 기술하지 않았고, 지불 준비도 하지 않았다. 시공사는 전석이 발생할 것을 대비하여, 막장으로 접근이 가능한 막장개방형 TBM을 선정하였다. 굴진 중 112개의 전석 장애물을 만났고 40L/sec(640g/min)의 유입수가 발생하였다. 지반조사 보고서는 많은 전석의 양과 높은 지하수 유입을 예상치 못했으며, 시추조사는 터널 인버트 아래 0~2m까지 실시하는 데 그쳤다. 터널 영역의 대수층은 터널 아래 10m 이상까지 확장되어 있으며, 예상했던 것보다 투수율이 매우 높았다. 이러한 악조건들은 전석 장애물당 평균 약 $1,500의 추가 비용을 발생시켰다. 시공사는 상이한 현장 조건에 대해 추가 비용을 청구하였다. 청구건은 거절되었으며, 결국 법원에서 소송으로 결말이 났다. 이 사례를 통해 전석 장애물에 대한 부적절한 조사가 추가 비용 발생 및 분쟁의 소지가 됨을 알 수 있다. 또한 계획 단계에서 예상 전석 장애물을 비용항목으로 고려하는 과정이 필요함을 시사한다.

6) Case 6-Oklahoma Ave. 하수 터널

이 사례에서 전석 장애물은 다음과 같이 지반조사 보고서상에 기록하였으며, 전석 장애물을 25개로 예상하여 비용항목으로 고려한 경우이다.

"전석 장애물은 터널 막장에서 커다란 전석을 만나고 굴진이 정지되고, 전석이 너무 커서 버력처리 시스템을 통해 파쇄 또는 흡입이 곤란할 때를 의미한다. 이러한 경우 막장 또는 TBM 외부를 통해 제거하여야 한다. TBM 직경의 30% 이상인 크기의 전석은 TBM을 통해 분쇄하거나 흡입하기 어려운 것으로 본다. 30% 이하의 크기는 부수적인 방법 없이 TBM을 통해 분쇄 또는 흡입이 가능한 것으로 본다."

시공사는 전석 장애물을 예상하고, 막장 접근이 가능한 막장개방형 TBM을 선택하였다. 25개의 전석 장애물이 예상되었으나, 실제 71개의 전석 장애물이 나타났다. 이 지역에 실시된 시추깊이는 터널 인버트 아래 2~3m이며, 기반암 능선 표면을 파악하지 못한 것이 원인이었다. 기반암 근처 굴착으로 예상보다 매우 높게 전석 집중이 나타났다. 하지만 전석을 사전에 예상하여 막장 접근이 가능한 장비를 선정하였기 때문에 추가로 발견된 전석을 제거하는 것은 문제가 되지 않았다. 추가로 발견된 46개의 전석을 발파하면서 지연된 시간에 대해 작업시간으로 보상이 이루어졌다. 입찰 시 예상했던 25개의 전석에 대한 비용은 전석당 $2,500이었으나, 추가적인 46개의 전석 장애물에 대한 평균 비용은 각각 $630에 불과했다(정확한 사실). 이 사례를 볼 때 전석 장애물에 대해 작업시간으로 보상하는 방법이 장애물당 단위비용으로 처리하는 것보다 합리적임을 알 수 있다.

7) Case7-Oak Creek Southwest Interceptor

이 사례의 경우 전석 장애물이 예상되었고, 3가지 비용항목으로 구분하여 전석 장애물에 대한 보상을 고려하였다.

- 300~600mm 전석 장애물 400개
- 600~1,200mm 전석 장애물 70개
- 1,200mm 이상의 전석 장애물

시공사는 작은 크기와 중간 크기의 전석 제거비용에 대하여 각각 $80과 $100에 입찰을 하였다. 이러한 낮은 비용은 쉴드 내에서 인력으로 터널을 굴착할 계획에 기인한다. 얼마 지나지 않아, 인력으로 터널을 굴착하는 것이 너무 어렵고 속도가 너무 느리다는 것을 알게 되었고, 막장 개방형 TBM을 동원하였다.

크기로 전석 장애물을 정량화하는 방법은 정확하지 않다. 실제 이 프로젝트에서는 156개의 전석 장애물이 발생하였는데, 이 중 실제 크기가 1,200mm 이상인 전석 장애물을 중간 크기로 간주되어, 시공사는 입찰단가보다 시간으로 보상해야 한다고 주장하기도 하였다. 크기에 근거한 보상방법은 정확하지 않으며, 실제 발파와 제거 이후 그 크기는 정확히 측정될 수 없다. 만약 전석 장애물이 시간과 비용에 따라 보상된다면, 크기는 문제시되지 않을 것이다.

8) Case 8-Miller 37th & State 하수도 터널

전석 장애물에 대한 사항이 지반조사 보고서에 수록되어 있으며, 다음과 같이 정의된 55개의 전석 장애물이 비용 항목으로 수록되어 있다.

"전석 장애물은 전석이 너무 커서 버력처리 시스템을 통하여 파쇄하여 흡입을 할 수 없어 굴진이 정지되거나 작업이 방해될 때 발생한다. 이 경우 터널의 입구에서 천공 또는 파쇄와 같은 보조수단 또는 터널 외부로부터의 굴착에 의해 제거해야 한다. 터널 직경의 20% 이상인 크기의 전석은 전석 장애물로 고려된다. 굴착되는 터널 직경의 20%보다 작은 크기의 전석은 전석 장애물로 고려될 수 없다."

대략 346개의 전석이 발견되었으며, 이 중 60~65개의 전석이 전석 장애물로 고려되었다. 60여 개의 전석 장애물에 대한 보상비용은 입찰 시 장애물당 보상비용 $3,480으로 산정되었으며, 터널 직경의 20%보다 작은 286개의 작은 전석들에 대해서는 보상비용으로 고려되지 않았다.

굴착 중 커터가 심하게 손상되었으며, 커터 교체를 위해 굴진을 2회 멈춰야 했으며, 커터헤드 개구부를 통해 인력굴착을 실시해야 했다. 커터 교체로 인한 공기 지연과 추가 비용 발생에도 불구하고, 손해배상은 인정되지 않았다. 이는 지반조사 보고서에 지반의 전석 특성을 적절히 나타내고 있으며, 비용 항목으로 55개의 전석 장애물을 나타내고 있기 때문이다. 실제 발생한 전석 장애물은 60개로 55개와 차이가 있으나, 그 차이는 15%에 불과하다. 전석에 대한 계약상의 적절한 비용조항 및 지반조사가 선행될 때 손해 배상으로 인한 논쟁을 최소화할 수 있음을 이 사례로부터 알 수 있다.

3.4.6 결 론

1) 전석 장애물에 대한 정확한 보상비용을 산정하기 위해서는 적절한 지반조사와 물리탐사가 무엇보다 중요하며, 전석 장애물이 예상된다면, 장비선정에서 이를 충분히 반영시켜야 한다.

2) 전석의 양을 결정하는 방법으로, 첫 번째 방법은 전석의 양을 터널 굴착량의 백분율로 표현하여 산정하는 방법이며, 두 번째 방법은 터널 굴착량에 대한 전석의 백분율을 결정하기 위해 시추작업 시 분석된 전석 빈도를 이용하여 반경험적 상관관계로부터 예측하는 것이다.

3) 전석 장애물을 제거하는 방법으로 측방으로 밀어내는 방법, 원상태로 수집하는 방법, 분쇄 후 처리하는 방법, TBM 외부에서 천공홀 등을 이용하여 접근 후 처리하는 방법 등이 있다.

4) 전석 장애물은 발파 후 그 크기를 정확히 측정할 수 없으며, 예상 제거비용과 실제 비용의 차이가 있는 점을 볼 때, 전석 장애물의 보상방법에서 체적 또는 무게를 이용한 전석 장애물 제거 비용 산출은 합리적이지 못하며, 작업시간에 따른 보상비용 산출이 논란을 최소화할 수 있을 것으로 판단된다.

5) 향후 합리적인 전석 탐지 시스템의 개발이 필요하며, 전석 장애물로 인한 보상비용을 설계단계에서 반영하려는 노력과 함께 전석을 효과적으로 분쇄할 수 있는 커터 및 TBM 장비 개발이 요구된다.

3.5 연약지반 TBM 터널 막장지보 계산방법 해설

3.5.1 개요

현재 연약지반에서 터널 막장안정에 대한 다양한 의견들이 발표됨으로써 이를 정리하며 소개를 하는 차원에서 독일터널협회 DAUB의 권유사항을 풀어 설명하였다. DAUB의 막장안정 권유사항으로 기존에 있는 기계터널굴착에서 막장안정평가에 대한 정보를 제공하며 막장지보압 계산과정의 실용적이며 현재 가장 정확한 지침을 제공한다. 또한 이러한 기술적 권유사항으로 예상 지반조건에 따라 기존에 있는 계산방법 중 가장 적절한 계산방법 선택하는 데 도움을 줄 것이다. DAUB 권유사항에서는 다음과 같은 두 가지의 과제에 대한 차이점을 지정하지만 이는 상황에 따라 중복되기도 한다.

- 막장안정 계산
- 지표 침하량을 평가하기 위한 기계-지반 상호작용 분석

DAUB에서 발간한 권유사항은 일곱 장으로 나누어져 있다(서론, 참고자료 외). 개요는 터널 막장안정 평가에 대한 일반적인 목적을 소개하고 터널 막장안정 중심으로 연약지반 기계굴착기술에 대해 간략히 설명한다. 독일위원회의 막장안정 평가에 대한 안전 관념은 3.5.2에서 설명한다. 이에 따라 막장안정 계산법의 가장 중요한 과학적 접근법은 3.5.3에서 논하며 여기서는 터널 막장에서 토압으로 인해 일어나는 지보압에 중점을 두어 설명한다. 3.5.4에서는 이에 따른 지하수압으로 인한 토압으로 요약하여 설명한다. 3.5.5에서는 실제적인 쉴드 터널 굴착과 관련된 계산방법을 상세히 설명한다. 아울러 막장안정에 대한 추가적인 사항들은 3.5.6에서 설명하였다. 막장안정압에 대한 2가지의 예시는 문서의 마지막 부분에서 제공된다.

이 권유사항의 영문파일을 다음 링크에서 다운로드할 수 있다.

http://www.daub-ita.de/fileadmin/documents/daub/gtcrec1/gtcrec10.pdf

3.5.2 연약지반 막장안정 계산법에 대한 관점

터널 막장안정평가의 목적은 터널 막장에 가해지는 지하수압 및 토압을 조사하고

이에 대한 지지력을 분석하는 것이다. 만약 터널 막장의 자체적인 지지력이 부족하다면 이를 터널 막장지보재가 보완해야 한다. 이러한 경우 지지 매체가 토압 및 지하수압에 적절히 대응해야 터널 막장을 안정시킬 수 있다.

터널 막장지보 설계에 대해 기본적으로 두 가지의 관점이 있다. 첫 번째 관점은 터널 막장압 계산과정이 오직 터널 막장안정에 대해서만 다루는 것이다. 이러한 계산법들은 권유사항의 중간 부분에 찾을 수 있다. 또한 여기서 터널 막장에 가해진 막장압을 계산할 시 지반변위를 꼭 필요한 조건이 아니라고 여긴다. 이러한 접근법은 '극한상태접근법(Ultimate Limit State Approach)'이라고 불리는데 이는 터널 막장 붕괴를 방지할 수 있는 최소의 막장지보압을 요구하기 때문이다.

두 번째 관점은 지반변형을 미리 설정된 한계 값 아래로 두는 것을 중점으로 둔다. 따라서 이는 지보압(이에 따라 tail void grouting pressure와 같이)을 지정하고 최소 지반 변형한계값으로 둔다. 이러한 접근방법은 굴착 시 지반변형을 주 설계 기준이라고 여기기 때문에 '사용한계상태접근법(Serviceability Limit State Approach)'이라고 명할 수 있다.

3.5.3 막장안정계산법에 대한 독일 DAUB 안전 관념

독일 기준 ZTV-ING(2012)에서는 하한(lower limit)과 상한(upper limit)으로 지보압에 대한 두 가지의 운영한계가 지정되어 있다. 참고로 여기서 RiL 853(2013)은 지보압 계산과정에 대해 ZTV-ING를 참고한다. 하안 지보압(그림 3.26)은 최소지지력(S_{ci})을 확보해야 하는데 이는 두 가지의 요소와 이에 따른 안전계수(식 (3.1))로 구성되어 있다. 지지력의 첫 번째 요소($E_{max, ci}$)는 토압의 균형을 유지해야 하고 이는 터널 막장의 운동학적 활성 파괴 메커니즘에 기반을 둔다. 지지력의 두 번째 요소(W_{ci})는 지하수압의 균형을 유지시켜야 하고 이는 터널 천장부 위에 있는 지하수위의 크기에 따라 지정된다.

$$S_{ci} = \eta_E \cdot E_{\max,ci} + \eta_W \cdot W_{ci} \tag{3.1}$$

η_E 토압력 안전계수(＝1.5) [－]

η_W 수압력 안전계수(＝1.05) [－]

S_{ci} 필요 지지력(원형 터널 막장) [kN]

$E_{\max,ci}$ 토압으로 인한 지지력(원형 터널 막장) [kN]

W_{ci} 지하수압으로 인한 지지력(원형 터널 막장) [kN]

상한 지보압($S_{crown,\max}$)은 터널상부 상재 하중(overburden)의 붕괴(break-up)를 방지하거나 지보매체의 파열(blow-out)을 방지하기 위한 한계압력으로 정의된다. 따라서 최대 지보압은 터널 첨단부에서 총 수직응력($\sigma_{v,crown,\min}$)보다 90% 더 작아야 한다. 이에 유의할 점은 높은 지보압력으로 인한 터널 막장의 수동적인 붕괴는 일어나지 않을 확률이 크다는 것이다. 따라서 이러한 한계점을 도달하기 전에 지보 매체는 굴착 챔버에서 파열될 것이다.

붕괴(break-up)/파열(blow-out) 안전계수는 다음과 같다.

$$1 \leq \frac{0.9 \cdot \sigma_{v,crown,\min}}{S_{crown,\max}} \tag{3.2}$$

$\sigma_{v,crown,\min}$ 토양의 최소 단위 무게를 고려한 터널 첨단부의 총 수직 응력[kN/m^2]

$S_{crown,\max}$ 붕괴/파열 안전을 위한 터널 첨단부의 최대 허용 압력[kN/m^2]

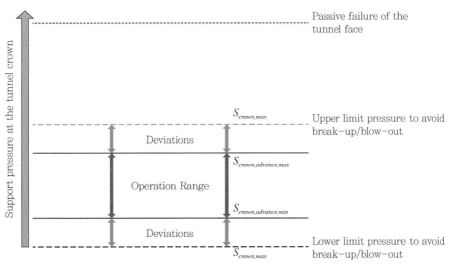

그림 3.26 쉴드 장비의 터널천정부에서 허용가능한 운전 압력

3.5.4 막장지보 계산방법 개요

토압으로 인한 필요 지보압을 지정할 수 있는 다양한 방법들은 권유사항에 제공되었다. 이용할 수 있는 모든 계산방법은 기본적으로 4개의 분류로 나눌 수 있다.

- 해석적 방법(Analytical Method)
- 경험적 방법(Empirical Method)
- 실험적 방법(Experimental Method)
- 수치적 방법(Numerical Method)

현 보고서에서는 해석적, 경험적 그리고 실험적 방법에 중점을 두어 설명할 것이다. 해석적 방법들은 한계평형 그리고 한계상태방법들을 포함한다. 이러한 방법들은 터널 막장의 붕괴 메커니즘 가능성 혹은 지반에 응력분포를 가정하고 이러한 값으로 붕괴 발생 시의 지보압을 지정한다. 대부분 해석적 방법의 공통적인 특징은 토질역학에 널리 사용되는 파괴법칙에 기반을 둔다. 여기서 Mohr-Coulomb 파괴 법칙은 마찰 소재 혹은 응집성 마찰 소재에 널리 사용이 되고 여기서 연관된 유동 법칙이 이러한 공식들의 핵심부분을 차지한다. 반면, Tesca 파괴 법칙(연관)은 대부분 순수 응집성 소재에만 사용된다.

한계평형방법은 터널 막장의 운동학적 파괴 메커니즘을 가정하여 분류할 수 있다. Horn(1961)이 한계평형파괴 메커니즘을 처음으로 제시하였다. 이는 터널 막장 앞에 밀림쐐기(sliding wedge)가 지형지평면까지 이어지는 직각프리즘에서 하중을 받고 있는 것을 가정한다(그림 3.25). 이러한 터널 막장안전조사를 위한 밀림쐐기 메커니즘은 Anagnostou & Kovari(1994)와 Jansecz & Steiner(1994)가 기계굴착에 처음 도입하였다. 이 방법의 추가적인 개선사항은 Anagnostou(2012) 혹은 Hu et al.(2012)이 실시하였다. 밀림(sliding) 메커니즘에서 가해진 힘의 평형조건을 먼저 구한 다음 필요 지지력이 지정된다.

터널 막장안정의 다른 해결법은 가소성 이론의 한계 정리에 기반을 두어 공식화하였다. 이러한 접근법 분류는 '한계상태방법(limit state methods)'이라 불린다. 터널 막장안정의 해답은 가소성 이론의 상한선과 하한선을 사용하여 구할 수 있다. Davis et al.(1980), Leca & Dormieux(1990) 혹은 Mollon et al.(2010)의 소개로 이러한 방법으로 한계 정리가 사용되었다.

Broms & Bennermark(1967)의 안정성 비율방법이 실험적·경험적 방법 중에 가장 중요한 계산 접근법이다. Broms & Bennermark(1967)은 널말뚝 벽에 수직 원형 구멍을 통해 점토질 흙의 압출 안정성을 실험실 실험으로 측정하였다. 안정성 비율은 구멍을 지보하는 압력을 구멍의 수직응력에서 뺀 다음에 토양의 비배수 전단 강도로 나누어 구한다. 따라서 이러한 방법을 터널상부안정 조사에 사용하는 것을 권유하였다.

토질형태에 따라 토질은 굴착/중단/정지 시 배수 혹은 비배수 작용을 보여준다. 따라서 특정한 지반 조건에 따라 특정한 계산방법을 적용해야 한다. 터널 막장붕괴가 일어날 때 이론적으로 계산하는 압력은 대부분 실제 실규모 실험으로 입증되지 않았다. 이러한 이론값의 계산방법을 입증하는 과정은 주로 실험실에서 실행하였다. 배수 조건에서는 이론적인 계산 값과 실험의 가장 최적화된 값은 Anagnostou & Kovari(1994) 혹은

Jancsecz & Steiner(1994)가 만든 한계평형방법과 Leca & Dormieux가 만든 한계상한에서 찾을 수 있었다. 그러나 파괴 메커니즘이 실제 상황과 가까울 때 상한 계산 과정은 매우 복잡해진다. 따라서 밀림쐐기의 한계평형에 대한 다양한 공식들이 실제적으로 많이 사용되고 있다. 참고로 배수조건에서 모델의 결과 값은 토압으로 인한 필요 지지력만 보여준다(식 (3.1)).

비배수 작용을 보여주는 토질에서는 원통 터널 모델을 가정한 한계상태방법이 붕괴시 지보압을 가장 잘 예상하는 것으로 알려졌다(Davis et al., 1980). 저자들은 필요 지보압을 안정비율접근법으로 구하였다(Broms & Bennermark 1967). 이러한 계산방법은 간단하며 이에 대한 개념들은 비배수 작용을 보여주는 순수 응집성 토양 굴착의 기준이 되었다.

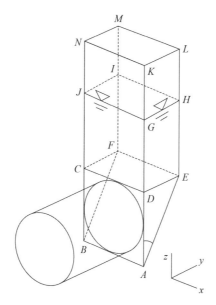

그림 3.27 Horn's Sliding Mechanism(Anagnostou & Kovari, 1994)

3.5.5 실무적인 계산을 위한 가장 중요한 추천사항

한계평형방법은 비응집성 토질 외에 터널 막장에 응집성과 비응집성 토층이 교차적으로 일어날 때도 적용된다. 이러한 경우에 토층의 유효(배수)전단 매개변수를 가정한다. 일반적으로 한계평형접근법의 계산과정에서 비배수 전단토질매개변수를 사용하는 것을 권유하지 않는다. 더구나 한계평형법은 지반이 이론적으로 불안정할 때 최소 지보압력을 제공한다는 것을 필히 참고해야 한다. 이는 안정계수와 취득한 지보압을 적용하여 지반변형이 상대적으로 허용 가능하게 될 때 달성할 수 있는 것이다. 모든 토질형의 채택된 안정변수가 일반화되어 있기 때문에 확보한 변형 값은 실제 지반 강성도(stiffness)에 따라 달라진다.

채택된 한계평형 접근법의 공식에 따라 계산된 최소지보압은 상대적으로 비응집성 토질의 넓은 분산을 보인다. 이러한 분산은 Vu et al.(2015) 혹은 Kirsch(2009)을 통해 알려졌다. 응집성 마찰 토질에서는 분포의 계산된 크기는 감소한다. 한계변형방법에서 변수를 계산할 때 사용되는 모든 가정사항들이 채택된 토질 전단 저항의 유동성과 일관성 확인을 권유하고 있다.

비배수 조건에서 안정비율방법을 사용한 막장안정계산과정에서는 임계안정비와 비배수 토질 응집양의 가정 사항들이 결과 값을 지정하는 핵심요소이다. 이러한 임계안정비는 지역경험과 개개의 사례에 따라 채택되어야 한다. 더구나 비배수 응집 양은 보수적으로 평가해야 한다. 그럼에도 불구하고 임계안정비 방법은 지보압 계산에서 적용되는 지하수압이 결정적인 요인이라는 것을 빈번하게 보여준다.

특정한 지반조건에서 터널굴착 시 지보압을 설계할 때, 부적합한 설계로 인해 파괴 혹은 침하와 같은 결과범위를 고려해야 한다. 여기서 최악의 시나리오가 얼마나 안 좋은지에 따라 계산법이 얼만큼 보수적이여야 하는지 결정한다. 일반적으로 부적합한 지보압이 이수식 쉴드와 비응집성 지반 조합이 적용될 시 지반표면까지 즉각적인 파괴가 일어날 수도 있다. EPB 쉴드와 응집성 토질의 조합인 경우 '대대적인 표면 변형만' 일어나고 지반 표면까지 파괴가 일어나지 않을 수 있다. 이러한 경우의 결과는 overburden의 높이에 따라 달라진다. 따라서 까다로운 지반조건에서는(예 : 복잡한 연약지반 혹은 표면 아래 시공(undersurface construction)) 지보압의 해석적 계산을 항상 기계－지반 수치해석분석으로 보충하는 것을 권유한다.

마지막으로 계산에서 중요한 요소는 굴착 시 채택된 지보압 편차이다. 지보압 편차는 계산과정에서 고려해야 하고, ZTV-ING(2012)에 의하면 다음과 같다.

표 3.7 Deviations for various shield TBM support pressures

Classification	Deviations
Slurry Shield	$+/-10\text{kN/m}^2$
Compressed Air-support Mode of Both Shield Types	
EPB Shield	$+/-30\text{kN/m}^2$

EPB 쉴드에서는 편차범위는 더 크게 정의되었는데 이는 지보압 규칙에 대한 더 높은 정도의 불확실성 때문이다. 이러한 편차는 하한지보압에 더하고 상한지보압에서 감해준다(그림 3.26에서 비교). 하지만 EPB 쉴드의 넓은 편차범위가 EPB 쉴드 드라이브의 때로 제한된 타당성을 유발할 수 있다. 특정한 경우와 적당한 정당성이 보일 때 EPB 쉴드 편차를 줄일 수 있다. 이러한 편차 감소는 상한지보압에 중심을 두어야 한다. 이는 EPB의 경우 overburden 붕괴(break-up) 혹은 지보매체의 붕괴가 비교적 낮기 때문이다. 따라서 이러한 감소를 적용하려면 최적화된 쉴드 운영, 공정관리 그리고 굴착과정의 최적화된 설계가 필요하다.

3.5.6 결론

단층 파쇄대가 관찰되는 지질구간에는 지질변화에 대한 예측이 어려우며 붕락사고에 대한 대처가 힘듦으로 막장관찰, 변위계측, 지반평가 등이 수행되어야 할뿐더러 정확한 막장지보 계산법을 적용해야 한다. 본 연구서는 DAUB에서 발간한 TBM 막장지보 계산법에 대한 논의를 설명하였다. 현재 기계식 굴착에서 터널 막장안정평가에 가이드라인을 제공하며 막장지보압 계산법에 관한 가장 좋은 방법을 제공하는 것에 대하여 중점을 두었다. 하지만 전반적으로 보았을 때는 최적화된 쉴드 TBM 운영, 운영관리 또는 기본 굴착이 잘 되어야 계산에 따른 편차를 줄일 수 있다고 볼 수 있다. 또한 지질조건에 따른 변동성이 크므로 이 연구서는 필요한 계산법과 안정성 개념을 엄격하게 따르면 안 된다. 사례 혹은 개별적으로 엔지니어링 경험에 의한 판단 또한 필요하다.

CHAPTER
4

TBM 터널 장비의 설계 이론

CHAPTER 4

TBM 터널 장비의 설계 이론

4.1 지표침하와 공극지지 역할

Brunnel 이후 계속 발전하여, 이동이 가능한 터널의 안전 구조물로서 Shield는 터널 내 마지막 라이닝이 설치될 때까지 지반 내의 터널의 구조적 안전성을 유지하여, 차단 공간을 유지시켜줘야 한다. 따라서 지반 내 설치된 Shield는 둘러싸고 있는 자연 지반압과 수압을 견뎌내야 하고, 장비 내부로 침투하는 Seepage Flow, 즉 지하수의 유입을 차단시키는 역할을 해야 한다.

하상이나 해상에서의 시공은 지표 침하 염려가 적지만, 도심지에서는 터널 굴착 중 지표면의 침하를 막아 상부 및 주변 구조물이나, 건물 등에 안전율을 확보해야 한다. 물론 강바닥이나 바다 바닥에 사는 생물들에 대한 환경 보호 문제로 하상에서도 침하 문제를 심각하게 다루기도 한다.

지표면의 침하를 억제하려면 Shield TBM을 전진시킬 때 굴착 작업이 신속하게 이뤄져야 한다. 즉 터널 굴착으로 인해 공동이 무너지지 않도록 지속적으로 지지해주는 것이 지표침하를 최소화해주는 방법이다.

이때 지지가 필요한 곳은 터널 막장, Shield 장비, Shield 후방부이다.

4.2 TBM 굴착과 지표침하

오늘날 현대적인 Shield TBM도 굴착 시 지표침하를 완전히 극복할 수는 없다. 단지 최소화할 뿐이다. 굴착 터널 주변의 자연 지표층이 연약화되고 교란되면 지반압이 자연스레 이탈되고 지표면이 움직이게 되는데 이것을 터널 굴착에 따른 지반 침하라 한다. 그러나 현대의 터널굴착 기술은 지반 침하를 최소화하여 터널상부 지층의 변위를 줄여 상부 및 주변 건물이나 주요 구조물의 피해를 최소화하고 있다.

지반 침하의 피해가 큰 지역은 침하되는 터널 상부 선형을 따라 발생하는 골의 경사 부분이며, 견고한 건물에 대해서는 침하율이 1:1000을 넘지 않도록 TBM 장비 운전을 하여 안전성을 지켜야 한다.

Shield TBM으로 굴착 시 지표침하의 원인을 보면 다음과 같다.

- 굴착 시 지하수가 원지반으로부터 유출되어 지하수 수위가 낮아진 경우
- 굴착 전면에 발생한 Blocking 하중으로 지반 전이 이동으로 융기 현상이 발생된 경우
- 잘못 설계된 막장 지보재로 막장이 함몰 등으로 손실된 경우
- 곡선구간 시공으로 인해 구조적 변형과 Shield TBM 주변 지반의 압밀작업으로 진동발생, Shield TBM 장비 주변 공간이 불충분하게 지지될 때
- 불충분한 되메우기, 고압의 Grouting에 의해 긴 지표침하의 부적합한 보정 안전화작업
- 터널 내의 압축 공기를 뺄 때, 터널라이닝에 작용하는 중력이 증가하기 때문에 터널 단면적이 감소 할 수 있다.

일반적으로 침하는 지하수의 수위저하와 Manual 굴착, Water-tight 라이닝을 하는 Slurry Type 압축 공기로 막장압 압력을 조절하는 경우 터널 굴착 선형 중심을 따라서 침하가 발생한다.

4.3 Shield TBM 굴착 시 막장의 지지력

보통 터널의 막장은 굴착을 위해 열려 있는 경우가 많았다. 지반의 상태와 지하수의 유무에 따라서 터널의 막장 지지력이 필요하게 된다. 필요한 지지력 P는 터널 막장의 Failure Wedge로 계산된다.

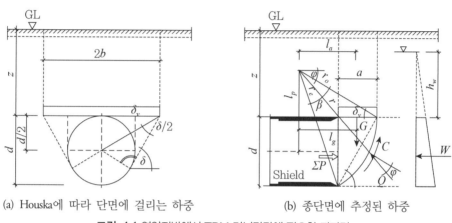

(a) Houska에 따라 단면에 걸리는 하중   (b) 종단면에 추정된 하중

그림 4.1 연약지반에서 TBM 터널막장에 필요한 지지력

표 4.1 연약지반에서 터널 막장에 필요한 지지력 계산식

지면 균열 각	$\varphi\theta = 45 + \varphi/2$
영향의 너비	$2 \cdot b = \dfrac{d}{\tan\theta/2}$
터널면 앞의 failure wedge의 너비	$a = \dfrac{d}{\tan\theta}$ Coefficient : $K \approx 1.0$
failure wedge의 부하 너비	$1_g = r_0 \cdot \cos\varphi - 3a/5$ $1_p = r_0 \cdot \sin\varphi + d/2$
failure joint의 반경(반지름)	$\delta_V = \dfrac{\gamma \cdot (a \cdot b) - C(a+2b)}{K \cdot \tan\varphi(a+2b)}[1 - e^{-K \cdot \tan\varphi(a+2b) \cdot z/(a \cdot b)}]$
지면의 무게	$r = r0 \cdot e\beta\tan\varphi$
점성력	G Force of cohesion : C
평균 부하	$Pm = 1/\eta \cdot \dfrac{\delta_v \cdot a \cdot 1_a + G \cdot 1_g - (C/2\tan\varphi) \cdot (r_e^2 - r_e^2)}{1p}$
수압에 의한 힘 실드의 크로스 섹션 부 실드에서 요구되는 면 지지력	W Ashield $\sum P = (P_m/d) \cdot A_{shield} + W$

터널면 막장면 지지 문제, 지하수가 있는 경우, 지하수의 유입을 어떻게 막을 것인가, 굴착방법 등의 문제는 터널굴착과 동시에 굴진을 방해하는 큰 문제가 된다.

4.4 압축공기를 이용한 막장지지

Shield 터널에서 압축공기의 사용은 터널 외부로부터 침투수의 유입을 막는 효과적인 방법이다. 그러나 투수계수가 많아 불의 침투가 용이한 지반에는 이 방법을 사용해서는 안 된다. 토압은 자연적인 방법이나, 기계적 방법으로 저지되어야 한다. 압축공기 지지 방법은 19세기 초부터 사용되었고, 그 원리는 그림 4.2와 같다. 수압은 지하수의 깊이에 따라 증가하고, 침투수의 유입을 막기 위한 공기압은 터널 최하부 Invert에 걸리는 최대 수압 이상이어야 한다.

투수계수가 10^{-4}m/sec보다 높아지면, 이러한 방법은 사용할 수 없다. 이는 지반의 공극을 통해 압축 공기가 새나가기 때문이다. 그리고 압축 챔버에 작업자가 들어갈 때는

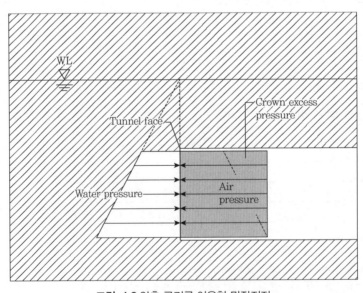

그림 4.2 압축 공기를 이용한 막장지지

공기압은 최대 4Bar를 넘어서는 안 된다. 이 경우 막장의 압축 공기력을 유지하기 위해서 Slurry Shield TBM의 경우 Bentonite를 막장에 쏘아 막장에 차수 막을 형성하여 공기압을 이용한 막장 지지력을 향상시킬 수 있다.

4.5 Slurry를 이용한 막장지지

지하수가 포함된 충적층 지반(모래, 자갈 지층)은 이수 가압식으로 작업하는 것이 적합하다. 서울 지하철 9-9 공구 여의도 국회의사당 지하를 관통하는 구간은 TBM으로 설계가 되었고, 지반이 모래자갈 층이 주를 이루는 충적층으로 Slurry Type TBM을 적용하여 무난하게 터널 굴착을 무사히 마쳤다. 이때 Bentonite와 버력을 분리하여 Bentonite를 재활용하고, 버력도 크기별로 원심 분리 방식을 통해 재활용이 가능했으며, 도심지 한복판인 점을 고려하여 Separation Plant의 소음을 막기 위한 방음 방호막을 설치하였다.

이수 가압 공법을 통해서 막장의 지지력을 강화하여 막장의 안전성을 극대화하고, 이수로 인한 막의 형성으로 차수 기능도 강화된다. 혹시 지반이 충적층에서 불투수층인 점토 Clay층으로 바뀔 시는 Bentonite 대신 물을 주입하여야 점토끼리 뒤엉켜 떡이 되어 Slurry Pipe가 먹히는 현상을 피할 수 있다. Bentonite 대신 Polymer를 사용하기도 한다. 즉 고혈압 혈관에 고혈압 약을 먹어 피의 흐름을 가능하게 해주는 고혈압 약의 역할을 Slurry액이 하나, 너무 과다하지 않게 발생하는 버력의 점착력 성질에 따라 Bentonite의 비중을 조절해 줘야 하므로, 현장에는 충분한 교육받은 숙련된 Mud Engineer가 상주해야 한다.

Separation Plant의 설치 등 장비나 Bentonite 등 운영비가 추가되나 지층이 변화가 심한 경우, 해저나 하저같이 수압이 높은 경우, 충적층 같이 점성이 전혀 없는 경우에는 Slurry Type이 가장 효과 적이다. 따라서 최근에 한강 횡단 교통 터널, 건설에 Slurry Type TBM을 사용하고 있으며, 단지 장비 값이 싸다는 이유로 EPB TBM을 적용한 경우, 굴진율 저하로 시공사에 엄청난 피해를 주기도 한다.

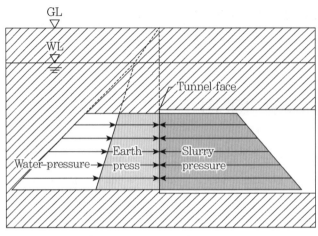

그림 4.3 Slurry를 이용한 막장의 지지

4.6 토압식 막장지지(Earth Pressure Balanced Support)

점토층에서 지반은 스스로 지지매체의 역할을 한다. 물, 벤토나이트, 폴리머, 커품 같은 화학 첨가제를 첨가하면, 버력은 Earth Slurry로 변환되어, 터널 막장 면을 안정화시키는 역할을 한다. 이 Earth Slurry는 터널 막장에 가해지는 반압과 균형을 이루기 위해 가압되어야 한다. 이때 버력은 굴착 후 Bulk Head Chamber 내에 저장되다가, 버력이 이 챔버를 다 채운 후 외부의 반압과 장비 내에서 미는 추력이 균형을 이룰 때 버력 개구 문이 열리면서 Screw Conveyor를 통해서 버력이 Shield TBM 장비 내로 유입된 후 Belt Conveyor를 통해서 외부로 반출된다. 국내에 소구경 TBM의 경우 EPB Type Shield TBM이 많이 반입되었으나, Gate 기능이 고장이 잘 나며, 반압 균형 맞추기가 힘들어 최근에는 TBM Designer들이 터널 현장 도입을 꺼리는 실정이다. 중고 소구경 EPB TBM 이 가장 싸고 운영비가 저렴하나, 고장난 EPB TBM이 대부분이라 굴진 효율이 떨어지고, 국내에서는 4Bar 이상의 수압이 걸리는 곳에서는 침투수의 유입으로 하저나 해저에서는 굴착이 불가능함을 주의해야 한다.

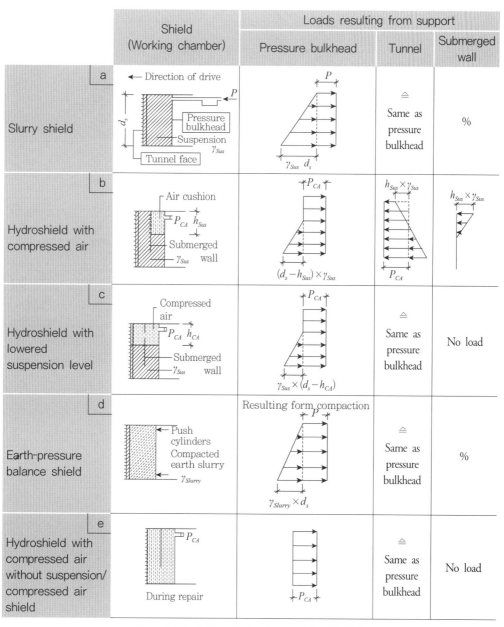

	Shield (Working chamber)	Loads resulting from support		
		Pressure bulkhead	Tunnel	Submerged wall
a Slurry shield			$\triangleq$ Same as pressure bulkhead	%
b Hydroshield with compressed air				
c Hydroshield with lowered suspension level			$\triangleq$ Same as pressure bulkhead	No load
d Earth-pressure balance shield			$\triangleq$ Same as pressure bulkhead	%
e Hydroshield with compressed air without suspension/compressed air shield			$\triangleq$ Same as pressure bulkhead	No load

그림 **4.4** Bulk Head Chamber에서의 압력 상태

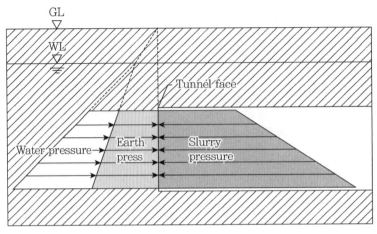
그림 4.5 EPB Type의 막장지지

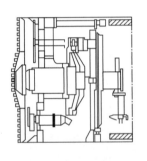 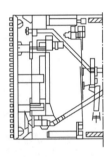 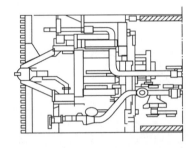

(a) 심축 Main Bearing   (b) 드럼형 Main Bearing   (c) 중심 원뿔형 Main Bearing Type

그림 4.6 TBM Main Drive Design Type

4.7 소구경 TBM 터널 설계

직경이 5m 미만의 TBM 장비를 소구경 TBM(Micro TBM)이라 분류하며, 가장 대표적인 소구경 TBM Project는 전력구 공사(Power Cable Tunnel)에 사용되는 TBM 장비를 들 수 있으며, 우리나라에서 TBM 공법 적용률이 비교적 높았던 분야로서 특히 도심지 미화로 인한 전봇대, 및 송신타워 사용 반대 및 도심지 지상공사로 인한 교통 통제 등 민원문제 해결과 공사 중 환경 문제 등으로 지하 전력구 공사가 일반화되어가고 있는 실정이다.

그림 4.7 Micro TBM 터널 현장(국내 가스터널공사, 영종도)

　우리나라의 경우 서울시 강남구를 필두로 전봇대가 사라지고 대신 지하 전력구 설치로 대체되면서, 도시미관과 환경 문제가 개선되었다. 단지 아직도 예산상의 문제로 공사 예산이 부족한 지역은 아직도 엄두를 못 내고 있는 실정이다. 지하 전력구 공사비는 한전이 50%를 지자체가 50%를 부담하기에, 예산이 부족한 지자체는 아직도 꿈의 지하 시설물일 뿐이다. 이제 우리나라도 싱가포르나 사우디아라비아처럼 국가 구조물로 국세로 100% 설치되기를 기대한다. 두 번째로 지하 통신구를 들 수 있는데, 사실 통신구와 전력구는 같이 사용하는 공용 방식으로 설계하는 것이 바람직하며, 이때 지하철 터널이 유사 지역을 지나가면, 공동구 개념으로 같은 터널 구조물을 함께 공유해 사용하는 것이 좋겠다.

　다음으로 하수도 터널을 들 수 있는데, 하수도를 다시 걸러 재사용하는 싱가포르의 중수도 개념을 보면, 싱가포르는 하수처리 및 중수도 재활용을 위해서, 지하 50m 깊이에 지하 대규모 하수 처리장을 건설하고, 수백 km 연장의 하수도 터널(직경 5m)을 TBM 20대를 발주하여 현재 굴착 중이다. 우리나라도 신도시 건설에 참고할 만한 일일 것이다. 사우디의 경우 성지 Makkah시 주변에 신도시 건설을 계획하면서 도시 건설 전에 전력구 터널 300km 하수도 터널 200km 그리고 지하철 터널을 TBM으로 굴착 완공 후 지상에 도시를 건설하는 구상을 하고 있다.

또한 상수도 터널의 새로운 건설도 Micro TBM으로 굴착하는 중요한 Project이다. 우리나라는 오래된 상수도관의 누수율이 30%를 넘고 있어 향후 물 부족 사태에 대비해서 아마도 수원지 팔당에서 새로운 상수도 터널을 Micro TBM으로 서울시까지 관통하고, 서울시 지하 하부도 새로운 상수도 송수관 터널 시스템을 다시 구축해야 할 것이다.

LNG 가스 이송용 터널, 석유 이송관 터널외 미래의 새로운 물류 터널 시스템(Urban Loop나 Hyper Loop용) 등이 추진되고 있으며, TBM을 이용한 지하 교통 및 물류 시스템 개발은 미래의 새로운 패러다임이며, 새로운 4차 산업혁명을 이끌게 될 것이다.

4.7.1 전력구 터널의 설계 사례

1) 남부산 전력구 공사 개요

『부산 제2롯데월드』 건설 관련, 기존 영도다리의 철거에 따른 현재 첨가되어 있는 송전선로의 이설과 부산시 영도구 지역의 급증하는 전력수요 증가에 대비 안정적인 전력공급을 위하여 영도변전소에서 남부산변전소 인출 광복동 전력구를 연결하는 전력구공사

표 4.2 과업내용

구간	공법	연장 (m)	회선수 (송전/배전/통신)	비고
영도S/S~부산대교 하부	SHIELD TBM	1,164	6 / 8 / 3	
부산대교 하부~ 광복동 기설 전력구	MESSER SHIELD	321	6 / 8 / 3	
수직구	-	2개소		
계		1,485		

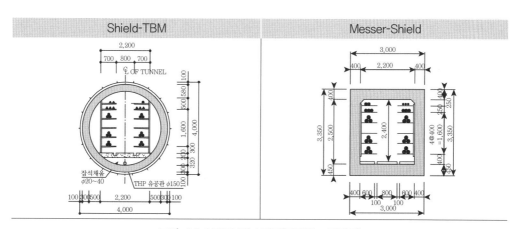

그림 4.8 설계된 터널 단면(구간별 표준단면)

표 4.3 경과지 검토

조사일시	조사내용
2006. 11. 27.	■ 노선 답사 및 주요 현황 조사
2006. 11. 30.	■ 기설 전력구 현황 조사 및 답사
2006. 12. 7.~2006. 12. 8.	■ 도로 현황, 교통량 등에 대한 조사, 기설전력구 세부 측량 ■ 간섭 시설물 관리기관 협의 및 관련 자료 입수
2006. 12. 19.	■ 영도변전소 및 개착 가능성 검토 구간 현황 조사
2006. 12. 21.~2006. 12. 22.	■ 노선인접 건물의 규모, 노후도 등 주변 현황에 대한 조사 ■ 수직구 예정부지 현황 및 지장물 조사 ■ 주요 지하매설물 관리기관 협의 및 관련 자료 입수
2006. 12. 23.~2006. 12. 31.	■ 노선 세부 측량

표 4.4 주요 지하매설물 조사

주요지장물	조사내용	관련 기관
상수관	매설위치 및 제원 협의, 관련 도면 입수규격 : $\phi150$, $\phi200$, $\phi250$, $\phi400$, $\phi500$, $\phi800$, $\phi1000$	부산시 시설관리사업소 상수도 중동부사업소, 영도사업소
하수관	매설위치 및 제원 협의, 관련 도면 입수 규격 : 하수박스(1.0×1.0, 2.0×1.5), 하수관 $\phi400$	부산시 중구청, 영도구청
도시가스	매설위치 및 제원 협의, 관련 도면 입수 규격 : $\phi100$, $\phi150$, $\phi300$	부산도시가스 영업부
송전	매설위치 및 제원 협의, 관련 도면 입수 규격 175×16, 100×3	한국전력공사 부산 전력관리처 송전운영부
배전	매설위치 및 제원 협의, 관련 도면 입수 규격 : 600sq×6, 325sq×3, 60sq×3, 175×2, 150×4	한국전력공사 중부산지점, 영도지점

표 4.4 주요 지하매설물 조사(계속)

주요지장물	조사내용	관련 기관
통신케이블 KT	매설위치 및 제원 협의, 관련 도면 입수 규격: 통신구2.0×2.5, PE26×13, PE36×9, PE28×13,100×16,80×8	KT 중부지점, 영도지점
통신케이블 (하나로)	매설위치 및 제원 협의, 관련 도면 입수	부산지사
통신케이블 (파워콤)	매설위치 및 제원 협의, 매설 지장물 없음	부산지사

표 4.5 주요 간섭시설물 조사

주요시설물	■ 시점부 영도변전소 ■ 영도대교, 부산대교 ■ 신축 롯데월드 ■ 남포동역사, 중앙동지하상가 ■ 종점부 기설 전력구	

주요시설물	조사내용	관련 기관
영도변전소	도면입수 및 협의, 내부 측량	한국전력공사
영도대교, 부산대교	관련 도면 입수 및 협의	부산시 건설안전시험사업소
신축 롯데월드	관련 도면 입수	(주)롯데건설 CM 사업본부
남포동역, 지하상가	관련 도면 입수 및 협의	부산시 교통공사
기설 전력구	관련 도면 입수 및 협의	한국전력공사

그림 4.9 현황 사진

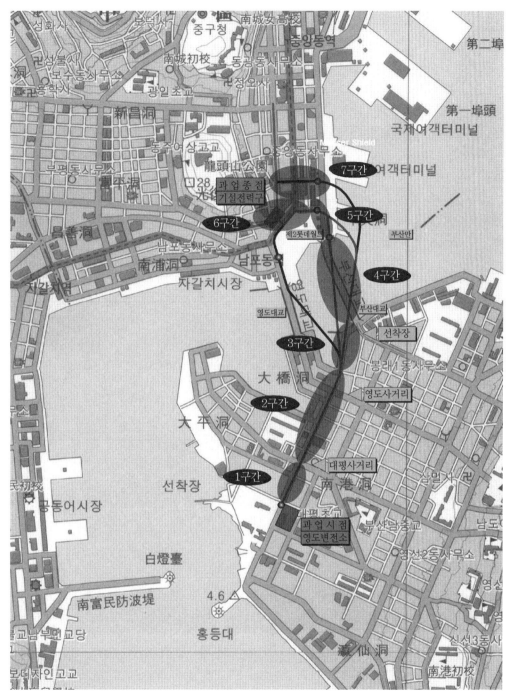

그림 4.10 검토대상 노선 선정

그림 4.11 Project 현황도

Micro TBM 공사가 한전의 전력구 공사를 위주로 나름대로 발전해온 바가 있으나, 장비 발주 방법이라던가, TBM Engineer 배출 및 TBM Operator 배양 등에는 관심이 없이 1군 시공사의 하도 업체로서 수주경쟁에서 살아남기 위해서 장기적인 관점에서 TBM이 국내 시장에 도입되는데, 부정적 역할이 있었다는 것을 부인하기 어렵다. 한때 Infra-Tunnel에서 사라진 교통 터널 공사 TBM 공사의 명맥을 이어 그나마 TBM Engineer 들의 맥을 이어준 것은 다행한 일이다.

4.8 대구경 TBM 터널 설계

대구경 TBM(Large Scale TBM)의 등장은 세계 교통터널의 건설에 새로운 기술적 변화를 가져왔다. 소구경 TBM이 TOOL 정도의 개념에서 시작되었다면, 거대한 직경 10m 이상의 대구경 TBM은 PLANT, 즉 터널굴착공장이라는 개념으로 표현하는 것이 무방하다. Powerful한 대구경 TBM이 생산되기 전에는 도로터널 같은 대구경 교통 터널은 소구경 TBM으로 터널 중앙부를 선굴착한 이후 확대 발파하는 Pilot TBM+확공 발파 기술(죽령터널 도로공사, 직경 4.5m TBM 하루 굴진율 5m 정도) 등을 사용하여 시공 Cycle이 복잡하고 공기가 지연되는 문제가 있었으나, 대구경 High-Power(고출력) TBM이 개발되면서 대구경 교통 터널(Large Scale Traffuc Tunnel)의 전단면(Full Face) 굴착이 가능해져서 터널의 굴진율 향상 및 공사비 저감에도 큰 기여를 하게 되었다. 국내도 대표적인 대구경 하저 도로터널 Project인 김포－파주 간 고속도로 굴착으로 직경 14.01m Slurry Type TBM이 도입되고 있다. 2021년부터 하저 터널의 기계화 시공이 본격화할 것이다. 2차선 도로터널을 굴착하기 위해서, 강하저의 굴착 시 터널 외부에서 침투하는 강물을 굴착 시 차단하여야 한다. 공사 현장이 환경부가 지정한 자연 보호구간으로서, 재두루미들 철새 도래지이며, 실뱀장어, 황복, 참게 등 천연 기념물 등의 보호를 위해서도, 발파공법은 현장 적용이 불가한 Project였다.

4.8.1 대구경 TBM 터널의 설계 사례

1) 국내 최대 구경 TBM 터널 Project(직경 14.01m)

(김포 - 파주 간 한강 하저 고속도로 터널 공사)

목적 : 본 사업은 수도권 제2 외곽순환 고속도로의 일부로서 '08년 9월 정부가 발표
한 30대 광역경제권 발전 선도프로젝트에 포함되어 고속도로를 구축하는 것
으로 서울외곽순환 고속도로를 대체하는 순환 고속도로 건설을 위한 김포−
파주 간 고속도로 건설공사 중 2공구(L=6.73km)에 대하여 일괄입찰(Turn-Key)
방식으로 추진함으로써 사업기간을 단축하고, 설계의 전문성과 건설업체의
우수한 기술능력접목을 통한 기술개발 유도 및 터널기술 수준 향상을 기하는
데 그 목적이 있음

쉴드 TBM 설계는 하저구간의 지층현황, 암질상태, 주요 지장물 현황 등을 종합적으
로 고려하여 시공성, 안정성 및 이용 편의성이 확보될 수 있는 슬러리타입 쉴드 공법
및 세그먼트 등의 터널 설계를 수행하였다.

그림 4.12 김포환경 보호지역 철새 도래지 등 자연 보호 보존지역

공사위치 근처 후평 철새도래지, 김포 한강 야생조류생태계공원이 있으며, 독수리, 흑두루미, 큰기러기, 말똥가리, 재두루미, 저어새 등 환경부 지정 멸종위기 I, II급. 천연기념물 쇠기러기, 흰뺨 검둥오리, 청둥오리, 황조롱이 등 조류서식지 김포지역 한강하구에 황복, 참게, 뱀장어 서식지 (먹이사슬 형성) 발파 공법 사용 시 진동, 소음으로 인한 주변 생태계 피해가 우려되는 상황이었다.

2) 하저통과 대안 공법 비교 : TBM 공정 장점

(공사비 및 공기 절감, 친환경적 공법, 도로종단선형개선, 환기 및 방재개선)

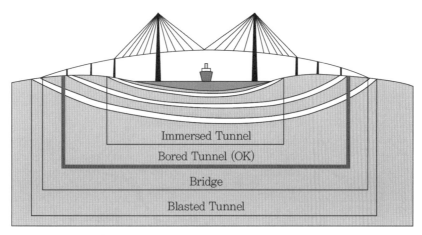

그림 4.13 김포 - 파주 한강 하저 통과 구간 공법 비교도

원설계였던 교량 설치는 환경 문제 때문에 부적합하였다. 침매터널과 발파터널도 환경보호 차원에서 부적합한 것으로 판단되었으나, TBM Engineer의 부족으로 인해 TBM 공법 공사비 산정이 어려운 발주기관 한국도로공사는 기본 설계를 육지에서 사용하는 발파공법(NATM : New Austrian Tunnelling Mehtod) 공법을 적용하였다. 실시설계는 설계 시공 일괄 계약, 즉 Turnkey Base 계약으로 하여, 터널공법을 TBM 등 대안공법이 적용 가능하도록 하였고, 처음에 6개이던 경쟁 입찰 JV는 나중에 3개 그룹으로 결정되었다. Slurry Type Shield TBM을 공법으로 선정한 현대 건설 JV가 수주하여 공사를 맡게 되었고, TBM 제작은 경쟁 입찰을 통해 독일의 Herrenknecht사가 맡아 제작하게 되었다.

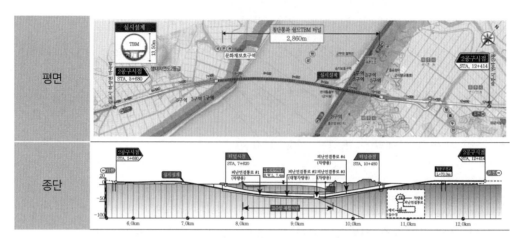

그림 4.14 대구경 TBM을 이용한 한강 하저 터널공사 사업 현황도

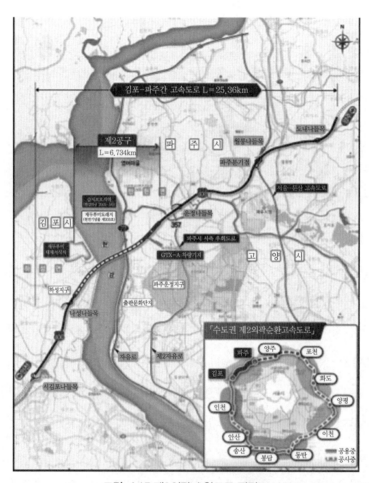

그림 4.15 제2외곽 순환도로 평면도

구조물 현황은 다음과 같다.

표 4.6 구조물 현황도

구분		인천방향	포천방향
행정구역		김포시 하성면 마곡리	파주시 연다산동
설계속도(km/h)		100	100
터널위치(Sta)	시점	Sta.7km 621.403	Sta.7km 620.000
	종점	Sta.10km 486.163	Sta.10km 480.000
연장(m)		2,864.76	2,860.00
차로수		2차로	2차로
차로폭(m)		3.6	3.6
평면선형(m)		R=6,040~직선~7,000	R=6,165~직선~8,000
종단경사(%)		-2.69~-0.5~+2.59	-2.69-0.5~+2.59
환기방식		종류식 기계환기	
피난연결통로		차량용 : 3개소, 대형차량용 : 1개소	
방재시설물		방재 1등급 시설(전 구간 물분무설비)	

터널공법의 선정은 철새 등 자연 보호 지역에 하저 터널이라면 Shield TBM 공법이 가장 최적이며 이 중에서 홍수위 65m를 고려한다면 Slurry Type Shield TBM 외에는 적합한 공법이 없음을 쉽게 알 수 있다.

표 4.7 터널공법의 선정

구분	비배수형 쉴드 TBM	배수형 NATM 터널
개요		
안정성	• 한강 하저구간의 고수압 복합지반에 대한 대응성이 매우 우수	• 하저 고압수 유출에 따른 시공 및 운영 중 터널 안정성 취약
시공성	• 굴착 자동화, 공정 단순화 및 프리캐스트 시공으로 시공성 우수	• 암종다변화 고수압 복합지반으로 다수의 돌발상황 발생 예상

표 4.7 터널공법의 선정(계속)

구분	비배수형 쉴드 TBM	배수형 NATM 터널
환경성	• 비배수 완전밀폐형 터널 계획으로 지하수위 저하 원천차단 기능	• 지속적인 지하수 유입 및 지하수위 저하로 경작지 및 생태환경 피해 우려
민원	• 저소음·저진동으로 공장 및 주거지 밀집지역 굴착영향 사전 배제	• 발파로 인한 정밀기계 및 지역주민 집단민원 발생에 따른 공기지연 예상
유지관리	• 펌핑 최소화, 비배수 완전밀폐형으로 장기 유지관리비 절감	• 지속적인 지하수 유입으로 인한 펌핑 유지관리비 과다
적용	◎	

복합지반을 고려하여 최적화 설계된 슬러리 쉴드 TBM 장비 선정

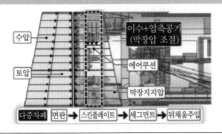 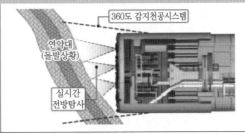

• 고수압 안정성 및 복합지반 대응성이 우수한 이수압 및 공기압 더블챔버형 슬러리 쉴드 TBM 적용
• 실시간 전방탐사 시스템과 360° 감지천공 시스템으로 유사시를 대비한 안전대책 수립

고수압 안정성 향상 고품질 세그먼트 적용 및 장비 다운타임 최소화로 시공성 향상

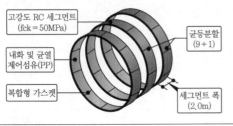 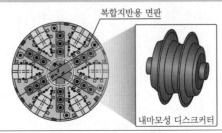

• 내화 및 균열제에 섬유 혼입 고강도 세그먼트 계획으로 고수압 조건하 내구성, 내화성 및 지수성 향상
• 유압식 후방커터 교체 시스템 및 내마모성 디스크커터 적용으로 커터교체 다운타임 최소화

• 슬러리 쉴드TBM 및 고품질 세그먼트 계획으로 고수압 복합지반 안정성 향상

그림 4.16 TBM 장비 Type 선정 이유

표 4.8 TBM 표준 굴진량

- 표준 굴진량 $L(m/hr) = \dfrac{60 \times l \times E}{Cm}$

  l : 세그먼트 1링 길이(2.0m)

  E : 작업효율 보통 0.65(파쇄층 5~10%, 석영함량 30~40%)

  불량 0.55(파쇄층 10% 이상, 석영함량 45% 이상)

  석영함량 28.2~47.4%로 보통과 불량의 평균인 0.6을 적용

  Cm : 1회 사이클 타임(T1+T2+T3)

  T1 : 1스트로크당 굴착시간($T1 = \dfrac{l}{R \times P_e} \times 100$)

  R : 굴진기 분당 회전속도

  P_e : 굴착면 1회전당 커터 투과 깊이

  T2 : 정치시간(10분, 품셈)

  T3 : 세그먼트 조립시간(8분/seg×10seg/ring＝80분/ring)

공기단축 및 시공안정성 향상 자동화 시공 시스템 적용

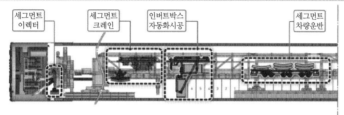

- 인버트박스 및 세그먼트 터널 내 운반 시 전용차량(MSV) 활용으로 시공성 향상
- 쉴드TBM 굴진속도를 고려하여 세그먼트, 인버트박스 프리캐스트 제작 및 자동화 시공

고수압 복합지반 안정성 향상을 위한 고성능 첨단 장치 적용

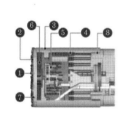

No.	장치	기대 효과	No.	장치	기대 효과
❶	Semi Dome 면판	복합지반 대응	❺	더블챔버형 쉴드 (공기＋이수)	고수압 대응성 강화
❷	내마모성 디스크 커터	내구성 강화	❻	유압식 후방커터 교체 시스템	커터교체 간소화
❸	붕락감지 시스템	막장붕괴예방	❼	실시간 전방탐사 시스템	연약지층 사전감지
❹	자동 클리어런스 측정장치	지표침하방지	❽	긴급지수장치	이상누수 방지

- 복합지반 및 최대 5bar 고수압 조건 지질리스크 대응 가능한 고성능 TBM 장치 계획
- Semi Dome 복합지반용 면판, 유압식 후방커터 교체 시스템, 실시간 전방탐사 시스템, 긴급지수장치 등 적용

- 쉴드 TBM 자동화 및 첨단장치 계획으로 공기단축 및 시공안정성 향상

그림 4.17 선정된 Slurry Type Shield TBM의 시스템

표 4.9 EPB or Slurry Type TBM?(직경 14.01m)

구분	이수식 쉴드 TBM(Slurry Type)	토압식 쉴드(EPB Type)
공법개요		
막장압 지지방법	• 막장의 수압과 토압에 대응하여 챔버 내에 소요압력을 주어 굴착면 안정 및 지반이완 억제	• 커터 후방에 설치된 격벽과 막장면 사이에 굴착한 토사를 채워 막장안정 및 지반이완 억제
지반조건	• 상시 밀폐형으로 지반조건 변화에 대한 대응이 필요 없음	• 지반조건에 따라 밀폐형(Closed Mode)과 개방형(Open Mode) 대응 가능
암반굴삭 능력	• 대형 Disk Cutter를 장착하여 암반대응이 가능함 • 커터의 마모를 방지하기 위해 내마모강 등으로 보호 필요	
커터마모	• 이수가 윤활제 역할로 적용하여 디스크 커터 등의 마모가 적어 내구성 우수	• 첨가제 주입으로 Cutter 마모를 감소시킬 수 있으나 상대적으로 커터교환 빈도가 많음
버력처리	• 파이프에 의한 유체수송으로 버력처리 시간단축 • 유체수송 이수처리설비에 의해 분리처리가 연속적이므로 시공성 좋음	• 벨트 컨베이어 및 버력대차로 지상반출로 버력처리 시간 증가 • 대치(또는 컨베이어 벨트)에 의한 반출로 갱내 공간이 협소하고 뒷부분 버력 집중으로 시공성 저하
작업부지	• 이수플랜트, 세그먼트 야적장 및 뒤채움 플랜트 등	• 세그먼트 야적장, 뒤채움 플랜트 등
고수압대응성	• 이수를 가압하여 고수압에서 대응성이 우수함	• 3bar 이상의 고수압 구간은 대응성이 불량함
친환경	• 이수처리 플랜트를 통한 이수처리로 재활용 가능	• 첨가제(폴리머, 기포제, 벤토나이트 등) 혼입으로 버력 재활용 불가(별도 환경처리 필요)
시공사례	• 부산지하철 2호선 230공구(하저) • 서울지하철 9호선 909공구(하저) • 원주~강릉 11-3공구(하저)	• 서울지하철 7호선 연장 703, 704공구 • 분당선 3공구(한강 하저) • 서울지하철 9호선 919, 920, 921공구

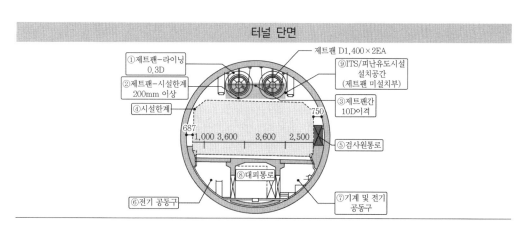

터널 단면

구분		설계기준	설계적용
제트팬	① 라이닝이격	0.3D	0.3D
	② 시설한계이격	200mm	200mm 이상
	③ 제트팬 간 간격	1.0D	1.0D
시설한계	④ 라이닝이격	50mm	50mm 이상
검사원통로	⑤ 폭원	750mm	750mm
공동구	⑥ 추월측	400(500)×600mm	400(500)×600mm 이상 (터널 좌측 하부공간)
	⑦ 주행측	550(650)×850mm	550(650)×850mm 이상 (터널 우측 하부공간)
⑧ 대피통로		2,800(W)×2,800(H)mm	2,800(W)×2,800(H)mm
⑨ ITS/피난유도시설		710/800mm	800mm 이상

그림 4.18 대구경터널의 최적 단면설계

TBM의 특성상 원형 터널 단면이 적용되었고, 상하의 사공간 활용을 위해 설계 시 상부 공간에 Jet Fans을 설치하였다. 하부 공간은 비상시 대피 공간으로 방재용으로 설계되었다. 또한 Segment 설치 후 바로 Invert Box를 설치하고, 여기에 Segment에 Bracket을 달아 Wing Slab를 현장 타설하여 도로를 완성시키는 싱크로나이즈 공법을 적용하여 공기를 줄이고 완성 터널 내 도로를 공사 중 공사용 도로로 활용하여 공기 절감 및 공정 관리가 유리하게 이뤄지게 되었다.

또한 Cutter에 Detective Sensor를 설치하여, 각 커터의 임계 Wear Rate를 측정하여 최적 Cutter 교체 Time을 잡게 되어 커터 마모를 관리하여 Cutter의 마모율을 최대로 활용하게 되었다. 지나친 Cutter의 마모로 인한 TBM 운전 시 과부하를 방지하여, Main Drive 등의 안전 운전에 기여하게 되었다. 또한 고수압하에서 Cutter 교체 시 작업자의 가압에 대한 위험에서 보호하고자 Accessible Cutter를 사용하여 대기압 조건하에서 Cutter를 교체할 수 있게 되어 작업자가 터널 내 작업 후 추가적으로 감압실에 들어가 압력을 극복해야 하는 작업조건이 개선되었다.

CHAPTER
5

Shield TBM의
기계적 설계

Shield TBM의 기계적 설계

5.1 Shield TBM 설계 구성

Shield TBM의 가장 큰 장점은 터널 작업자들을 안전하게 Shield Chamber 내에서 작업하도록 해주며, 외부에서 터널 내부로 유입되는 흙과 암석을 유입되지 못하게 하며, 하저나 해저에서는 외부 지하수 등의 터널 내 유입을 막는 역할을 하여 터널을 안전하게 시공하도록 한다. 또한 Shield의 전진을 위한 기술적 장치 제어패널, 동력 Jack 등을 포함한 모든 안전장치를 포함한다. Shield Skin Plate의 보호 아래에서 모든 작업이 수행되고, 터널 굴착으로부터 PC Segment 설치까지 터널의 즉시 지보 시스템이 완공되어 안전하고 쾌적한 터널 시공이 가능케 한다.

따라서 Shield는 지표침하나 지하수 유입을 최소화하고, 작업자의 안전을 구축하기 위해서 지반의 지반공학적, 지반 수리학적, 상태에 따라서 적절하게 굴진하도록 설계되어야 한다.

일반적으로 Shield의 보호 방호벽(Shield Skin Plate)은 구조적으로 제일 안전한 원형의 관 모양을 띤다. 터널의 전단면 굴착 시 원형 아닌 다른 도형의 Skin Plate 설계는 불가능하다. 그러나 부분 굴착 시는 개개의 터널의 목적에 따라서 직사각형이나, 바닥이 평편한 모양의 Skin Plate를 사용하기도 한다.

Shield Skin Plate의 외경은 터널의 용도에 따라 결정된다. 필요한 여유 높이 Segment의 필요한 설치 공간, TBM 장비의 전진을 위한 Overcut의 여유 공간(Steering Gap)에 따라서 크기 및 규모가 결정된다. Shield는 보통 세 부분으로 나눈다. 앞쪽의 Front Cutting Edge, Middle Shove Ram Section 그리고 뒷부분 Shield Tail이다. 굴착 시스템의 제어는 Middle Section에서 하고, 구동 유닛은 보통 실드구조에 대해 독립성을 갖는데, 이는 Shield 기계와 Shield 추진 공법의 운전 시 상호응력에 의해서 휘어지는 것을 막기 위함이다.

Main Drive와 Main Bearing, Main 구동부는 구별해야 하며, 굴착 시 막장 전방에 걸리는 반압을 줄이고 반압에 대비해 압력을 지지하기 위해 여러 종류의 Bearing이 사용된다.

그림 5.1 Slurry Type Shield TBM의 구조(Herrenknecht Mixshield)

Push Cylinder는 PC Segment에 반대 방향으로 중심축으로 밀기 때문에 하중은 Shield로 전달되게 된다.

Skin Plate는 전반부 Front Section에서 제일 두껍게 설치된다. 왜냐하면 Boulder 등 장애물을 만났을 때 발생하는 일시적 집중하중과 기계적 응력이 극도로 커질 우려가 있기 때문이다.

6~8m 직경을 갖는 Shield에서 미들 세션의 판 두께는 60~80mm 사이로 Shield Tail의 두께는 40~50mm 정도이다. 반경이 작은 커브를 빠져 나갈 때 또는 상대적으로 Shield 길이가 Shield 직경에 비해 길 때 Shield Tail 영역에서 휘어짐을 피하기 위해서 다음 조치를 필요로 한다.

- Shield 전단부에서 Shield Tail로 갈수록 직경이 줄어드는 원뿔형의 Shield 설계
- Shield Tail과 Middle Section 사이의 중절 조인트 설계로 Shield Tail은 추가적인 중절 실린더에 의해 혹은 수동방식의 조인트에 인한 유동적 연결을 통해 Shield를 따라 가는 식으로 조정이 가능하다.
- 낙장 전면 Cutting Wheel을 이용한 전단면 굴착을 굴착면을 확장한 Gauge Cutter를 통한 Over Cutting을 통해서는 무리 없이 전진할 수 있게 된다.

5.2 Shield에 작용하는 하중

Shield에 작용하는 하중은 장비 외부에 작용하는 하중과 장비 작동에 따라 생기는 하중으로 분류할 수 있다. TBM 작동에 따른 하중은 Shield에서 수평적·수직적으로 발생한다. 개개의 하중 그룹에서 가장 불리한 조합을 고려해서 Shield의 크기 및 두께를 정하게 된다. 지반의 마찰, 대칭적인 응력의 확산뿐만 아니라 임의로 추정된 하중으로 인한 불확실한 2차적 영향도 고려해야 한다. 또한 이미 시공된 사례로부터 얻어진 경험치도 매우 중요한 Data이다.

외부 하중은 Shield 구조체 위에 가해지는 하중 – 지반, 물, 지지압력에 기인하는 모든 것을 의미한다. 작동하중은 기계적 기술, 현장 작동 등에 기인하며, Shield 구조 내부에서 일어나는 총 하중이다.

중요한 작동 하중은 다음 사항으로 발생한다.

- Push Cylinder(추력)
- Segment 설치작업
- 구성요소의 자중
- 지반굴착 작업

Cylinder에서 발생하는 쉴드의 최대하중은 설치된 추력으로부터 결정된다. 추진력의 배분(쉴드 표면, 마찰, 커팅엣지, 굴착 도구는 끊임없는 상호작용에 따르기 때문에) 측정 시스템은 개개의 구성요소(Cutting Edge와 Main Bearing)를 상재 하중으로부터 보호하는 역할을 한다. 이러한 시스템은 하중 분석을 용이하게 해준다.

터널 세그먼트를 설치하는 Erector는 원형 또는 방사형 베어링 구조를 거쳐서 미들섹션으로 전달되는 회전력(torque)을 발생시키는 외팔보 구조(Cantilevered Construction)에 의해 설치된다.

Shield 앞과 중간 섹션을 비교하면 Shield Tail은 상대적으로 유연하다고 할 수 있는데, 이는 Segment Ring이 설치되는 Push Cylinder의 영역에서 Skin Plate가 강화될 수 없기 때문이다. Shield Tail은 파이프로 계산되며 Middle Section과 관절로 연결되거나, Shield가 짧은 경우에는 튼튼하게 연결된다. Shield는 Skin Plate에 수직으로 작용하는 토압과 수압으로부터 외적 하중을 받는다. 보다 정밀한 조건이 요구되지 않는 경우에 토압과 수압에 대한 하중은 그림 5.2의 단순화된 방법으로 가능해진다.

하지만 Shield Skin Plate에 대한 하중 계산 방법은 전적으로 이론적이다. 실제의 경우에는 굴착 형태에서 Shield의 비대칭형 위치뿐만 아니라 Overcut, 연약지반의 소성지질 Skin Plate와 주변 지반의 공동을 채우는 Seal제 주입 등에 기인하는 예상치 못한 변동 상황이 발생한다. 이러한 모든 변화를 Shield 하중에 포함시키는 것은 모두 불가능하다. 그러나 그림 5.2와 같은 가정하에 안전율을 가정하여 계산하면, 안전성이 갖춰진 Shield Skin Plate

두께 계산이 가능해진다. 토압계수 K는 연약지반에서 0.45∼0.50 사이 값을 취할 수 있다.

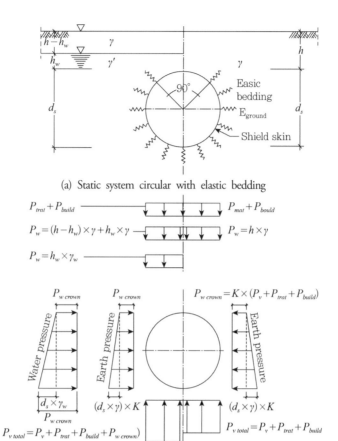

(a) Static system circular with elastic bedding

(b) Loods resulting from earth and water pressure across the shield

Vertical earth presurre	P_v
Total vertical pressure	$P_{v\,total}$
Loads due to surface structures	P_{build}
Loads due to traffic	P_{traf}
Water pressure	P_w
Horizontal pressure	P_h
Depth of cover or lowered depth of cover according to Terzaghi	$h\,[\mathrm{m}]$ h'
Shield diameter	d_s
Specific gravity of the ground	γ or γ' with buoyancy
Specific gravity of the water	γ_w
Groundwater above crown	h_w
Earth pressure coefficient	$K = 0.45$ to 0.5(by approximation according to [50])

그림 5.2 Shield 설계의 지반압 및 수압 하중 적용 개요도

터널 외부의 압력, 지반압, 수압, 압축공기나 Slurry 등에 의한 지지 압력에 대한 조건을 장비의 추력으로 극복하며 전진할 수 있다.

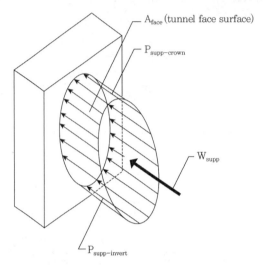

그림 5.3 터널 지지력 W_{supp}는 지지력을 터널면 영역에 대해서 적분한 결과로부터 구한다.

그림 5.3과 같이 지지력 W_{supp}는 지지력을 터널면 영역에 대해서 적분한 결과로부터 얻을 수 있다.

- 발생되는 반압 저항 : W_c 라이드 블록 테스트로부터

- 발생 수압 저항 : $W_w = A_o[P_{w\ crown} + P_{supp\ invert}]$

- 막장 지지력 저항 : $W_{supp} = Ao[Ps_{supp\ crown} + P_{supp\ invert}]$

- 터널 상부에서의 수압 : P_{crown} 그림 5.2

- 터널 하부 Invert에서의 수압 : $P_{w\ invert}$

- 터널 상부에서의 지지 압력 : $P_{supp\ crown}$ ㄴ ㄱ

- 터널 하부에서의 지지 압력 $P_{supp\ Invert}$

- 터널 막장 단면적 A face = ㄲ d^2 S/4

압축 공기지지 막장에서의 지지 압력은 항상 일정해야 한다.

한편 Shield 운전에 따른 추력 저항은 커브 구간에서 추진 실린더의 크기를 조정하고, 보조 Articulate Cylinder를 이용하여 추력을 조정하여 곡선 구간을 통과하고 이때 발생한 선형 오차는 보조 실린더로 XY 좌표의 Navigator를 이용하여 보정할 수 있게 된다.

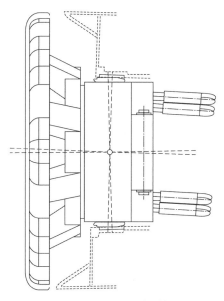

그림 5.4 Tilting Cutting Head를 이용한 Over-Cut 개요도

좁은 커브 구간에서 TBM을 구동시키는 것은 장비에 큰 압력을 받게 한다. 이러한 압력은 TBM 직경과 길이에 비례해 증가하게 된다. 이러한 압력은 과굴착, Skin Plate에서의 벤토나이트 유입 및 원뿔 모양의 Shield Head을 통해서 부분적으로 감소시킬 수 있다. Tilting Cutting Wheel과 Telescopic과 굴착을 할 때, 적절한 Over Cutting은 Stored Programs Control System(SPS)을 이용해 구할 수 있다. 커브 구간에 TBM에 걸리는 압력은 TBM Middle Section과 Shield Tail 사이에 Articulated Joint(중절 조인트)를 사용해 경감이 가능하다. 현대 대구경 TBM은 두 가지 기능을 모두 지니고 있다. 또한 Shield TBM 운전으로 인해 발생되는 추력 저항은 경험적인 방법으로 해결이 가능하다.

5.3 Main Bearing

굴착으로부터 발생하는 하중은 Shield 구조체에 의해서 흡수된다. 정밀 제작된 굴착기계와 상대적으로 단순한 Shield 구조체와 연결은 간단해야 한다.

일반적으로 주 베어링(Main Bearing)은 장비 축 중앙 혹은 주변에 위치한다. 통로의 해결책은 중심이 없는 Compact Bearing이다. 첫 번째 해결 방법은 Roller Bearing과 Rotary Seal의 직경이 작다는 장점이 있지만, Bending Moment의 감소에 대한 특정한 길이를 필요로 한다. 전체 면판의 종단방향으로의 위치변화는 문제없이 가능하다. 중심축 구동은 Spoke Type의 면판에서는 일반적이다. Drum Type의 베어링은 종단방향의 변위를 허용하지 않지만, 상당히 빠른 면판의 회전력(torque)이 허용되지 않는다. 보통 Spoke Type의 면판은 Drum Type의 베어링을 갖는다.

중간이 빈 Main Bearing의 직경은 버력처리 방식의 충분한 공간을 남겨줄 것이다. 동시에 베어링은 면판의 종단방향의 위치변경이 가능할 정도로 충분히 크기가 작다.

TBM Operator는 면판의 Disc Cutter의 적합한 교체시기를 판단하여 적기에 충분히 닳은 Cutter를 새것으로 교체해주어야 한다. 이를 적절히 수행치 않으면, 면판 원주부의 Cutter가 터널 암벽면에 꽉 끼게 되는 Jamming 현상이 발생하고, 이로 인해 면판 뒤에서 주 지반압을 잡아주던 Main Bearing이 고장 나게 되어, TBM 굴착이 중지되고 추가로 Main Bearing 구매를 해야 되는 엄청난 공사비 손실을 초래하기도 한다. 현재 직경 6m 이상의 대구경 Main Bearing은 독일의 3군데 Bearing 회사에서 제작하며, 보통 향후 5년치 주문량이 차 있어, 급할 때는 중고 Market이라도 조달을 알아봐야 한다. 따라서 최근에는 TBM Operator가 Disc Cutter의 교체시기를 판단하기 쉽게 Cutter 내부에 Cutter Wear Detect System을 설치하고 있다.

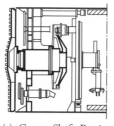 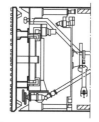 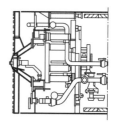

(a) Center Shaft Bearing   (b) Drum-Type Bearing   (c) Center Cone-Type Bearing

그림 5.5 Slurry Shield TBM에서 Main Bearing의 설계(미쓰비시)

기어 박스 안에서 Main Bearing과 Drive Pinion(피니언 톱니바퀴)은 Oil 통 안에서 작동한다. 전단부에서 면판과의 연결은 흘러나온 베어링 기름과 버력 조각들이 유입되지 않도록 잘 폐합시켜(Seal)줘야 한다.

Rotary Seal의 설계는 굴착면에서 발생하는 응력이 증가하면 보다 복잡해진다(건조한 또는 젖은 압축공기 때문에). Slurry Type Shield는 제어되는 압력하에 연속적으로 주입되는 Bentonite 등으로 사용되는 Oil과 Grease를 회수하기 위해서 Chamber가 필요하고, 이 시스템의 문제는 슬라이딩 속도가 높고, Seal Rim이 많이 변형되는 점이 중앙 축 베어링과 비교 시 단점이라 할 수 있다.

메인베어링의 중심을 통해, 굴착 Chamber로의 자유로운 접근은 두 번째 Inner Seal을 필요로 한다. 특히 마찰력이 큰 입자를 갖는 지반에서 드럼형 베어링과 중심 원뿔형 베어링은 큰 약점을 보인다(그림 5.5).

5.4 Cutting Wheel Main Drive

연약지반용 굴착기계들은 일반적으로 유압식 Drive가 설치된다.

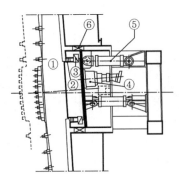

① Cutting wheel
② Sealing system
③ Main bearing(pivot bearing)
④ Hydraulic drive motors
  and planet gear
⑤ Advance cylinders cutting wheel
⑥ Cutting wheel displacement bearing
  (tilting bearing/plain bearing)

그림 5.6 Mixshield에서의 중앙 축 베어링

아무리 잘 계획을 세우고, 베어링의 설계가 잘 선행되어도 지반 굴착 중에 베어링의 기능을 계속 점검하고, 굴진 중에 기존 Seal의 대체 가능성을 준비해두는 것이 필요하다. 중앙축 베어링과 중심이 없는 Compact Bearing은 구동축의 종단방향으로 의사면을 허용한다. 터널면의 경사를 개발하는 것이 장비의 안정성을 좋게 만든다.

아주 작은 Shield 직경(2.5m)을 갖고, 유압식 모터의 축 끝단에 있는 단순한 Cutting Wheel의 Cantilever Bearing은 성공적임이 입증되어왔다.

Cutting Wheel의 회전 속도는 Cutter의 마모도를 고려해 낮은 값을 유지한다. Slurry Shield의 경우 RPM은 거의 3RPM을 초과하지 않는다. 회전 성분의 관성 모멘트가 작기 때문에 저항 변화, 즉 회전력(torque) 변화는 거의 감소 없이 Drive에 전달된다. 암석용 Roller Cutter를 지닌 Cutting Wheel은 비교적 빠른 회전 속도를 지닌다.

터널면에 강한 Cutter들이 회전하므로 Cutting Wheel의 회전속도를 제한하는 것은 마모가 아니라 Cutter의 가열된 온도와 윤활유 등에 의한 속도 가감이다.

유압요소와 달리 이 Drive는 두 개의 다른 회전속도로 전극이 바뀌는 전기모터로 인해 보다 동력이 좋아진다.

Cutting Tool에서의 최대 효과를 얻기 위해서 한 방향 회전이 타당할지라도, 예측 불가능한 상황에서 Drive는 양방향 회전이 가능한 것이 좋다.

동력제어 유압 드라이브를 가지고 최대 회전 속도에서 보통 최대 회전력 절반에 1/3

만이 유효하다. Cutting Wheel에서 증가하는 저항은 자동적으로 Cutting Wheel이 멎을 때까지 회전속도를 감소시킨다.

5.5 터널 단면과 과굴착(Overcut)

센터베어링을 갖는 Cutting Wheel은 터널굴착 단면을 원형으로 만든다. 굴착단면의 직경은 Cutting Wheel 원주에 위치하는 Gauge Cutter에 의해 결정된다. Shield TBM 직경의 범위를 넘어간 체계적인 Overcut은 보다 직경이 큰 Gauge Cutter로 굴착 가능해진다.

단단한 지반에서는 이러한 Overcut은 Cutting Edge를 보호하기 위해서 필요하다. 베어링의 옆으로의 횡 방향 변위와 Cutting Wheel의 기울기는 한쪽 면에 치우친 Overcut을 갖는 실드에 관한 굴착 측면을 만든다.

굴착기계가 견고하게 설치된 Shield에서 Overcut은 흔들리는 각도에 의해 조정되는 Telescopic Gauge Cutter의 움직임에 따라 얻어진다. Overcut은 Shield의 추진력을 감소시키고, 한쪽으로 치우친 위치에서 이 방향으로의 조정을 용이하게 한다. 그럼에도 불구하고 쉴드 주변의 지반과 지표 침하 등을 변위를 주의 깊게 조사해야 한다.

그림 5.7 Flat Cutterhead Style | **그림 5.8** Semi-Domed Cutterhead Style | **그림 5.9** Domed Cutterhead Style

터널의 기계화 굴삭원리 (Mechanized Tunnelling Method)

터널의 기계화 굴삭원리
(Mechanized Tunnelling Method)

암반의 기계화 굴삭 이론(Rock Cutting Theory)은 영국의 Evans Model, 수정 Ernst-Merchant Model과 일본의 Nishimastu Model이 대표적인 이론으로 주로 Drag Pick에 대한 것이며, 경암의 굴착은 근자에 이르러 Disc Cutting 이론이 호주의 Roxborough 등에 의해 정립되어왔다. 여기서는 주로 Roadheader와 Coal Cutter Shearer에 사용되는 연약지반 절삭용 Pick의 절삭이론과 경암용 TBM Disc Cutter에 대한 암반 절삭 이론부터 설명하고자 한다. Cutting Model의 배경은 금속의 Cutting Model에서 시작되었으며, 금속과 달리 Brittle(취성)한 암반의 특성이 Rock Cutting 이론의 배경이 되었다.

6.1 Drag Pick의 이론적 Model

Drag bit는 일반적으로 쐐기형 Chisel Pick과 원추형 Conical Pick으로 분류된다(그림 6.1).

그림 6.1 쐐기형 Chisel Pick과 원추형 Conical Pick

Drag Pick을 이용해 암반을 절삭할 때 절삭홈은 Pick의 깊이보다 더 깊게 생긴다. 그림 6.2를 보면 절삭면과 Pick과의 사이에 관련 변수인 절삭각 α, β, θ가 존재한다. 절삭력은 절삭 깊이와 Rake Angle인 α인 암석강도에 따라 달라진다.

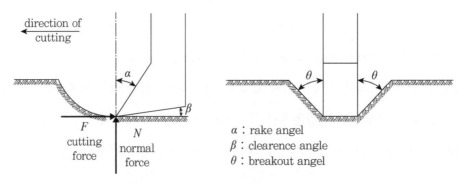

그림 6.2 Chisel Pick의 Rock Cutting 주요 변수

6.1.1 Evans 모델

암반의 전단면을 wedge형의 Drag Pick으로 절삭할 때, Pick의 끝에서 암반의 표면에 이르는 원호를 따라서 인장의 파괴가 발생한다. 파괴의 순간에 절삭되는 암편에는 세 가지의 힘이 작용한다고 보며 절삭력은 이 세 가지 힘과 평형상태를 이룬다.

(1) 힘 R : Pick 면에 법선방향으로 작용하는 힘

(2) 힘 T : 파괴면인 원호를 따라 작용하는 인장력의 합력

(3) 힘 s : O점에서 암편(chip)이 제거될 때 hinge를 따라 걸리는 반력

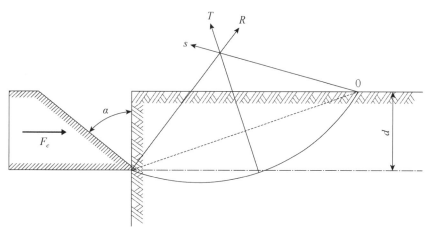

그림 6.3 Evans의 인장파괴 절삭이론

파괴 발생 시의 굴착거리가 굴착 깊이(d)에 비해 아주 작다는 가정하에서 다음의 파괴식을 얻게 된다.

$$F_c = \frac{2twd\sin^{\frac{1}{2}}\left(\frac{\pi}{2} - \alpha\right)}{1 - \sin^{\frac{1}{2}}\left(\frac{\pi}{2} - \alpha\right)}$$

여기서, F_c : 파괴순간의 절삭력(kN)

t : 암석의 인장강도(MPa)

w : Pick의 폭(mm)

d : 절삭 깊이(mm)

α : Pick rake angle(°)

6.1.2 수정 Ernst-Merchant 모델

암반의 절삭이 인장에 의해 발생하는지 전단에 의해서 발생하는지는 어느 강도가 먼저 한계를 넘어서는가에 달려 있다. 이 이론은 암석의 절삭을 전단파괴의 과정으로 모델링하고 있다.

Evans 이론과 마찬가지로 이 이론도 파괴의 순간에 암편에 작용하는 두 set의 힘들에 의한 평형상태를 가정함으로써 절삭력을 구한다.

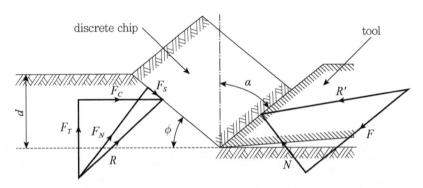

그림 6.4 암반 절삭에 대한 수정 Ernst-Merchant Model

이때 절삭력 F_c는 $F_c = 2wdS\tan^{1/2}(90 - \alpha + \tau)$

여기서, F_c : 파괴순간의 절삭력(kN)

S : 암석의 전단강도(MPa)

w : Pick의 폭(mm)

d : 절삭 깊이(mm)

α : Pick rake angle(°)

τ : 암석과 pick 사이의 마찰각(°)

6.1.3 Nishimatsu 모델

수정 Ernst-Merchant 모델에서는 암반의 전단강도가 전단면에 수직으로 작용하는 압축응력과 독립적이라는 가정을 한다. Nishimatsu 모델에서는 이러한 가정이 없다. 이 모델은 세 가지의 힘이 작용하는 암편의 한계평형에 기초하고 있다.

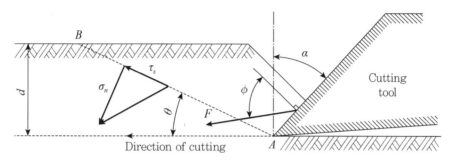

그림 6.5 전단력에 의한 암편 형성을 보여주는 Nishimatsu 모델

이것을 수식화하면 $F_c = \dfrac{2Swd\cos(\tau - \alpha)\cos\phi}{(n+1)(1-\sin[\phi - \alpha + \tau])}$

여기서, F_c : 파괴순간의 절삭력(kN)

   S : 암석의 전단강도(MPa)

   w : Pick의 폭(mm)

   d : 절삭 깊이(mm)

   α : Pick rake angle(°)

   τ : 암석과 Pick 사이의 마찰각(°)

   ϕ : 암석의 내부 마찰각(°)

   n : 응력 분배 요소

    (절삭 작업 중인 암반의 응력상태와 Rake angle의 기능에 관한 요소)

6.2 Drag Pick의 절삭 작업 시 주요 변수

수학적 모델에서 나온 이론식에서는 절삭력에 대해 설명하였으나, 실제적으로 이것은 절삭 작업 중에 pick에 작용하는 힘들 중의 한 요소에 불과하다. 실제로는 횡방향 요소 및 수직방향 요소 등이 실제 작용하는 힘을 구성하고 있다. 이와 같이 Drag pick 작업의 효율을 얻어내는 데 필요한 다양한 요소들은 그림 6.6과 표 6.1과 같다.

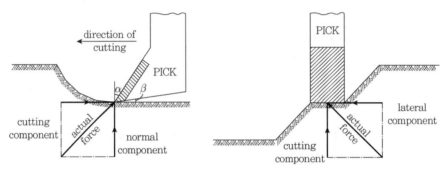

그림 6.6 절삭 시 pick에 작용하는 응력들

표 6.1 절삭 시 pick에 작용하는 변수들

Parameter	Units	Symbol	Definition
Mean Cutting Force	kN	F_C	절삭 방향에서의 평균 절삭력
Mean Peak Cutting Force	kN	F_C^1	절삭 방향 tool에 작용하는 peak force의 평균
Mean Normal Force	kN	F_N	pick을 위로 밀어내는 힘의 평균
Mean Peak Normal Force	kN	F_N^1	normal peak force의 평균
Mean Lateral Force	kN	F_L	tool의 측면에서 작용하여 횡방향으로 움직이게 하는 힘의 평균
Mean Peak Lateral Force	kN	F_L^1	lateral peak force의 평균
Yield	m³/km	Q	단위 절삭 거리당 pick에 의한 암의 절삭량
Breakout Angle	degree	θ	수직방향과 절삭홈 경사면과의 각도
Specific energy	MJ/m³	S.E.	단위 체적을 절삭하는 데 드는 일의 양
Coarseness Index	-	C.I.	절삭된 암석의 버력 크기 분포

이 외에 Drag pick의 절삭 작업은 pick의 크기와 형태, 작동 방법에 영향을 받는다. 상기 요소 외에 주요 변수를 다시 나열하면 Pick rake angle(α̊), Back clearance angle(β̊), Pick width(w), Pick shape(front ridge angle, vee bottom angle), Depth of cut(d), Cutting speed(v), pick의 구성물질, 암석의 물성, pick의 배치 간격 등의 변수들이 있다.

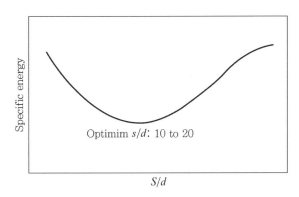

그림 6.7 LCM Test 결과 가장 최적 커터간격과 절삭깊이 비와 Specific Energy와의 관계가 10~20 사이가 최적 상태임을 보여준다.

위 기준에 대한 추가 설명을 하는 것이 필요하다. 첫 번째로 이전 그림 6.6에서 보인 것처럼 커터 피크의 톱니모양 힘 출력은 작업 도표이다. 그림 아래 면적은 피크가 한 일의 양이고 이는 평균 절삭력과 거리를 곱한 값과 같다. 절삭한 길이에 따른 피크가 절삭한 암석의 양을 측정하고(산출량) 이를 피크가 한 일로 나누면, 이는 굴착한 부피당 일을 구할 수 있다. 여기서 비에너지(specific energy)는 용적 용어 MJ/m^3로 보통 표현되지만 이는 가끔 굴착한 암석의 양 MJ/t으로 표현한다. 이 둘은 비중(specific gravity)와 관련되어 있어 다음과 같다.

$$Specific\ Energy = MJ/t \times S.G. = MJ/m^3$$

절삭 효율의 가장 적절한 측정은 비에너지이다. 비에너지가 감소하면 효율이 향상된다. 절삭의 주요 목적은 비에너지를 최소화하는 것이다.

다른 두 가지의 힘 요소 수직력 및 수평력은 각 행동방향의 이동이 있어 일을 소비하지 않다는 점을 유의해야 한다.

버력의 거침크기지수(coarseness index)는 절삭한 암석의 파쇄입도(degree of fragmentation)의 척도이고 산출물 크기 분석으로 측정된다. 각 크기 입도의(size fraction) 적산 중량 백분율의 합이다. 다음 예시는 거침도가 어떻게 측정되는지 보여준다.

표 6.2 거침도 측정 예시

Size Fraction(mm)	Wt(kg)	Wt.(%)	Cum. Wt.(%)
+100	40	25.0	25.0
−100+50	56	35.0	60.0
−50+25	37	23.1	83.1
−25+12.5	12	7.5	90.6
−12.5+6	10	6.3	96.9
−6	5	3.1	100.0
TOTAL	160	100.0	455.6=C.I.
COARSENESS INDEX=455.6			

위 C.I. 값(거침지수)은 고유의 값이 아닌 것을 강조하며 시험에 사용되는 입단과 수를 고려해야 한다. 위 예시의 경우에 모든 파편의 크기가 100mm보다 크면, CI는 600이된다. 하지만 모든 파편이 6mm 이하일 경우 CI는 100이 된다. CI 최하 범위는 항상 100이지만 범위는 입단(size fraction)의 수에 따라 달라진다. 위의 경우와 같이 6개 입단의경우 상한 범위는 600이지만 8개 입단인 경우 800이고 10개의 입단인 경우 1000이다.

거침지수는 절삭율의 변화를 평가할 수 있는 빠른 방법이기 때문에 절삭에서 유용한 매개변수이다. 비효율적인 절삭작업인 경우 '과잉 에너지'의 대부분은 소멸되어 암석의 더 큰 분해를(degradation) 야기하고 이는 거침지수의 변화로 본다. 높은 거침지수의 값은 낮은 분해를 의미하고 이는 다시 높은 효율을 뜻한다.

6.3 Disc Cutter의 절삭 이론

1950년대 미국의 James S. Robbins가 개발한 Disc Cutter는 일반적으로 암질이 강해서 Drag Pick에 의한 절삭이 불가능한 곳에 적용된다. 그러나 Disc Cutter는 그 적용 방식에서 Pick처럼 자유자재로 적용이 어려우며 원형 전단면 Boring과 같은 방식으로 제한되어 사용된다. 현재 기술적으로 Drag Pick의 사용은 암반의 압축강도가 약 100MPa 이하의 암반에 제한되지만, Disc Cutter는 최대 압축강도 400MPa에 이르는 극경암 암반에서도 사용할 수 있다. Disc Cutter의 크기는 TBM 면판 크기, 즉 터널의 크기에 따라 정해지며 경암 터널의 경우, Disc Cutter의 가격이 공사비에서 차지하는 비율이 높은 만큼 소모품인 Disc Cutter는 국산화하여 대량 생산화하여 Cutter 비를 낮춰 전체 터널 공사비를 절약할 수 있다. 암반을 절삭하는 Cutter Rim도 일체형보다는 교체가능형을 사용하여, 현장에 Cutter Shop을 설치해서 Cutter Rim을 교체해 사용하면 5차례 이상 사용이 가능하여 공사비 단가를 줄일 수 있다.

6.3.1 Disc Cutter 절삭의 기본 역학이론

Disc Cutter는 축방향으로 자유로이 회전하는 바퀴로 마치 주판알 같이 움직이며, 자체 동력은 없다. Disc는 암반표면에 연직한 방향으로 높은 추력(Thrust Force)을 가하여 암반을 절삭한다. Disc를 회전시키는 데 필요한 회전력(Rolling Force)은 암반표면과 평행하고 Disc의 운동방향과 같은 선상에 있다(그림 6.8).

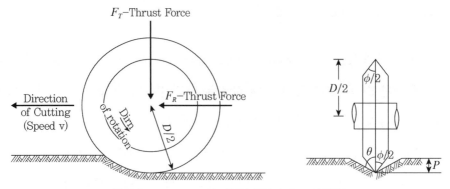

그림 6.8 Disc Cutter의 기본적 형상과 주요 절삭변수

Disc가 자유로이 회전하기 때문에 외적으로 작용되는 토크는 발생하지 않는다. Drag Pick와 달리 disc의 wedge는 근접된 노출 자유면이 없이 암표면을 향해 관입된다. 즉 Disc 양측의 횡방향으로 높은 추력을 적용하여 암 표면의 파괴가 발생한다. Pick의 주요 힘이 운동방향의 수평방향에 적용되는 것에 반해 디스크는 종방향으로 가장 큰 힘이 적용된다(그림 6.9). 강하게 Disc를 추력으로 눌러 주면서 Cutter의 회전방향으로 Rock Cutting을 하게 된다. 따라서 암반의 강도가 높은 극경암의 경우, 높은 추력과 더불어 TBM 장비 자체 자중도 커 무게로 지지해주어야 암벽면에서 밀리지 않고, 절삭이 이뤄지게 된다.

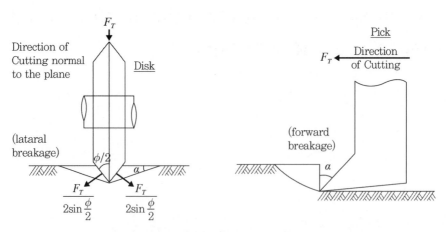

그림 6.9 Disc와 Pick에 의한 파괴 패턴의 비교

6.3.2 Disc의 설계 변수

Disc의 설계변수에는 디스크 직경(D), 디스크 edge각(θ), 관입깊이(P), Coarseness Index(C.I : 절삭된 암편들의 조립도로 절삭효율을 측정하는 방법, CI값이 클수록 굴착효율이 좋고, 굴착량이 늘어 Specific Energy가 줄어들어 가장 효율적인 Cutter Design이 가능해진다)가 있다.

1) Disc Force에 대한 이론

Disc Cutter의 경우에서 추력(FT : Force of Thrust)은 디스크 접촉면적 A의 투영된 면적이다. 암반과 접촉한 디스크의 길이 l은 디스크의 관입깊이에 따라 증가한다.

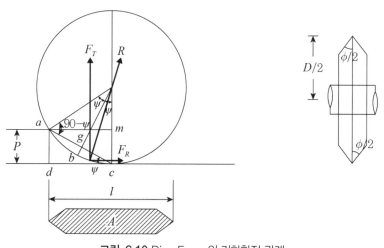

그림 6.10 Disc Force의 기하학적 관계

이를 수식으로 나타내면

$$F_T/F_R = \sqrt{\frac{D-p}{p}} \text{ (Disc Cutter가 한 번 절삭 시)}$$

여러 번 절삭 시는

$$F_T / F_R = \frac{d}{p} \sqrt{\frac{D-p}{p}}$$

여기서, D는 Disc의 직경, d는 절삭심도의 합, p는 1회 절삭심도이다. 즉 $\ell = 2\sqrt{D_p - P^2}$ 이다. 디스크의 접촉 폭이 접촉 길이와 같다고 가정하면, 면적 A는 다음과 같다.

$$A = 2p \, \ell \, \tan\frac{\theta}{2}$$

$F_T = A\sigma$ 이므로

$$F_T = 4\sigma \tan\frac{\theta}{2} \sqrt{DP^3 - P^4}$$

여기서, σ는 암석의 압축강도(MPa), θ는 Disc Edge Angle(°), D는 Disc 직경(mm), p는 절삭심도(mm)이다. 또한 $F_R = 4\sigma p^2 \tan\frac{\theta}{2}$ 이다.

Disc Cutter의 영향요소로는 절삭 깊이 p의 영향, Disc의 직경, Disc Edge Angle, 암석 물성 등의 조건을 고려하여 정해진 면판 크기에 적합한 Disc 간격 및 배열, 절삭 깊이 등에 대한 설계를 하게 된다.

6.4 암석물성과 비트나 커터 선정

굴착대상인 암반의 물리적 특성은 굴착 장비선정, 비트나 커터 선정과 중요한 관계를 갖게 된다. 현재 Shield TBM이 적용되고 있는 국내의 지하철 터널 공사의 경우도 지질 및 지반조건에 맞는 Cutter와 Bit의 선정과 최적 장비 선정의 중요성을 보여주고 있고, 이것은 공사의 성공 여부를 결정하는 요소이기도 하다. 일반적으로 현재 장비선택에서 암반의 물성을 중요하게 다뤄지지는 못한 경향이나, 본 저서에서는 암반 물성과 장비운용과의 관계를 고려하여 Cutter와 Bit 선정을 하도록 하였다. 또한 장비 제작업체도 자사 내에서 대상 암종에 따른 커터와 비트 선정을 위한 마모시험, 절삭시험을 실시하여, 공법의 안전성을 확보하도록 하였다. 현장 조건에 맞는 Cutter나 Bit 선정에 필요한 암반의 강도와 경도를 구하기 위한 여러 시험 방법이 개발되어 있다.

6.4.1 암반의 주요 강도 요소들

일반적으로 장비 제작에 필요한 주요 물성치로 암반의 압축강도(σ_c)를 들 수 있으며, σ_c를 통해 Cutter system 구성에 필요한 에너지와 힘 등을 결정하게 된다. 주요 제작업체 등은 암반의 압축강도를 이용해 굴착 시 적용되는 적정 절삭 깊이와 Cutter 종류 및 Cutter 사용 비용 등을 정하는 Index로 사용하고 있다. 시험실 시험과 이론적 해석결과 암반의 전단강도(σ_T) 역시 절삭 운용에 중요한 역할을 한다는 것이 밝혀졌고, Pick의 운용과 암석의 물성과는 복잡한 역학적 관계가 있다.

6.4.2 암반과 Cutter 또는 Bit의 마모시험

Cutting Pick의 굴삭 시 문제는 암반의 저항에 따른 마모 발생으로 Pick이 닳아버려 절삭능력이 손실되는 데 있다. 암석의 마모 저항도를 측정하면 적정 Cutter나 Pick 선정에 도움이 된다. 암반의 마모 저항도 시험은 광물 분포 박편시험 등 여러 가지 방법이 있다.

1) 석영함유량 시험

절삭 Cutter 마모의 주원인인 암반 내 석영의 함유량이 Cutter나 Pick 선정에 중요한 요소가 되어 체적 함유율 및 또한 석영의 입도 크기가 주 시험대상이 된다. 각종 시험 결과에 의하면, Cuter나 Pick의 마모도는 암반 내 석영의 함유 정도 및 석영 입자크기에 비례하고 있다.

2) 셰르샤 마모시험(Cerchar Abrasivity Test)

프랑스 광업연구소(Cerchar)에서 개발된 시험으로 연한 철제 Tip(또는 다이아몬드 Tip)으로 암반을 10mm 길이로 긁어 발생되는 절삭 홈의 직경과 모양으로 암석의 마모도를 측정하는 방법으로, 이때 암반 긁기에 적용되는 수직하중은 7kgf이다. 절삭홈의 크기는 0.1mm 단위로 측정된다.

$$\text{단위당 소모 에너지(specific energy)} = \frac{\text{동력}}{\text{절삭홈단면}} \times \frac{1}{\text{굴진율}}$$

$$\text{마모도} = \frac{\text{닳은 Bit의 S·E} - \text{새 Bit의 S·E}}{\text{굴삭거리}}$$

로 나타내어 Cutter나 bit 선정에 사용된다.

그 외 Taber 마모시험(Torkoy가 개발한 Tab의 마모시험), Schmidt 해머 Test, Shore 경도시험, Protodyakonov의 Impact 강도시험, Brinell 경도시험, 직접 암석 Core를 절삭하는 Core Cutting 시험, 1:1 Scale 암석 절삭시험, Punch Test 등이 있다. 이러한 암석물성 및 마모도 시험 등을 통해 적정 Bit 선정이 가능해진다.

6.5 장비의 굴착속도와 암석물성과의 관계

6.5.1 순 굴착속도와 굴진속도

굴진속도는 장비의 능력과 암반 등 지반의 저항력에 의해 결정되는데, 가장 먼저 결정되어야 되는 요소는 커터의 굴삭심도(p)이다. 순 굴착속도(pr)는 커터가 암반 굴삭 시 절삭심도 p(mm/rev)와 Cutter Head의 회전속도 n(RPM)에 의해 결정된다.

$$순\ 굴착속도 : Pr = 0.06 \times p \times n(m/hr)$$

$$굴진속도 : Ar = 굴진거리/작업시간 = 가동률 \times Pr(m/hr)$$

$$= 가동률 \times Pr \times 26(m/day)$$

$$장비\ 가동률 : Utilization = 막장전진을\ 위한\ Cutting\ 작업시간/하루\ 작업시간$$

6.5.2 Disc Cutter의 제작 특성

Disc Cutter는 세 가지 주요 요소로 구성되며, 암반과 접촉하여 암반을 절삭하는 외경부의 Cutter Rim, 절삭 시 커터에 걸리는 하중을 분산시켜주는 사다리형의 베어링(Tapered Roller Bearing) 그리고 Bearing Box를 암반 절삭 시 발생하는 버력과 먼지로부터 보호해주는 Seal을 들 수 있으며, 이 세 가지 요소가 Cutter 회사의 주요 Knowhow로서 외부로 노출되지 않는 기술이다.

그림 6.11 15.5인치 Disc Cutter(Black Diamond, Sydney, Australia)

그림 6.12 15.5인치 Disc Cutter 내부 Tapered Roller Nearing

SPECIFICATION SHEET:
15.55" REPLACEABLE
SINGLE DISK CUTTER

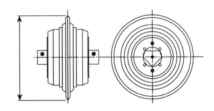

Physical Properties :		
Weight :	Assembly(with cutter ring)	Approx. 150kg
Installation Method :	Front and back loading with extraction holes	
Shaft Housing	Manufactured to suit client's requirements	
Rolling Torque	To specification	

Bearing Specifications :	
Description :	Single Multi-Row Tapered Roller Bearing
Rating	27tonnes

Metallurgical Properties :	
Ring :	Hardened High Grade Tool Steel
Hub :	Hardened Medium Carbon Alloy Steel

Sealing System :	
Description	Mechanical Face Seals

Lubrication :	
Rrecommended :	Extreme Pressure Industrial Gear Oil

그림 6.13 직경 15.5인치 Disc Cutter 사양(제작사 : Black Diamond, Sydney, Australia)

SPECIFICATION SHEET:
15.5" CENTER CUTTER

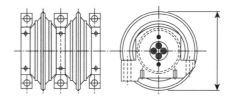

Physical Properties :		
Weight :	Assembly(with cutter ring)	Approx. 150kg
Installation Method :	Front and back loading with extraction holes	
Shaft Housing	Manufactured to suit client's requirements	
Rolling Torque	To specification	

Bearing Specifications :	
Description :	Single Multi-Row Tapered Roller Bearing
Rating	25tonnes

Metallurgical Properties :	
Ring :	Hardened High Grade Tool Steel
Hub :	Hardened Medium Carbon Alloy Steel

Sealing System :	
Description	Mechanical Face Seals

Lubrication :	
Rrecommended :	Extreme Pressure Industrial Gear Oil

그림 6.14 15.5인치 Double Disc Cutter 사양(Black Diamond, Sydney)

Specification Sheet:
15.5" Cutter Rings

Position/Type	Tip Width: 13mm(1/2"), 19mm(3/4"), Custom
	Profiles Available
Face Gauge Center Standard Heavy Duty	Thin Base 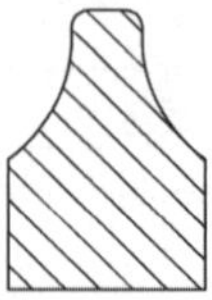
Face Gauge Center Standard Heavy Duty	Wide Base 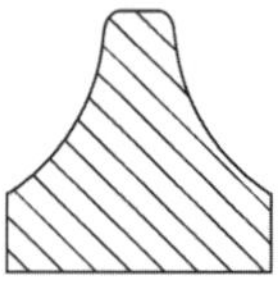
Face Gauge Center Standard Heavy Duty	Custom 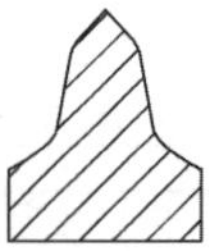

그림 6.15 15.5인치 Disc Cutter 단면 사양(Black Diamond, Sydney)

오늘날 Disc Cutter는 Sintering을 통한 열처리를 하여 400MPa에 달하는 극경암도 절삭이 가능하고, Cutter의 크기가 대구경화함으로써 Cutter의 가동률이 높아져 TBM 터널의 굴진율 향상에 큰 기여를 하고 있다. 단지 TBM Pilot이 Cutter의 사용 한계점을 파악하고 Cutter 교체가 합리적·경제적으로 이뤄질 수 있도록 Cutter의 교체 Time을 알려주는 Wear 탐지 기능을 지닌 Wear Rate Detective Cutter의 국산화 개발이 필요하다 하겠다.

6.6 Accessible Cutter의 개발
(장비 선단부 막장에서 무가압하 대기압 상태로 커터교체 작업이 가능한
커터 배열 System)

시공 분야의 다양한 범위 중, 터널굴착은 특히 리스크 측면에서 자신만의 독특한 특성을 보인다. 몇 년간 굴착 작업을 더 효율적이고 안전하게 만들기 위해 여러 기술들이 개발되었다. 터널굴착기계(TBM : Tunnel Boring Machine)는 60여 년 전 개발되었고 이후 여러 중요한 개선들을 겪어 현재 경암 혹은 연암의 여부와 상관없이 많은 터널 프로젝트의 선호하는 공법이 되었다.

TBM의 회전하는 커터헤드에는 마모가 되는 굴착 Cutter를 장착하는데 이는 경암 및 연암에 닿을 경우 마모가 아주 집중적으로 일어날 수 있다. 특히 가압된 TBM에서 이러한 굴착 Cutter를 교체하는 것은 어려운 작업이다. 여기서 두 가지 주요 문제점이 발생된다. 첫 번째는 반복되는 압축 및 감압 주기로 인한 TBM 작업자의 건강과 안전. 두 번째는 전반적으로 느린 조정으로 인해 대체적인 TBM 굴착 효율 감소. 더구나 잠재적으로 불안정한 굴착 막장에서 가까이 작업하는 것은 원천적으로 위험하다. 또한 200kg 넘는 Cutter 등 장치들을 다루는 것이 사고 및 작업자 근골격 트라우마의 원인이 될 수 있다.

EC가(European Commission) 자금 지원한 NeTTUN 프로젝트를 통해 전문적인 TBM 관리 로봇을 개발하여 3가지의 문제를 해결하려 하였다. 본 시스템은 TBM 굴착 도구 교체의 전반적인 가동주기를 다룰 것이다. 본 장은 현재 시행하고 있는 TBM 유지관리를 검토할 것이고 특히 가압된 장비와 가능한 대안에 중점을 두어 개발 중인 NeTTUN 로봇 시스템을 설명할 것이다. 선택했던 기술적인 선택사항에 대한 일반적인 개념 및 이유를 설명할 것이고, 목표 성능을 제시하며 실시설계에 대한 이해를 제공할 것이다 (Thomas Camusa and Salam Moubaraka, NFM 2015).

6.6.1 서론 - 터널굴착기계 TBM

TBM은 일반적으로 터널을 원형 단면으로 굴착하는 기계화 장비이다. 이러한 장비의 최초 설계는 1850년대 중반부터라고 여길 수 있지만, 현대 경암용 TBM은 1950년에 James S. Robbins의 설계로 취수 댐 프로젝트에(South Dakota, Oahe 댐) 투입되었을 때 탄생하였다. James S. Robbins가 이후 암반용 디스크 커터를 개발하였고, 이를 1956년에 Humber강 하수구 터널에 픽(Pick)을 대체하여 사용되었다. 디스크 커터는 이후 산업 표준이 되었고 모든 성공적인 경암용 터널굴착기계에 장착되고 있다.

특히 지하수 아래 혹은 연약지반을 굴착할 시 경암굴착 상황과 달리 상대적으로 추가적인 문제 사항이 발생된다. 이는 주요 굴착 막장을 유지할 필요성과 지반붕괴를 방지하는 것이다. 이 결과 터널 막장에 있는 토압을 TBM 안에 상쇄하는 가압된 쉴드 TBM의 개발에 이어졌다. 여기서 두 가지의 접근공법이 개발되었고 하나는 토압식 (Earth Pressure Balance-EPB) TBM이고 하나는 이수가압식(Slurry) TBM이다.

1970년도 초기 일본에서 개발된 토압식 공법은 대부분 도시 터널 프로젝트인 천부 터널의 공사를 가능케 하며 연약지반 굴착에 새로운 혁명을 일으켰다. EPB TBM이 현재 연약지반 혹은 지하수면 아래 터널굴착이 필요한 대도시 지하철 시스템, 열차 및 고속도로 터널 혹은 기타 Infra 토목공사에서 가장 많이 사용된 공법이다.

EPB 공법의 원리는 토압을 장비 전방의 막장압과 균형을 잡으며, 굴착된 지반 자체가 터널 막장에 지속적인 지보체제를 제공한다. 쉴드는 커터헤드가 회전하면서 쉴드는 유압잭을 확장하며 밀면서 앞으로 나아간다. 굴착된 토양은 커터헤드와 밀봉된 벌크헤드 사이에 있는 굴착 챔버 내로 TBM 기계 굴진율에 따른 속도로 진입한다. 굴착된 버력은 챔버에서 스크루 컨베이어를 통해 운반되고 버력처리량은 챔버와 앞에 있는 지반의 압력을 유지하기 위해 조절된다.

EPB TBM의 또 하나의 주요 특징은 (또한 모든 쉴드 TBM의 공통사항) 터널 라이닝이 (시공된 터널의 즉시 지보 역할) TBM 장비 굴진과 함께 동시에 PC Segment가 지보재로 설치된다. 이는 강화 프리캐스트 콘크리트 세그먼트에서 이어진 링의 형태로 조립된다. 여러 세그먼트가 (직경 10m에 주로 약 8~10개) 키(Key)와 함께 링(Ring)을 형성하고 이는 어느 정도 안전한 구간인 쉴드 뒤쪽 안에서 Ring이 만들어진다. 최종 결과로 완전한 터널의 안정성과 신뢰성을 보장하는 연속된 차수가 가능한 밀봉 콘크리트 튜브가 만들어지는 것이다.

그림 6.16 Earth Pressure Balance Machine(EPB)의 일반적인 그림(NFM Technologies)

6.6.2 TBM 유지관리

1) 굴착도구(Cutting Tools)

TBM 유지관리에 관한 주요 작업 중 하나는 커터헤드에 위치한 굴착도구의 마모와 관련되어 있다. 드릴 장비의 드릴과 같이 굴착(혹은 천공)되는 재료의 본질에 따라 굴착도구는 더 빠르거나 더 느리게 마모되고 마모 후, 새로운 부품으로 교체해야 한다. Cutter는 동심원의 원형 자국을 만들고 지반/암반 성질에 따라 선택되며 두 가지 주요 유형이 있다.

- 연약지반을 위한 드래그 비트 : 선반 도구같이 작용하는 고정 스크레이퍼
- 암반 굴착을 위한 디스크 커터 : 암석 막장에 강력한 압을 국한적으로 적용하여 균열이 발생하고 암석을 점진적으로 조각낸다.

그림 6.17에서 일반적인 디스크 커트와 드래그 비트, 스크레이퍼의 사진과 치수를 볼 수 있다.

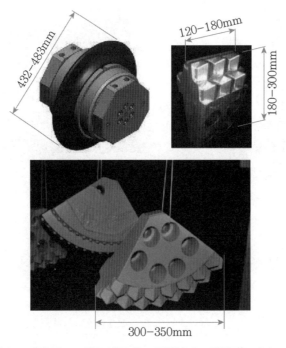

그림 6.17 대디스크 커터(좌), 드래그 비트(우), 주변부 스크레이퍼(peripheral scraper; 하)

쐐기형 드래그 비트(Drag Bit)의 무게는 약 8~25kg(면판 주변부 것은 50kg까지 나간다) 나가고 디스크 커터는 130~250kg 범위 안으로 매우 무거워 다루기가 쉽지 않아 Robot Arm을 활용하여 설치하기도 한다.

커터헤드의 게이지 부분(gauge)을 볼 때 3가지의 기본 형태가 있다. 이는 평판형, 반돔형 그리고 돔형이다. 형태는 지질구조로 인해 정해진다. 지질구조가 더 견고해지면

지질을 분쇄 혹은 느슨하게 하는 방법이 달라진다. 연약한 지질구조에 막장에서 물질을 제거하고 커터헤드로 버력을 당기기 위해 필요한 것은 **스크레이퍼**뿐이다. 지질구조가 더 견고해지면서 막장에 홈을 넣어 이에 리퍼(ripper) 혹은 받침 날 비트(knife edge bits)를 장착해 스크레이퍼가 막장에서 절삭체를 더 쉽게 당길 수 있게 하는 것이 더 유리하다. 지반물질이 암석으로 변하면서 다른 메커니즘이 필요하다. 이는 켠자국식 절삭(kerf cutting)인데 이는 디스크 커터를 견고한 막장에 높은 힘을 밀착하여 실행한다.

2) Cutter 교체 작업

마모되거나 손상된 굴착도구를 교체하는 것은 매우 어려운 작업이다. 디스크 커터의 무게만으로도 이러한 도구를 다루는 작업이 해로울 수 있다. '바닥' 위에 높이 $10\sim15\text{m}$ 되는 좁고 보통 진흙투성인 챔버에서 공압식 렌치, 스크루, 너트 및 워셔를 작은 플랫폼 위에 서서 작업하는 것이 상당한 위험성을 더욱더 일으킨다. 또한 전반적으로 굴진 생산력은 낮다. 예를 들어 디스커터 10개를 교체하는 데 보통 작업자 2명이 6시간 정도를 소요한다.

더구나 가압된 TBM인 경우 챔버를 진입하는 데 다음과 같은 특정적인 행동을 취해야 하기 때문에 문제는 훨씬 더 많아진다.

(1) 고압성 조정

이는 챔버 안 가압된 토양을 작업자가 '다이브'할 수 있는 압축공기로 교체하는 것을 말한다. 하지만 인체는 자연적인 압력변화를 받을 수 없기 때문에 이는 해저 다이버를 위해 감압 정지점(decompression stops) 기준을 두어 개발된 엄격한 절차를 따라야 가능하다. 굴착도구 작업의 대부분은 가압된 TBM에 고압성 조정(hyperbaric intervention)을 통해 실행된다. 이의 결과 필요한 가압과 감압 주기를 제공할 수 있는 맨록이 장착되었다. TBM 조정은 실제로 프로 심해 다이버들이 자주 실행하곤 한다.

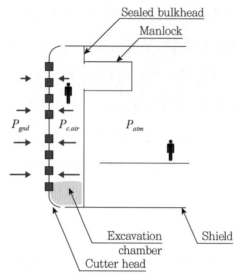

그림 6.18 막장 내 Bulk Head Chamber의 고압성 조정 개념

그림 6.19는 일반적인 조정 시의 감압 시간을 보여준다. 압력을 몇 바 이상 올리려면 기체의 교체가 필요하다. 공기는 3내지 3.5바(산소 감압을 통해) 감압 사용이 가능하고, 4바까지는 nitrox(산소와 질소의 혼합기체), 이후는 trimix(헬륨, 질소, 산소 혼합가스)를 사용한다(포화잠수).

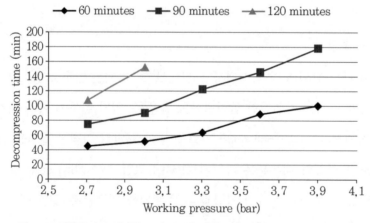

그림 6.19 압축공기의 다양한 조정 시간을 위한 감압 시간 vs. 작업 압력 그래프

작업자들이 맨록을 사용할 때 터널굴착을 금하는 것이 일반적인 관례라는 점을 참고해야 한다. 이는 챔버 혹은 커터헤드 안에 위급상황이 발생할 때 긴급조정을 가능케 하기 때문이다. 위 그래프가 감압 사항에서 급격히 문제가 발생할 수 있는 것을 보여준다. 고압성 조정의 주요 문제 사항은 작업자의 건강에 악영향주거나, 혹은 TBM 굴착 생산성의 상실이다.

(2) TBM 작업자의 건강 및 안전

UK Health & Safety Executive은 중급 가압 압축공기에서 작업을 할 때의 결과를 분석하였다. 영국에서 감압증, 즉 잠수병(Decompression Illness-DCI)의 회고적 연구를 보면 특정 압력에서 발생 정도는 모든 노출에 2% 정도라고 나타냈다. 더 걱정스러운 것은 터널 내 교대근무자 노출의 약 20%(1바 이상의 압력을 4시간 혹은 그 이상의 시간에 노출되었을 때)는 감압증(잠수병)을 나타냈다. 어느 터널 계약 건에서는 50%의 교대 생산 근무자는 계약 중 어느 한 시기에 DCI(잠수병)를 경험하였다는 결론이 나타냈다. 이러한 상황은 TBM 내 작업자들이 전적으로 받아들일 수 없는 것이다(Lamont, 2006).

3.5바 이상의 높은 압력에서는(ITA 보고서 No 10, 2012) 특정한 장비 및 혼합 기체 혹은 포화 기술을 적용하는 것을 추천한다(Lamont, 2012). 가압 구역의 작업시간이 건강 및 안정상 제한될 수 있지만 이러한 절차들은 비싸고 시간 소모가 크다. 불안정 가능성이 있는 굴착 막장에서 노출된 작업환경의 위험 정도는 항상 높다. 하지만 고압성 조정 및 반복된 압축 감축 주기에서 발생하는 사고에 대해 신뢰성 있는 데이터가 없다는 것도 문제이다(Le Péchon, 2003).

(3) 터널 굴착 생산성 및 관련 비용

NeTTUN 프로젝트의 TBM 최종 사용자 파트너들의 피드백에 의하면, 1시간 동안의 굴착 유지관리 정지의 전반적인 비용은 2,500에서 10,000유로 범위에 속하고 지연 관련 위약금 계획에 따라 훨씬 더 높은 수준을 달성할 수 있다. 또한 1시간의 유효한 유지관리 시간은 2시간의 정지시간이 필요하다. 이는 감압에 관련된 유휴시간 때문이다(12m 이하 장비 단일 맨록의 경우). 이로 인해 우리 로봇이 유휴시간을 반으로 줄이면서 TBM 굴착 산업에 상당한 부가 가치를 제공할 수 있다는 것을 뚜렷이 보여준다.

(4) 대기압 교환

대부분 경우에 고압성 조정은 피할 수가 없다. 하지만 Hitachi(Fernandez et al., 2011), Kawasaki 및 Herrenknecht과 같은 몇몇의 제작사들은 TBM 안에서 접근할 수 있는 커터 헤드를 설계하여 작업자들이 대기압 상태에서 쉽게 작업할 수 있게 만들었다.

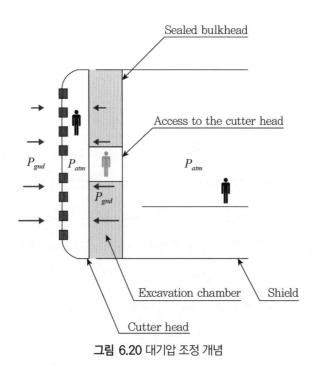

그림 6.20 대기압 조정 개념

그림 6.21에 보여주듯이 이러한 접근법에서는 각 굴착 Cutter는 개별 잠금(lock) 내에 설치되어 있다.

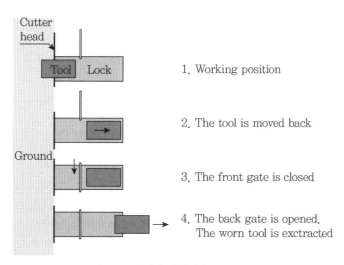

그림 6.21 대기압 상태에서 Cutter 교체

이러한 솔루션은 몇 가지의 문제점을 안고 있다. 커터헤드의 무게 및 크기를 증가하고, 개구비를 제한하며 디스크 커터의 위치 및 간격에 영향을 준다. 커터헤드가 평소보다 더 커도 그 안에서 작업하는 위험이 제거되지 않고, 다른 다양한 위험한 상황이 나타날 수 있다. 이는 매우 제한된 작업공간과 좁은 환경에 의한 사고 및 작업자의 근골격 트라우마, 기계 고장의 경우 참사를 초래할 수 있는 위험들을 포함한다.

커터헤드의 증가된 무게는 메인 베어링에 응력을 증가하고 TBM의 이동성을 제한한다. 또한 대형 커터헤드는 막힘 현상(Clogging)이 더 자주 일어나는 경향이 있다. 이러한 복잡한 솔루션의 신뢰성 및 추가 비용은 효율성과 비용효율성 측면에서 사용자 요구사항을 충족시키는 데 매우 비효율적이다.

6.6.3 NeTTUN 로봇 공법

1) 목적

1차 목적은 강화된 안전이다. 따라서 커터헤드에 작업자 인력 조정의 수를 극적으로 감소시키는 것이다. 여기서 목표는 조정의 80%를 로봇으로 실행하여 노동자 관련 사고를 5분의 1로 감소하는 것이다. 2차 목적은 TBM의 전반적인 효율을 상승시키고 인력 감압에 관한 유휴시간을 피하고 통합된 조정 시간을 줄이는 것이다(예: 디스크 커터 교체 순환을 위해).

2) 필요요소 및 과제

(1) 규모 및 TBM 적용 가능 직경 범위

가장 큰 과제 중 하나는 로봇 시스템을 위한 매우 제한적인 공간을 극복하는 것이다. 비축창고 및 배치된 로봇 자체를 포함하여 제공되는 공간을 분석해보면, 크기 제한을 1.5×2×3m(저장된 위치)로 고정하였다. 다양한 작업 위치를 고려하면 로봇팔은 2m 넘게 확장해야 하고, 완전확장 상태에서 300kg의 무게를 다루어야 하며 1~1.3m 길이 굴착 챔버 안에서 이동해야 한다. 현재 기성제품으로 된 산업 로봇이 이러한 필요사항을 따르지 않는다. 산업 로봇을 실행하면 제한적인 운영범위 혹은 최소 TBM 직경 혹은 크기에 제한이 된다. 또한 본 작업을 위해 5도 자유도만 필요하지만 산업 로봇은 6도 자유도를 제공하여 쓸모가 없는 복합성을 추가한다. 이러한 내역을 기반으로 특정한 시스템을 설계하기로 결정하였다.

(2) 굴착 생산성

현재 고압성 조정에서 커터 디스크 하나를 교체하는 데 약 1시간 소요되고, 현장 데이터 분석을 보면 유지관리 작업이 TBM 활동시간의 15~25%를 할애한다고 한다(Maidl et al., 2008). 이러한 작업을 단순화하고 단축하면 작업자들의 위험을 감소시키고 장비의 생산성을 향상한다. 현재 개발 중인 로봇 해결책은 유지관리를 자동화하거나 원격으로 작동하는 방법을 개발하는 데 목적을 두었다. 이는 TBM 굴착 챔버 안에 움직일 수 있는 특정한 로봇 팔에 특정목적 조종기구를 장착하는 데에 기반을 두고 있다.

3) 인체공학

현재 절삭 도구는 인간 작업자들이 교체할 수 있게 설계되었다. 디스크 커터를 커터 헤드에 장착하고 잠금을 하려면 두 짝의 손이 필요하다. 더구나 잠금 메커니즘은 10가지(볼트, 너트, 웨지 등)의 개별 요소로 이루어졌다. 따라서 이러한 도구 및 잠금 메커니즘은 쉽고 신뢰성 있는 로봇 조정을 위해 재고해야 한다. 디스크 커터와 드래그 비트(게이지 스크레이퍼 포함)는 높은 기계적 건전성 수준을 가진 자체-조정 메커니즘에 기반을 두어 재설계되었다.

4) 조정기구(manipulator)의 설계

커터헤드의 각각 매우 다른 형태, 치수 및 위치와 디스크 커터 vs. 드래그 비트의 장착 구조 때문에 두 가지의 전용 조정기구를 설계하였다. 조정기구의 높이와 너비는 특히 커터헤드 팔의 측벽과 커터헤드의 구조 때문에 제한된다. 조정기구는 절삭도구의 청소, 육안측정, 잠금, 잠금 해제와 같은 기능 구성품이 포함되어야 하고, 필요한 위치에 닿을 수 있을 만큼 작아야 한다. 두 개의 조정기구 다 특별한 인터페이스를 공유하고 케이블 및 유압 파이프 한 세트를 연결/해제를 하며 수동적으로 교환할 수 있다.

5) Cutter 마모의 평가

고압성 조정 시 작업자들이 실행하는 하나의 작업은 절삭도구 Cutter를 점검하고 마모를 평가하는 것이다. 이는 육안으로 실행하는 데 마모 게이지를 쓰기도 한다. 여러 TBM 제작사 및 최종 사용자들은 최근 디스크 커터 마모 측정 시스템을 설계하였다. 또한 NFM Technologies은 마모가 전자 장비로 측정하고 각각 개별적으로 감시되는 디스크 커터 현황에 대한 정보를 전달하는 시스템을 설계하였다. 시스템은 TBM 제어 컴퓨터와 소통을 하고 자율운영을 위해 로봇에게 필요한 정보 피드백을 제공한다.

6.6.4 NeTTUN 로봇 시스템 설명

1) 일반 정보

본 장에 설명하는 유지관리 로봇화 시스템은 직경 8.5m 이상 TBM을 위해 설계되었다. 본 시스템은 가압된 TBM 두 가지 다(EPB 혹은 Slurry)에 사용 가능하다. 커터헤드의 재설계를 가정한다면 Hard Rock TBM에 시행 가능하다. 이는 절대적 기압을 10바까지, 온도는 섭씨 10도에서 50도 사이 그리고 습도비 100%까지 견딜 수 있다. 모든 작동기는 극적으로 강인한 장치를 사용한 유압식이며 프로젝트를 위해 특별히 설계되었다. 로봇을 위해 유압식 작동기의 독점적인 사용은 이러한 기술의 보다 더 높은 견고성과 신뢰성을 가진 전자 기술보다 유압식이 더 작고 더 높은 힘 대비 무게 비를 달성할 수 있기 때문에 정당화가 된다. 이러한 모든 속성들을 응용하기 위해 필수적인 요소들이다.

똑같은 시스템을 기계적인 변화 없이 직경 8.5m에서 16m TBM에 사용할 수 있다. 이는 소프트웨어 매개변수와 설명 파일(description file)만 교체하면 된다(커터헤드에 있는 모든 디스크 커터 및 드래그 비트의 좌표).

시스템은 드래그 비트 및 디스크 커터 모두 다룰 수 있고 후자의 경우 현재 17" 및 19" 표준뿐만 아니라 점진적으로 이루어지고 있는 추가적인 Cutter 크기 상승과 이에 따른 무게 증가를 처리할 수 있도록 치수화되었다.

2) 하드웨어 구조(Hardware Architecture)

로봇 시스템은 5개 주요 요소로 구성되었다. 보관 외함(storage enclosure), 절삭도구 Cutter 실행 시스템(cutting tools logistics system), 배치장치(deployer), 연접식 팔(articulated arm) 그리고 조정장치(manipulator)가 있다. 마지막 3가지만 본 장에서 설명할 것이다.

배치장치가 연접식 기계식 팔을 굴착 챔버 안에 배치, 위치시킨다. 연접식 기계식 팔은 교체가 필요한 절삭도구 Cutter에 조정장치를 이동시킨다. 배치장치는 3가지의 데카르트 자유도를 갖추고 있다. 앞/뒤, 상/하, 좌/우이다. 연접식 기계식 팔은 앞문을 통과할 수 있고, 굴착 챔버 안으로 펼쳐 적절한 방향으로 조정장치를 나란히 동작할 수 있도록 추가적인 자유도를 제공한다. 연접식 기계식 팔은 자유도 2도가 필요하며―커터헤드를 위치로 이동시킬 때 피할 수 없는 부정확성을 충당하기 위해 하나의 회전자유도가 필요하며, 주변 도구에 닿기 위해 또 하나의 회전 자유도를 갖춘, 가장 어려운 치수 제한은 두 번째 회전 조인트(pitch)에 필요한 회전력이다. 디스크 커터와 조정장치 자체적인 무게를 감안하면 본 장치는 12,000Nm을 출력해야 한다. 이 장치는 절삭 도구 또한 특정한 조정장치가 필요하다. 하나는 디스크 커터를 위한 도구이고 하나는 드래그 비트를 위한 도구이다. 조정장치의 주요 업무는 도구를 잡는 것과 해제/잠금하는 것이다. 고압물 분사기는 청소하는 데 사용하기도 한다.

로봇팔의 제어장치는 보관 외함에 배치될 것이고, 연접식 조인트의 전자장치 및 조정장치는 이러한 부품에 직접적으로 통합될 것이다. 로봇팔, 조정장치 및 조인트, 보관 외함 문 그리고 커터헤드의 위치의 글로벌 인터페이스는 작업자들에게, TBM 통제실 안에서 유지관리 작업을 원격으로 실행할 수 있게 할 것이다.

3) 가동지역

로봇은 TBM의 상부에 쉴드와 연결된 보관 외함에 보관될 것이다. 뒷문을 통해 작업자들은 접근할 수 있고 절삭도구 Cutter를 공급/제거할 수 있다. 로봇은 굴착 챔버 내 자동 앞문을 통해 배치될 것이고, 커터헤드의 상부 수직 반경에서 운영할 것이다. 보관 외관의 운영기압에 관해 안전을 보장하기 위해 문의 설계에(열리는 방향, 잠금 시스템, 밀봉) 특별 주의를 기울였다. 커터헤드를 적절히 위치함으로써, 로봇은 커터헤드 반경의 외부 쪽에 있는 모든 커터 도구를 다룰 수 있다(TBM 직경에 따라 반경의 50%에서 60%―그림 6.22 참고). 로봇이 닿지 못한 중앙 Cutter 도구는 굴착 중 비교적 짧은 거리를 이동하기 때문에 훨씬 더 적은 마모를 겪게 된다. 이는 일반적으로 커터 총 유지관리 작업의 15% 정도에 해당한다. 이를 다룰 시 추가되는 복합성보다 이득이 적기 때문에 로봇 가동에 포함되지 않는다. 그림 6.22에서 시스템의 가동지역을 보여준다.

그림 6.22 로봇 시스템의 가동지역(사우디, Riyad 지하철을 위한 10m
EPB, 총 59 디스크 커터와 305 드래그 비트)

4) 소프트웨어 구조(Software Architecture)

(1) 개념

그림 6.23에서 보여주듯이 전체 로봇 시스템의 제어구조는 모두 연결된 4개의 주요
요소로 나누어진다. 이는 디플로이어(배치장치) 및 팔 제어장치(arm control unit), 조정
제어장치, 도구 완충 제어장치(tool buffer control unit) 및 고수준 제어장치(high-level
control unit)를 포함한다.

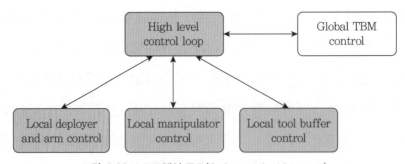

그림 6.23 소프트웨어 구조(Software Architecture)

(2) 디플로이어(배치장치) 및 기계팔 제어장치

제어장치는 기계팔의 위치제어를 위한 것이다. 이 장치는 로봇에서 센서정보를 수집하고 위치되어 있는 각 작동기를 제어한다. 이는 고수준 제어장치와 연결되어 있어 실시간 궤적지시를 받는다. 작동기와 센서의 상태에 대한 정보를 다시 보낸다.

(3) 조정(manipulator) 제어장치

본 제어장치는 Cutter를 움켜쥐는 작동과 잠금/해제 작업을 처리한다. PID 조정장치를 통해 센서 정보를 수집하고 선형 작동기 및 모터를 위치에 맞게 제어한다. 이는 CAN 통신(bus)당 고수준 제어장치에 연결되었다. 고수준 제어장치에서 지시를 받고 모터와 센서의 상태에 대해 재송신한다.

(4) 고수준 제어장치

고수준 제어장치는 전체 시나리오 및 궤적감시를 관리하는 Linux PC이다. 이는 서브-시스템(배치장치, 기계팔, 조정장치 및 마모된/신굴착 도구 처리 시스템)을 실시간으로 조정하고 사용자들을 위한 그래픽 인터페이스를 제공한다. 이는 TBM PLC에 연결 가능하고 이를 유지관리 순서(회전으로 통해 커터헤드 위치화, 보관 외함 앞문 열기)를 실행하고 작동 안전사항을 다룬다. 카메라와 같은 추가적인 센서 또한 본 장치에 직접적으로 연결될 것이다.

CHAPTER
7

TBM의 설계모델 및
터널 굴진율 예측

CHAPTER 7

TBM의 설계모델 및 터널 굴진율 예측

7.1 CSM모델

CSM 예측모델은 미국 Colorado School of Mines(CSM)에서 40년 이상 축적한 방대한 현장자료 및 실험실 시험결과에 근거하여 제시된 TBM 설계모델이다. CSM 예측모델을 활용하기 위해서는 암석학적인 분석, 암석의 일축압축강도(변형특성 포함), 간접인장강도, 밀도 및 셰르샤 마모시험 등이 필요하다.

CSM 예측모델에서는 시험편의 역학적 특성과 절삭조건에 따른 커터 작용하중 산출식을 다음과 같이 제시하고 있다. CSM 출신, 터키인 Ozdemir와 제자 이란인인 Rostami의 공동연구로 완성되었다(Rostami & Ozdemir, 1993; Rostami 등, 1996).

$$F_t = \frac{P'RT\phi}{\psi + 1} \tag{7.1}$$

$$F_n = F_t \cos\beta \tag{7.2}$$

$$F_r = F_t \sin\beta \tag{7.3}$$

여기서 F_t는 커터에 작용하는 총 하중, F_n과 F_r은 각각 커터에 작용하는 연직하중과 회전하중이다. 또한 R은 디스크 커터의 반경, T는 커터 tip의 너비이며, 압력분포 상수 ψ는 17인치 디스크 커터인 경우 0에 가까운 값으로 가정할 수 있다(Rostami 등, 1996).

이때 절삭 대상 재료와 커터 사이의 상호작용이 발생하는 영역을 정의하는 각도 ϕ 및 β 그리고 커터 하부에 작용하는 기저 압력 P'은 다음과 같이 계산된다(그림 7.1 참조).

$$\phi = \cos^{-1}\left(\frac{R-p}{p}\right) \tag{7.4}$$

$$\beta = \frac{\phi}{2} \tag{7.5}$$

$$P' = -32628 + 521\sigma_c^{0.5} \qquad (R2 = 0.525) \tag{7.6}$$

$$P' = 100500 + 12170S + 7.88\sigma_c - 2883\sigma_t^{0.1} - 192S^3 - 0.000147\sigma_c^2 - 29450\,T - 13000R$$

$$(R2 = 0.865) \tag{7.7}$$

$$P' = C \cdot \left(\frac{S}{\phi\sqrt{Rt}} \cdot \sigma_c^2 \cdot \sigma_t\right)^{1/3} \tag{7.8}$$

여기서 p는 커터 압입깊이, σ_c와 σ_t는 각각 암석의 압축강도와 인장강도 그리고 C는 약 2.12의 상수이다.

또한 CSM에서는 암석의 인성(toughness)을 추정하기 위하여 punch penetration test를 수행하고 있다. 원래 punch test는 raise borer의 성능을 추정하기 위하여 Ingersoll- Rand사에서 개발되었으나, 그 후에 Robbins사에 의해 TBM 굴진성능을 평가하기 위하여 사용되었다. 이 시험에서는 기본적으로 콘(cone) 형태의 indentor를 암석에 관입시키고 그때 얻어지는 하중과 관입깊이의 관계곡선(그림 7.2)으로부터 암석의 인성이 추정된다. 하지만 punch penetration test는 커터의 연직하중을 추정하는 데 활용되는 것으로 알려져 있을 뿐 상세한 활용방법은 공개되고 있지 않다.

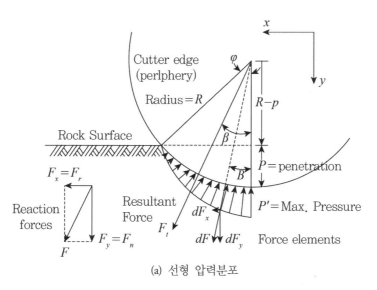

(a) 선형 압력분포

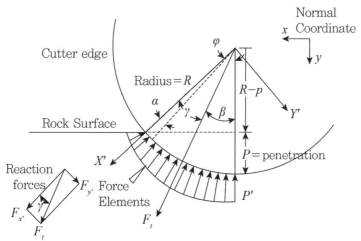

(b) Power함수로 표현된 일반적인 압력분포

그림 7.1 디스크 커터에 작용하는 압력분포 모델(Rostami & Ozdemir, 1993)

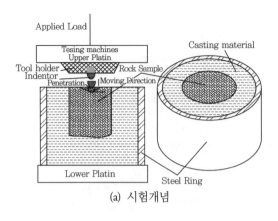

(a) 시험개념

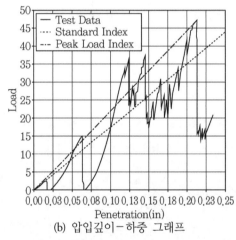

(b) 압입깊이-하중 그래프

그림 7.2 Punch Penetration Index Test

그림 7.3은 CSM 예측모델에 근거하여 TBM 성능을 예측하기 위한 흐름을 보여준다 (Cigla & Ozdemir, 2000). 일단 암반 및 지질 자료를 모델에 입력하고 몇 가지 선택사항들 가운데 한 조건에 대한 검토를 수행한다. 기존 TBM에 대해 예측을 할 경우에는 커터 종류, 커터배열, 추력, 토크, 동력 등 TBM 장비에 대한 정보를 입력한다. 새로운 TBM을 설계하는 경우에는 CSM모델에 의해서 굴착대상 지반조건에 적합한 TBM 사양과 최적 커터헤드 구성을 산출할 수 있다.

그림 7.4는 TBM 장비와 커터의 최대 사양 등을 입력하는 CSM모델 기반의 프로그램 창이다. CSM에서 개발한 프로그램에서는 우선 커터헤드상의 커터 배열이 상세하게 설

계된 상태인지를 확인한다. 그다음 상세한 커터 배열이 제시된 경우에는 실제 커터 간격에 따른 커터 작용력을, 그렇지 않은 경우에는 추정(또는 평균) 커터 간격에 따른 커터 작용력을 산출한다. 두 경우에 대한 유일한 차이는 실제 기 설계된 커터 배열을 적용할 경우에서는 CSM모델에 의해 페이스 커터부터 게이지 커터까지의 모든 커터에 대한 개별적인 작용하중을 계산할 수 있다는 점이다(그림 7.5).

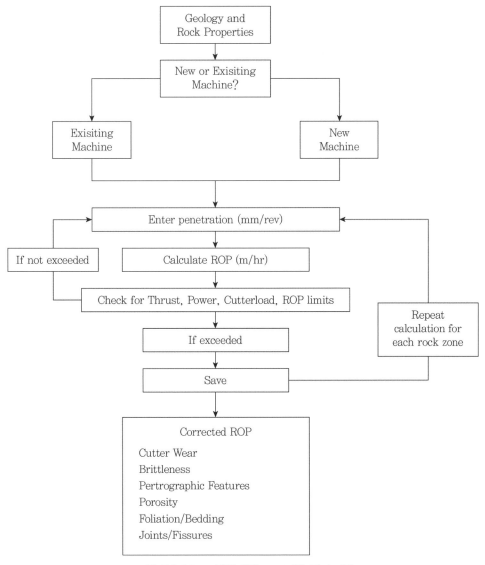

그림 7.3 CSM모델에 의한 TBM 성능평가 과정

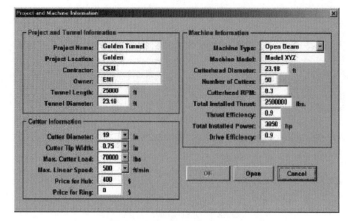

그림 7.4 CSM모델의 자료입력창

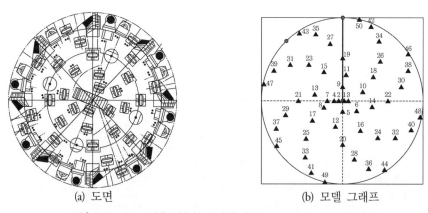

(a) 도면   (b) 모델 그래프

그림 7.5 CSM모델을 이용한 상세한 커터배열 설계 조건 선택(예)

그다음 단계는 CSM모델에 포함된 하중－압입깊이 알고리즘(force-penetration algorithm)을 활용하여 제반 계산을 수행하게 되는 것으로 알려져 있다. 반복계산을 통해 모델로부터 요구되는 설계항목들을 계산하게 된다. 우선 낮은 순굴진속도(penetration rate, ROP)부터 시작하여 한 개 이상의 커터 또는 장비의 한계에 도달할 때까지 순굴진속도를 점차 증가시킨다(그림 7.6). 여기서 순굴진속도는 커터 압입깊이와 커터 회전속도를 곱하면 계산될 수 있다. 그다음 해당 지반조건에서 가능한 최대 순굴진속도를 기록한 후, 터널 굴진 중에서 나타날 수 있는 모든 지반조건들에 대해 동일한 과정을 반복한다. 기본 관입량(basic penetration)은 절리/엽리, 공극률 및 암석의 인성 등을 고려하여 CSM모

델에 의해 보정된다. 또한 CSM모델은 커터헤드에 작용하는 커터 하중의 분포를 도시할 수 있다(그림 7.7).

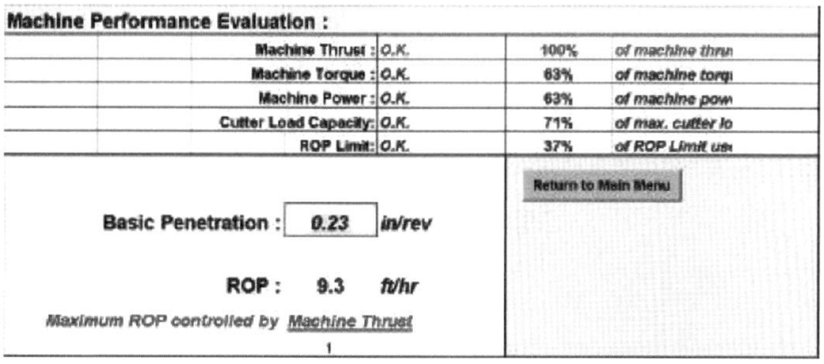

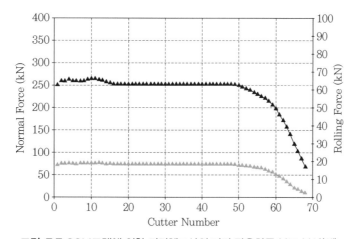

그림 7.6 CSM모델에 의한 순굴진속도의 계산(예)

그리고 CSM모델에서는 셰르샤 마모지수(Cerchar Abrasivity Index)를 활용하여 커터수명과 커터 비용을 추정할 수 있는 것으로 알려져 있다(그림 7.8). 일련의 셰르샤 마모시험으로부터 얻어진 커터 tip의 손실량을 현장−실험실 자료의 보정을 통해 커터 수명지수로 변환한다. 셰르샤 마모지수와 설계과정으로부터 추정된 순굴진속도를 CSM모델에 입력하면 커터 수명을 추정할 수 있게 된다.

그림 7.7 CSM모델에 의한 커터헤드상의 커터 작용하중 분포 분석(예)

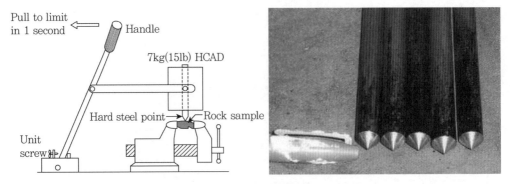

그림 7.8 세르샤 마모시험

그러나 이와 같은 CSM모델은 앞선 커터하중 예측식들을 제외하고, 실제 TBM 설계에서 핵심적인 커터헤드 설계, 최적 굴진속도 산출 및 커터수명 예측 등에 대해서는 비공개이기 때문에 CSM에서만 자체적으로 보유하고 있는 기술로서 실제 활용에 한계가 있다. 결과 Data를 분석하는 기술자의 주관적 판단이 결과에 영향을 미치며, 이는 꼭 전문가의 해석을 받도록 하는 것이 경험에 의한 변수를 줄이게 된다.

7.2 NTMU모델

NTNU 예측모델은 노르웨이의 NTNU 대학(Norwegian University of Science and Technology)에서 개발된 방법으로서, 노르웨이 지반조건에 대해 수십 년간 축적된 자료에 근거하여 얻어진 경험적인 TBM 설계·평가기술이다(NTH, 1995).

경험적 방법이라는 단점을 제외하고는 TBM의 기본 설계자료 도출, 굴진성능 예측, 커터 수명 예측 및 공비 예측이 가능하다는 장점을 가지고 있다. 기본적으로 NTNU 예측모델에 사용되는 지반특성 관련 입력변수는 등가균열계수, DRI(Drilling Rate Index) 및 CLI(Cutter Life Index) 등이 있다. 물론 지반조건이 고려되지 않고 TBM과 디스크 커터의 직경만 가지고 TBM의 핵심 사양들을 산출하며 주로 Open TBM에만 적용이 가능하다는 점에서 모델의 한계가 있다. 하지만 모든 모델 활용과정과 관련 시험방법들이 공개되어 있다는 점에서는 활용성이 높다고 할 수 있다.

본 절에서는 NTNU모델을 적용하기 위한 각종 시험법(NTNU, 1998b)과 NTNU모델에 의한 TBM의 주요 설계변수 도출, 굴진율 예측 및 커터 수명 예측과정(NTNU, 1998a)에 대해서 간략히 소개하고자 한다.

1) NTNU모델의 주요 입력자료인 DRI 및 CLI 평가를 위한 시험방법

(1) Siever's J-value test

Siever's J-value(또는 SJ)는 암석의 표면경도를 나타내는 척도로서 NTNU 예측모델의 주요 입력자료 중 하나이다. 그림 7.9와 같이 미리 정형된 암석시료를 사용하는데, 일정하게 천공이 이루어지도록 유의하여 한다. 미리 정형된 표면은 서로 평행하여야 하며 암석의 엽리에 직각이어야 한다. 즉, 엽리에 대해 수평방향으로 측정된 SJ는 DRI를 산정하는 데 사용된다. SJ값은 규암과 같은 경암에서 0.5 이하에서부터 셰일이나 편암과 같은 연암에서는 200 이상까지 변화한다.

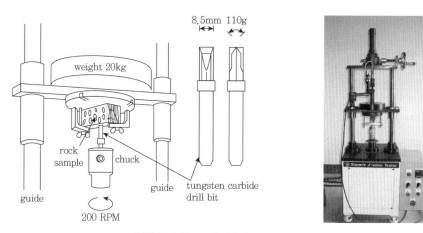

그림 7.9 Siever's Miniature Drill Test

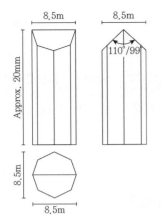

그림 7.10 Siever's J-value test에
사용되는 천공비트의 규격

Siever's J-value test에 사용되는 천공 비트는 텅스텐 카바이드(tungsten carbide) 재질로서 그림 7.10의 형상으로 가공해야 한다.

미리 가공한 Siever's J-value 시험용 시편을 20kg의 추 아래 부위에 드릴 비트에 닿기 직전까지 고정시키고 시편의 표면이 천공비트의 끝과 평행이 되는지 확인한 후, 천공비트를 200회 회전시킨다. 200회 회전이 끝난 후 시편과 추를 들어 올린 후, 다른 지점으로 천공비트를 옮긴 후 시험을 반복한다. 한 시편에 대해 시험을 약 4~8회 시행한 후, 전기식 마이크로미터(micrometer) 또는 slide calliper를 이용하여 각 천공 깊이를 1/10mm의 정밀도로 측정하고 그 평균값을 SJ값으로 결정한다. Siever's J-value 시험에 사용되는 시편의 두께는 일반적으로 25~30mm 정도가 좋다.

(2) Brittleness test

취성도 시험(brittleness test)은 NTNU 예측모델에서 DRI을 정의하는 데 사용되는 두 번째 시험이다. 이 시험에서는 그림 7.11과 같이 충격시험 시 반복되는 충격에 의한 암석의 분쇄저항성을 측정한다. Brittleness value(S20)는 암석을 분쇄한 후 11.2mm 체를 통과하는 암석의 중량 비율로 정의된다. S20은 현무암이나 각섬석(amphibolite)과 같이 세립입자로 되어 있으며 매우 강하고 괴상인 암석에서는 약 20에서부터, 대리석과 같이 연약하고 깨지기 쉬운 암석에서는 80~90까지 다양하게 변한다.

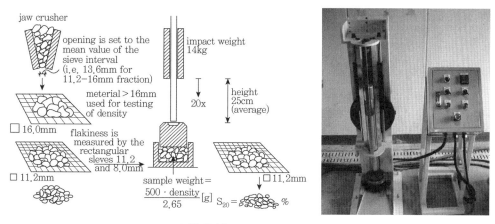

그림 7.11 Brittleness Test

(3) NTNU 마모시험

NTNU모델에 사용되는 세 번째 실험실 시험이다. 1mm 이하의 입자로 분쇄된 암석을 그림 7.12와 같이 회전 강판에 올려놓는다. 첫 번째로 AV(Abrasion value)는 분쇄된 암석 분말에 의한 텅스텐 카바이드 비트의 시간의존적인 마모 정도를 나타내는 척도이다. AV값은 강판을 100번 회전(5분)시킨 후에 비트의 중량손실을 mg 단위로 표현한 것이다.

반면 AVS(Abrasion Value Steel)는 AV의 경우와 시험장비와 시험개념은 동일하나, 텅스텐 카바이드 재질의 시험용 비트 대신에 실제 현장에서 사용될 디스크 커터의 커터링과 동일한 재질로 마모시험용 비트를 제작하여 활용한다는 점에서 큰 차이가 있다. 또한 마모시험 시에 강판회전을 20회(1분)만 실시한다는 점도 또 다른 차이점이다. AVS는 디스크 커터의 마모수명을 예측하기 위한 CLI를 산정하는 데 활용되므로, TBM의 경우에는 AV값이 아닌 AVS값을 활용하는 것이 타당하다.

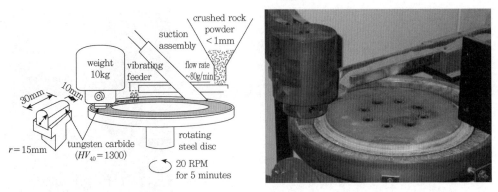

그림 7.12 NTNU abrasion test

(4) DRI와 CLI의 산정

이상과 같은 실험실 시험으로부터 얻어진 SJ, S20 및 AVS로부터 DRI와 CLI(Cutter Life Index)를 산정하게 된다. DRI는 그림 7.13과 같이 암석의 S20과 SJ값으로부터 결정되며, 반면 CLI는 SJ과 AVS로부터 식 (7.9)와 같이 계산된다.

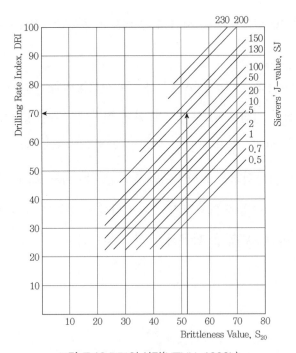

그림 7.13 DRI의 산정(NTNU, 1998b)

$$CLI = 13.84 \left(\frac{SJ}{AVS} \right)^{0.3847} \tag{7.9}$$

2) 암반 균열도의 평가

암반의 균열(fracturing)은 TBM 굴진에 큰 영향을 끼치는 가장 중요한 변수 중의 하나이다. 여기서 균열은 연약면을 따라서 전단강도가 거의 없는 균열(fissure)이나 절리(joint)를 의미한다. 균열들 사이의 거리가 좁을수록 그만큼 굴진율에 미치는 영향은 커지게 된다.

암반의 균열영향은 균열도(fracturing degree) 및 터널 굴진축과 연약면이 이루는 각도에 의해 결정된다.

파쇄 암반에서 균열도는 실제 굴진면 관찰 시 활용하기 위하여 여러 등급(fracture class)으로 구분하였다(표 7.1). 표 7.1에서 절리(Sp)는 터널 단면 주변에서 나타나는 연속 절리를 의미한다. 이들 절리는 열린 절리일 수도 있고 충진 절리일 수도 있다. 또한 균열(St)은 터널 단면에서 단지 부분적으로 나타나는 비연속적인 절리, 전단강도가 낮은 충진 절리와 층리면 등을 포함한다. 균열 암반(Class 0)은 절리나 균열이 없는 괴상 암반을 의미한다. 전단강도가 높은 충진 절리를 포함한 암반은 Class 0에 가깝게 나타난다.

표 7.1 연약면들 사이의 거리에 따른 균열 등급(NTNU, 1998a)

균열 등급(joints Sp/fissures St)	연약면 사이의 간격(cm)
0	-
0~I	160
I~	80
I	40
II	20
III	10
IV	5

3) TBM 설계변수 도출 및 굴진성능 예측

첫 번째로 TBM 설계변수를 도출하고 굴진성능을 예측하는 데 필요한 기계적 변수들을 초기 계획단계에서 가정해야 한다. 그림 7.14는 커터 직경(d_c)과 TBM 지름의 함수로서 각 디스크 커터당 최대 평균 추력(MB)의 경향을 도시한 것이다.

커터헤드의 RPM은 커터헤드 직경과 반비례한다. 그림 7.14는 커터헤드 직경과 커터 직경의 함수로써 표현된 커터헤드 RPM의 변화를 보여준다.

또한 커터헤드에 장착되는 커터의 평균 개수(No)와 TBM 동력(Ptbm)도 실험 Data 결과로부터 추정될 수 있다.

균열도는 균열인자 ks로 표현되는데, ks는 균열정도 및 터널축이 연약면과 이루는 각도(α)에 따라 달라진다. 연약면의 방향은 주향과 경사 측정으로부터 다음의 식 (7.10)과 같이 결정된다.

$$\alpha = \arcsin\left(\sin\alpha_f \cdot \sin\left(\alpha_t - \alpha_s\right)\right) \qquad \text{(degrees)} \qquad (7.10)$$

여기서, α_s = 주향, α_f = 경사 그리고 α_t = 터널 방향이다.

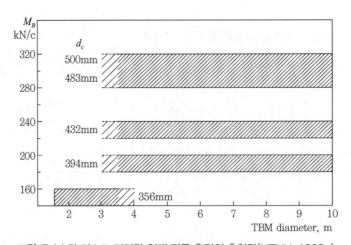

그림 7.14 각 디스크 커터당 최대 평균 추력의 추천값(NTNU, 1998a)

7.3 CSM Model과 NTNU Model의 비교

　최근 경암용 TBM의 가동과 비용 산출에 관련한 중요한 이슈가 연구되었다. 전 세계적으로 가장 범용적으로 사용되고 있는 TBM의 공정분석에서 일반적인 접근법이 제시되었다. 가장 신뢰성 있는 가동예측모델인 콜로라도공대 모델(CSM)과 노르웨이 국립과기대 모델(NTNU)을 이용하여 서로 다른 프로젝트에서 두 모델의 결과들을 표 7.2,

표 7.2 CSM모델과 NTNU모델의 입력값과 결과값 비교

	CSM모델		NTNU모델	
	변수	단위[1]	변수	단위[2]
입력값	cutter 반지름 Tip 폭 간격 관입깊이 암석의 일축압축강도 인장강도 사용 TBM의 직경 RPM cutter 수 추력 토크 파워	(in) (in) (in) (in) (psi) (psi) (ft) rev/min # (lbs) (ft-lbs) (hp)	파쇄 취성 천공능력 마모도 간극비 cutter 직경 cutter 하중 간격 기계직경	등급(0~Ⅳ) S20 지수 Sievers J지수 AV 지수 % (mm) (kN) (mm) (m)
출력값	커팅력 수직-추력 회전력/토크 파워 순관입력(Basic Penetration) 관입률 Head 균형 기계제원 수행 곡선 가동률 굴진율(advance rate) cutter 수명	(lbs) (lbs) (lbs/ft-lbs) (hp) (in/rev) (ft/hr) 힘/모멘트 (th, tq, hp, etc.) 그래프 (rop-vs-th, tq-vs-th) % (ft/day) (hr/cutter)	cutter 수 RPM 추력 파워 순관입력 관입률 토크 가동률 굴진율 cutter 수명	# rev/min (TON) (KW) (mm/rev) (m/hr) (kN-m) % (m/day) (hr/cutter)

1) M 단위계 사용을 위해서는 식과 변수에 대한 변환이 필요함
2) NTNU에서 필요한 특별시험과 지수

표 7.3에 비교 검토하였다. CSM모델에 사용되는 암석물성은 압축강도와 인장강도를 포함하여 대부분의 지반조사 보고서에서 일반적으로 제시되는 매우 기본적인 실험에서 얻어지는 값들이다. 그와는 달리 NTH모델 입력값은 암석강도 변수들과 관련된 지수들로 구성되어 있으나, 특별한 지수의 항목으로 시험되고 측정해야 되는 값들이다.

또한 Cutter 수명산출을 위하여 CSM모델은 Cerchar 모델의 경도지수(CAI)를 사용하는 데 반해 NTNU모델은 특별한 경도값(AV)을 사용한다. 이러한 변수들은 서로 연관되어 있다. 이러한 변수들과 관련된 여러 가지 그래프와 차트에는 DRI-UCS, CAI-AV & CLI 등이 있다. CSM모델은 일정기계에 추력－토크－관입률 관계를 도출할 수 있으며 이로부터 관입률을 계산할 수 있다. NTNU모델은 이와 유사하게 주어진 기계추력에서 관입률(Penetration rate)을 산정할 수 있다. 두 모델 모두 굴진율(advance rate) 산정을 위한 표준활용계수를 사용한다. 두 개의 예측모델은 여러 번 비교·검토하였고, 서로 매우 유사하다는 결론을 내었다. 특히 천공성능(boreability)이 절리나 불연속면에 의해 영향을 받지 않는 신선암의 경우 두 모델의 결과는 거의 똑같았다.

두 모델은 수많은 TBM 현장사례를 통하여 비교·검토해왔으며, 상당한 수준의 성과를 보였다. 표 7.3은 미국 네바다주의 지하방폐장, Yucca산 프로젝트에 사용된 두 모델을 비교한 것이다. 경험적 분석 시스템은 암반물성과 지반조건을 직접적으로 예측값과 연관시킬 수 있다. 또한 Cutter헤드 배열, 기계특별시방을 최적화하고 Cutter헤드 균형을 검토할 수 있게 한다. 이러한 분석 시스템은 강도 계산 방법을 사용하여 기계특별시방에서 적용할 수 있는 능력을 제공하고, 수행예측을 하는 동안 암반과의 영향을 설명할 수 있도록 두 모델을 보편적 시스템으로 전환한다.

표 7.3 실제 프로젝트에서 사용된 두 모델의 비교

프로젝트	변수	Standard TBM		High Power TBM	
		CSM	NTH	CSM	NTH
Yucca Mountain 풍화된 응회암(Tuff) (Bruland et. al. 1995)	관입률(mm/rev)	6.09	5.94	8.88	7.89
	IPR(m/hr)	2.33	2.28	3.73	3.31
	Cutter 수명(m/cutter)	3.44	5.26	6.86	9.48
Stanley Canyon (Deer et. at. 1995)	Windy Point 화강암		Class I	현장 거동	균열등급 II (3.64m/hr)
	관입률(mm/rev)	3.26	3.35~3.38		
	IPR(m/hr)	2.34	2.39~2.41	2.96	
	Cutter 수명(m/cutter)	분석 불가	1.26		
	Pikes Peak 화강암				
	관입률(mm/rev)	3.16	3.19~3.25		
	IPR(m/hr)	2.25	2.27~2.32	2.26	

디스크 Cutter의 실내시험과 TBM의 현장 거동으로부터 얻어진 경험을 통하여 신뢰성 있는 굴진율거동예측 모델을 발전시킬 수 있었다. 현재 경암에서 TBM의 거동예측에 유용한 모델들 중에서 NTH(NTNU)와 CSM모델이 산업계에서 가장 광범위하게 사용되고 있다. 비록 이러한 모델들이 서로 다른 배경을 가지고 개발되었지만, 그들의 결과는 매우 비교해볼 만하다.

위와 같은 우수한 모델들이 개발되었음에도 불구하고, 암석절삭과정에 대한 깊은 이해가 부족하여 이러한 모델을 사용하여 추정하는데 부정확한 값을 발생시키기도 한다. 이러한 경우는 암석이 조금 다른 절삭 거동을 보여주는 곳에서 발생한다.

추정작업을 제거하고 암석 절삭 거동에 대한 직접 정보를 제공하기 위해서는 실규모 절삭테스트를 통하여 보다 신뢰성 있는 관련 정보와 거동을 예측한다. 현재, CSM모델은 기계 설계를 개선할 수 있는 능력을 제공하며, 순관입률 산정에 사용된다. 그리고 NTNU모델은 CSM 추정값을 조정하고 암반에서 불연속면의 영향을 고려하기 위해서 적용된다.

7.4 KICT모델

KICT모델은 한국건설기술연구원에서 개발한 한국형 모델이다(건설교통부, 2007). 국내 8개 암석조건에 대해 실시한 51회의 선형절삭시험으로부터 얻어진 커터 작용하중, 절삭 비에너지, 최적 절삭조건, 임계 압입깊이와 DRI 및 CLI 등의 기본물성 자료에 근거하여, 디스크 커터에 의한 제반 절삭성능을 정량화하고 이를 통해 TBM 설계용 KICT모델이 도출되었다.

최적 TBM모델을 도출하기 위하여 표 7.4와 같이 16개의 입력변수(지반특성 13개 및 기계적 절삭조건 3개)와 절삭성능과 관련된 5개의 출력변수 사이의 상관관계를 민감도분석을 통해 해석하였으며(장수호 등, 2007), 이를 기반으로 다변량 회귀분석(multivariate regression)에 의한 민감도분석 결과, 중요도가 높게 나온 인자들을 고려하여 다음과 같은 모델식들을 제시하였다(건설교통부, 2007).

$$F_n = 29.59 + 0.36S + 16.22P + 6.57\frac{S_c}{S_t} - 0.67\text{SJ} - 0.59S_{20} - 1.76\text{AVS} (\text{R}^2 = 0.66) \quad (7.11)$$

$$F_r = 2.92 + 0.03S + 1.33P + 0.20\frac{S_c}{S_t} + 0.01\text{SJ} - 0.10S_{20} - 0.04\text{AVS} (\text{R}^2 = 0.71) \quad (7.12)$$

$$SE = 6.53 - 0.03S + 0.09P + 0.08\frac{S_c}{S_t} + 0.01\text{SJ} - 0.05S_{20} - 0.02\text{AVS} (\text{R}^2 = 0.61) \quad (7.13)$$

$$S/P_{opt} = 14.47 - 0.31\frac{S_c}{S_t} + 0.02\text{DRI} + 0.07\text{CLI} (\text{R}^2 = 0.79) \quad (7.14)$$

$$P_{critical} = 9.26 + 0.08\text{SJ} - 0.08S_{20} + 0.09\text{AVS} (\text{R}^2 = 0.72) \quad (7.15)$$

여기서 F_n과 F_r은 각각 평균 커터 연직하중(cutter normal force)과 평균 커터 회전하중(cutter rolling force)이며 단위는 kN이고, S와 P는 커터 간격과 커터 압입깊이이며 단위는 mm이다. 또한 S_c와 S_t는 각각 압축강도와 인장강도를 의미하며 단위는 MPa이다.

또한 SE는 절삭 비에너지(specific energy)로서 단위는 $10^3 tonf/m^2$이고, S/P_{opt}와 $P_{critical}$은 각각 최적의 절삭조건과 임계 압입깊이(단위 : mm)이다.

KICT모델 도출에 사용된 전체 암석에 대한 다변량 회귀분석 결과(장수호 등, 2007), 평균 커터 연직하중, 평균 커터 회전하중, 비에너지 등은 절삭조건인 커터간격과 커터 압입깊이 그리고 지반 물성으로는 암석의 압축강도와 인장강도의 비율(S_c/S_t), SJ, S20 및 AVS를 회귀분석 인자로 적용할 경우에 상관관계가 가장 좋게 나타났다. 또한 회귀 분석에 적용된 인자의 개수가 감소할 경우에 상관계수가 감소하는 것으로 나타났다. 반면 최적 절삭조건(S/P_{opt})과 임계 압입깊이($P_{critical}$)에는 절삭조건이 필요 없기 때문에 지반 물성만으로 모델 도출이 가능하였으며, 역시 DRI 및 CLI 관련 지표를 적용할 때 가장 우수한 상관관계가 얻어졌다. 여기서 DRI 및 CLI 또는 이와 관련된 SJ, S20 등이 증가할수록 암석의 굴진 저항이 줄어들기 때문에 이와 관련된 회귀분석 상수는 대체로 음수를 나타냄을 알 수 있다.

표 7.4 KICT모델 도출을 위한 민감도분석에 사용된 입력변수와 출력변수

입력 변수(16개)	출력 변수(5개)
지반 특성(13개)	
• 일축압축강도(S_c) • 할렬인장강도(S_t) • 일축압축강도와 할렬인장강도의 비율(S_c/S_t) • 탄성계수(E) • 포아송비(v) • 석영 함유량(Q%) • 사장석 함유량(P%) • 정장석 함유량(O%) • SJ • S$_{20}$ • AVS • DRI • CLI	• 평균 커터 연직하중(F_n) • 평균 커터 회전하중(F_r) • 절삭 비에너지(SE) • 최적 절삭조건(S/P_{opt}) • 임계 압입깊이($P_{critical}$)
기계적 절삭조건(3개)	
• 커터 간격(S) • 커터 압입깊이(P) • 커터 간격과 압입깊이의 비율(S/P)	

이상과 같은 KICT모델의 도출과정에서 살펴볼 수 있는 것과 같이 디스크 커터에 의한 절삭성능은 암석의 기본물성인 압축강도, 인장강도, 탄성계수 등으로 예측하는 것이 어려우며 KICT모델 도출과정에서 처음 시도한 바와 같이 NTNU모델에 활용되는 DRI와 CLI 관련 지수들을 적용하는 것이 예측결과의 정확성을 확보하는 데 유리한 것으로 나타났다. 기본 물성 가운데에서는 압축강도와 인장강도의 비율만이 주된 영향을 미치게 되는데, 일반적으로 압축강도와 인장강도의 비율이 암석의 취성도를 나타내는 척도로 적용된다는 점을 고려하면 취성도가 커터의 절삭성능에 상당한 영향을 미친다는 것을 알 수 있다. 특히 커터 작용력과 절삭 비에너지에 대해서는 커터 간격과 커터 압입깊이와 같은 기계적 절삭조건이 매우 우세한 영향을 미치는 것으로 평가되었다. 반면, 최적 절삭조건과 임계 압입깊이에 대해서는 지반 특성이 높은 중요도를 나타내었다.

KICT모델의 실제 현장 적용성 평가를 수행한 결과에 따르면(장수호 등, 2007), 국내 총 3개 TBM 시공현장의 871개 굴진자료와 KICT모델을 포함한 각종 TBM 설계모델들에 의한 예측결과를 비교한 결과, 현재까지 공개된 모든 예측모델들 가운데 KICT모델의 정확성이 가장 우수한 것으로 나타났다. 또한 현재까지 전 세계적으로 가장 유명한 예측모델인 CSM모델을 활용하기 위해서는 커터의 최적 압입깊이와 임계 압입깊이를 추정하는 것이 선결조건인데, KICT모델에서는 커터 압입깊이의 추정식도 포함되어 있어 적용성이 높다고 할 수 있다. 하지만 외국의 모델과 비교할 때 모델 도출에 활용된 D/B가 부족하다고 할 수 있으므로 보다 신뢰적인 성능예측과 설계사양 도출을 위해서는 D/B의 지속적인 보완이 필요하다고 할 수 있겠다.

KICT모델에 의한 새로운 TBM의 설계과정과 기 설계된 TBM의 굴진성능 평가과정은 각각 그림 7.15 및 그림 7.16과 같이 앞서 설명한 선형절삭시험에 의한 설계 및 평가과정(그림 7.17 참조)과 매우 유사하다(건설교통부, 2007). 단, TBM의 설계와 굴진성능 평가에서 핵심적인 변수인 최적 절삭조건, 임계 압입깊이, 압입깊이에 따른 평균 커터 작용하중 등을 KICT모델의 예측식들로 추정한다는 점이 유일한 차이이다.

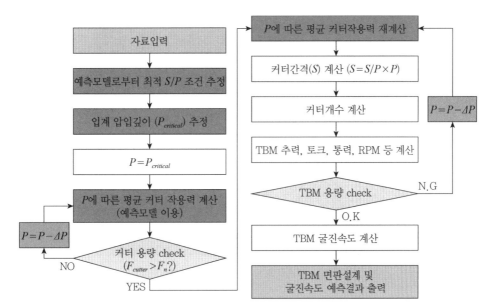

그림 7.15 KICT모델에 의한 신규 TBM의 설계과정

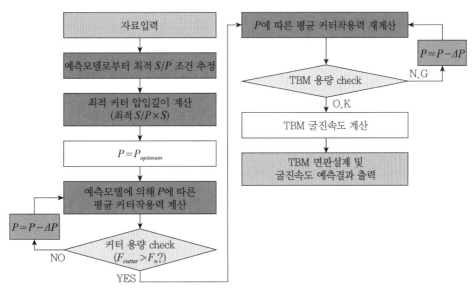

그림 7.16 KICT모델에 의한 TBM 굴진성능 예측과정

그림 7.17 LCM에 의한 선형절삭시험 장면(KICT)

CHAPTER
8

TBM의 종류 및 적용기준

TBM의 종류 및 적용기준

기계화 시공의 대표적인 장비를 들자면, TBM(Tunnel Boring Machine)을 들 수 있다. 굴착 동력이 장착된 현대 TBM은 1953년 시카고 하수도 터널 경암 터널 굴착 공사에 들어간 광산공학자였던 James Robbins가 제작한 Open TBM(무쉴드 노출형)을 들 수가 있고, 원래 영국에서 개발된 연약지반용 Shield TBM은 연약지반의 터널 공사가 많았던 일본에서 발전시킨 EPB TBM(Earth Pressure Balanced TBM)과 Slurry Type Shield TBM으로 발전되어 오늘날 전 세계 터널 현장에서 활용되고 있다.

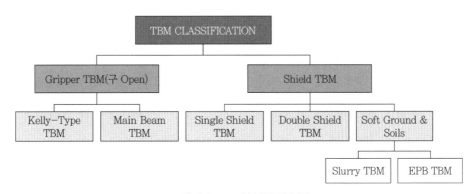

그림 8.1 TBM의 종류 및 분류

물론 ITA에서 분류한 TBM 분류 방법이 있으나 너무 복잡하고, 사용하지 않는 개발된 모든 TBM 장비를 적용 분류하고 있어 필자는 같이 근무했던, 미국 CSM 공대(Colorado School of Mines) Levent Ozdemir가 분류한 현재 사용 가능한 TBM을 기준으로 분류한 CSM 분류 기준(그림 8.1)을 선호한다.

8.1 Gripper TBM(과거 Open TBM)

주로 산악지 경암 터널에 사용된 Open TBM은 오늘날 TBM의 터널 굴착 시 Caving 등에 의한 사고로부터 장비를 보호하는 Canopy 등을 장착한 한 단계 더 발전한 장비로 오늘날에는 세계적으로 Gripper TBM이라 불리는데, 이는 Open TBM과 같이 장비 Side에 Gripper를 설치한 것은 같으나, 장비의 안전성 확보를 위한 보호 안전 설비를 갖춘 것이 차이점이라 하겠다.

발파공법에 비해 굴삭을 하여 암반을 굴진하므로 전통적인 발파공법에 비해서 터널 주변 지반의 교란이 현저히 줄어들며, 이에 따라 발파공법보다 월등히 경감된 지보재 시스템으로 간단히 터널의 안정성을 확보할 수 있다. 쉽게 설명하면, 지보 시스템은 기존의 발파공법과 같은 이론적 배경을 갖거나, 지보량이 적거나, 굴착 후 지반 상태가 비교적 양호하여 무지보 설계나 라이닝 설치 시도 무근 라이닝 적용이 가능하기도 한다. 단지 주의할 점은 연약지반을 만나거나, 복합지층 굴착 시 비교적 Gripper를 지지할 지반이 연약할 경우, Gripper가 터널 벽면을 파고들어 TBM 굴진이 어렵게 되거나, 굴진 방향을 못 맞춰 사행 굴착하기도 한다. 그러나 오늘날에는 Navigator를 장착하여 과거같이 계획된 터널 선형을 벗어나, 장비를 다시 후방으로 이동하여, 사행 굴착된 터널을 다시 충진하는 등의 터널 공사 중 부실시공 위험이 많아 줄게 되었다. 그러나 아직도 침투 지하수, 단층대 통과 등에 단점을 갖고 있어 최근에는 생산이 줄고 새로 개발된 산악용 Double Shield TBM으로 대체되고 있는 실정이다. 과거에 TBM 장비의 동력이 부족했을 때는 소단면을 TBM으로 굴착하고, 나머지 단면을 발파공법으로 확공하는 Pilot TBM+확공 발파 공법을 사용했으나, 오늘날에 이르러 막강한 동력을 갖춘 HP TBM(High Power TBM)의 출현으로 부분단면 굴착 터널공법은 Roadheader를 사용할 경우를 제외하고는 모두 전단면 굴착공법을 선호하고 있다.

(a) Kelly Trpe TBM   (b) Main Beam TBM

그림 8.2 구조방식에 따른 Open TBM의 분류

그림 8.3 현대화된 Gripper TBM

8.2 Soft Ground Shield TBM(연약지반용)

　연약지반의 경우 터널 자체 지지력도 약하고, 막장의 지지력도 약해 특수하게 개발된 TBM 장비를 사용하게 된다.

　일반적으로 Shield 공법이라고 과거에 분류되었던 방법이다. 대표적인 TBM Type은 굴착 지층의 특징에 따라서 Clay 등 점착력이 강하고, 지하수위가 40m 미만 약 4bar의 압력 이하면 굴착이 가능한 EPB Type TBM과 충적층(모래자갈 층) 등 점착력이 0에 가까운 지층에 Bentonite를 뿜어 넣어 굴착을 하는 하수나 해수 아래서 굴착이 가능한 Slurry Type TBM을 들 수가 있다.

 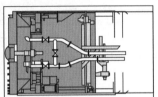

Slurry Machine

Slurry Machine(이수가압식 TBM)
- 충적층 등 점성이 없는 토양
- 지하 수위가 높아 물의 침투가 심한 구간

 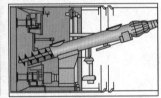

Earth Pressure
Ballance Machine

EPB Machine(토압식 TBM)
- 점토 등 점성이 강한 토양
- 지하수압이 적고, 수위가 낮은 구간

그림 8.4 연약지반용 Shield TBM(Slurry & EPB)

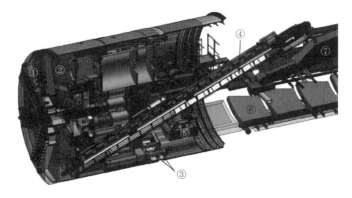

① Cutter head; ② Excavation chamber; ③ Thrust cylinders; ④ Screw conveyor;
⑤ Segment erector; ⑥ Segment conveyor; ⑦ Belt Conveyor

그림 8.5 EPB TBM

일반적으로 Project Owner들은 가격이 저렴한 EPB TBM을 선호하나, EPB Type은 수압이 4bar 이상 되는 하저나 해저에서는 사용이 불가능하고, Bulkhead Chamber 내 Gate가 쉽게 고장나 현장 작업 굴진율이 떨어지는 단점이 있다. 특히 우리나라 같이 Clay 같은 연약 지층이 거의 없고 충적층이나, 암반구간이 많은 경우는 Slurry Type TBM이 적용성이 뛰어나다고 판단된다.

EPB Type은 EPB Sensor의 작동 유무를 잘 점검하고, Bulkhead Chamber 내 반압상태 조절을 잘해야 한다.

8.3 Composite Rock Shield TBM(복합지반용)

과거에는 경암 터널은 Open TBM을 사용하는 것이 일상화되어 있었으나, Open TBM은 장비와 운전자를 보호해줄 Shield 설비가 없어 막장의 붕락 등에 대해 안전성이 떨어진다. 당시에는 동력이 작아 작은 단면의 소형 터널이나 Pilot TBM 굴착용으로 사용되곤 했었다. 또한 복합 지반이나 연약지반, 지하수 침투 등에 취약하여, 이를 보완할 안전하고 강력한 TBM의 대체 개발이 긴요하였다.

Single Shield TBM은 하저나 해저 터널에서 수압에 의한 외부 침투수로부터 장비와 작업자들을 보호하기 위해서 막장전방을 폐쇄시킬 때 완전 차수가 가능하게 되어 부력으로부터 지하구조물 Segment Tunnel을 보호하고, 안전하게 터널굴착을 하게 하는 방법이다. 연약지반 및 차수 여건에 따라 Slurry Type Single Shield TBM과 주로 육상에서 사용되는 Earth Pressure Balance Single Shield TBM으로 분류해 사용하고 있다. 대표적인 해저 터널 공사인 Euro-Tunnel, 동경만 횡단 터널 공사 등에 사용되었고, 우리나라도 GTX A line 민자구간 한강 하저 터널구간 삼성−옥수역 구간이 Slurry Type Single Shield TBM으로 설계되었고, 국내 최대 대구경 TBM Project인 수도권 제2 외곽 순환고속도로 공사 중 김포−파주, 한강 하저 터널구간에 직경 14.4m의 Herrenknecht Mixshield Single Shield TBM이 설계되었다. 장비의 적합한 선택이 터널공사의 성공을 좌지우지하는 바 설계 시, Professional TBM Engineer의 신중한 Design이 필요할 것이다. 대표적인 사례가 분당선 하저 터널 선릉−왕십리 구간 TBM 연약지반 굴착용 EPB TBM이 선정되었으나, 굴착 시 바로 경암을 만나게 되어, 연약지반용 Bite Bit가 모두 망가지게 되었고, 현장 인근 서울시 서울 공원과와의 협의 실패로 현장에 물을 처리하는 Sump 시설을 못하게 되어, 막장에 쏘는 Waterjet으로 버력이 물을 함유한 채 배출되었다. 현장 외부의 버력처리장으로 이동 시 물이 계속 쏟아져 버력 내 물의 양을 줄이기 위해 대구경 전자레인지를 동원하는 등 별짓을 다해 보았지만, 버력 반출 문제로 또한 굴착이 중단되어 1.2m /day 최악의 굴진율을 기록하였다. 기본적으로 현장이 발주처 철도 시설공단과 다른 서울시 공원과 서울숲 지역으로 버력의 물을 처리할 Sump장 설치를 서울시에서 해주지 않아서 생긴 일로서, 공사 전후의 상호 간 업무협의가 공사를 지연시켰다. 이는 공사비를 증가시키는 요인이 된 사례로 장비 선정에서 잘못된 사례로 알려져 있다.

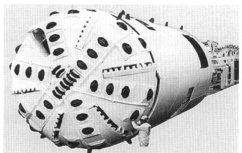

- 추력을 Segment 지지력으로 확보
- 연속 굴진이 어려우나, 해저나 하저의 수압구 간 차수굴진 유리

- Segment 지지 추력과 Gripper 지지 추력을 동시에 활용
- 연속 굴진에 유리
- 해저나 하저구간은 불리
- 파쇄대 구간은 Simple Mode 굴진이 가능

(a) Single Shield TBM

(b) Double Shield TBM

그림 8.6 복합지반용 Shield TBM

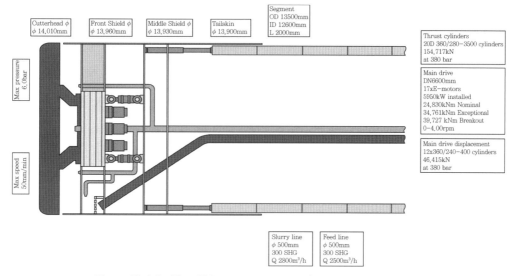

그림 8.7 하저 층적층 굴착용 Slurry Type TBM(김포 - 파주 한강 하저 터널)

앞으로는 굴착 효율이 좋고, 20km 이상 장기 굴착이 가능한 Super-Power TBM이 출현할 것이다. 또한 복잡하고 어려운 TBM 운전자 TBM Pilot의 역할을 AI Robot가 대신할 것이고, 한 번 굴착하면 100km 연속 굴착이 가능한 자율주행형 소형원자로를 설치

하여 터빈을 돌려서 굴착하는 Nuclear Powered TBM도 출현할 것으로 예상되며, 새로운 신교통 System에 필요한 고속 지하 굴착이 가능해질 것이다.

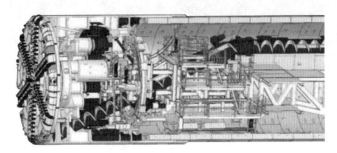

그림 8.8 전형적인 EPB TBM

8.4 EPB or Slurry Type TBM?

근래에 TBM 공법의 주요 관점 중의 하나가 깊은 해저에서 TBM 적용이 가능한가? 가능하다면, 어떤 Type의 TBM 시스템 적용이 가능한지? 과연 EPB Type TBM 장비와 Slurry Type TBM 장비의 기능적 차이점은 무엇이고, 이 다른 두 가지 공법의 장비 선정의 기준은 무엇인가? 또한 심해저 하부 10bar 이상의 압력을 받는 고수압 구간에서 굴착과 차수가 가능한 장비 시스템은 무엇인지, 오늘날 TBM 제작 기술상 지층뿐 아니라, 열악한 토압과 수압 조건하에서도 안전한 터널굴착이 가능한 TBM 시스템은 무엇인지 정확한 판단이 필요한 시점이며, 이를 통해서 국내 터널의 기계화 시공의 안전성을 높여야 한다.

8.4.1 개요

대심도 해저터널공법으로 사용되는 TBM 공법으로 일반적으로 차수효과가 큰 Slurry Type TBM과 Convertible Type TBM이 사용되고 있으나, 간혹 EPB TBM의 대심도 해저 터널 적용사례 발표도 나오고 있다. 과연 어떠한 방법이 대심도 해저 터널굴착에 유리하고, 이러한 어려운 토압과 수압 조건에서 적용 가능한 TBM 공법에 대해서 많은 의문점이 발생하고 있다. 그러나 이러한 문제에 대해서 정리가 되어 있지 않아 이를 정립하는 방법으로 본인이 참여했던, 가스공사 발주로 현대건설에서 수주한 진해－거제 주배관 1공구 건설공사 해저 통과구간 TBM 공법에 대한 사례연구를 실시하여, 현장에 적합하고 안전한 TBM 공법이 무엇인지 개관적으로 선정해주는 데 그 초점을 맞추었다.

해저 90~100m 하부에서 터널을 굴착한 사례가 국내에는 전무하므로, 세계적인 심부해저터널 공사 자료를 조사하였고, 현재 현장에 주어진 조건 속에서 TBM 장비 제작사의 제작 가능성 검토의견 등에 관한 자료를 참고하였다.

문제 공구인 거제－진해 가스관로 1공구 중 거제구간은 Slurry Type TBM으로 설계되어 있으나, 같은 심도인 진해구간은 EPB Type TBM으로 설계되어 있어, 그 안전성에 대해 의구심을 갖게 하고 있다. 예상 터널 막장수압이 9bar의 고수압이 작용하는 것으로 되어 있다. 과연 이러한 자연 조건하에서 EPB Type TBM 적용이 가능한지? 또는 대안으로 Slurry Type TBM이나 Convertible Type TBM으로 변경해야 할지 하는 이 문제는 터널구간의 지반상태, 터널 내 작업공간, 막장면 압력조건, 터널의 사용목적 및 크기 등을 고려하여, 터널굴착 중 안전성과 경제성을 확보할 수 있어야 한다.

8.4.2 조사방향

오늘날 전 세계적으로 환경 친화적인 Modern High-Power TBM의 개발로, 특히 도심지의 발파를 금하는 지역이 늘어나면서, 터널기계화 시공인 TBM 공법이 널리 사용되고 있다. 또한 해저터널공법으로 완전차수가 되고, 터널 내 안전시공이 가능한 Single Shield TBM 공법의 적용이 성공적으로 활용되고 있다.

문제의 거제－진해 현장은 국내에 사례가 없는 고수압 9bar의 수압하의 해저터널공사이나, 일반적으로 알려지기를 EPB Type TBM의 경우 9bar의 고수압에서 막장의 안정성 확보가 불가능하다. 실제적으로 9bar의 수압을 1bar의 압력으로 감압시켜줄 적절한 특수 대구경 Screw Conveyor 설치가 불가능하고, 적은 터널 단면을 고려할 때 감압을 도와줄 또 하나의 Screw Conveyor의 설치도 불가능한 상태이다. 또한 이를 위해 각 가종 부속시설의 설치가 필요하다. 냉정히 볼 때, 9bar의 감압기능을 갖춘 대형 특수 Screw Conveyor의 설치가 소구경 지경 3m 정도의 Gas 배관 터널에서는 불가능하다. 또한 소구경 터널에서 이러한 굴착 조건을 만족하는 EPB Type TBM 장비를 제작하기도 모든 제작사와 협의 결과 불가능한 것으로 밝혀졌다.

8.4.3 거제 – 진해 해저 가스 터널 설계 현황

1) 사업개요 및 터널굴착계획

본 터널공사는 한국가스공사에서 부산 및 영남권에 안정적인 천연가스 공급을 위한 사업으로 '진해 – 거제' 주배관 제1공구 건설공사이다. 소재지는 경남 창원시 진해구 제덕동에서 거제시 작목면 일원으로 주요 사업계획도는 다음과 같다(표 8.1, 그림 8.9).

표 8.1 주요 굴착 공정

공종			연장	내용	비고
토목	육상	주관로공	6.7km	− 개착 : 6.5km 강관압입 : 0.2km(D＝1,200mm)	L＝15.5km
	해상	Pipe Jacking TBM	1.0km	− 1구간 : 0.4km(D＝1,500mm) − 2구간 : 0.6km(D＝1,500mm)	
		Shield TBM	7.8km	− 진해구간(E.P.B Type 쉴드) ① 수직구 : 굴착심도 89.8m(D＝15m) ② 추진공 : 추진연장 3.5km(D＝2,800mm) − 거제구간(Slurry Type 쉴드) ① 수직구 : 굴착심도 94.2m(D＝15m) ② 추진공 : 추진연장 4.3km(D＝2,800mm)	
기계 및 건축		−		− 주배관 매설 : φ30″×15.5km 공급관리소 : 제도B/V : 1개소	

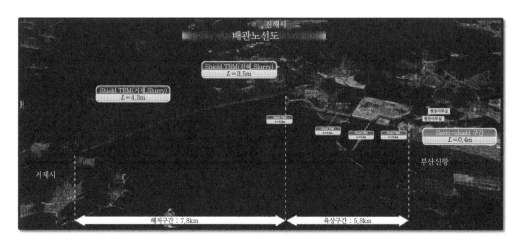

그림 8.9 해저 가스터널의 가스 주배관 노선도

8.4.4 지반조건

기본설계 시 작성된 지반정보는 거가대교(거제－가덕도 간 교량 및 터널 Project)로 선상에 위치한 저도의 자료, 인근 송도 준설토 투기장의 조사자료, 시추자료 등을 토대로 터널의 종단 계획이 수립된 상태이다.

터널의 해저하부 통과 심도는 80~83.2m 구간으로 암반의 투수계수는 $2.51 \times 10^{-7} - 1 \times 10^{-10}$ cm/sec로 거의 불투수층이며, 암반의 일축 압축강도는 51.4~132.2MPa로 보통암에서 경암 정도의 분포를 보이고 있다.

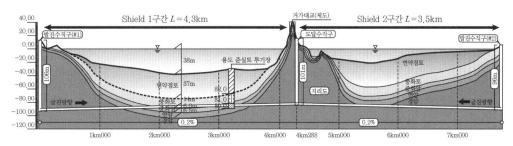

그림 8.10 진해 해저 Gas 터널의 계획종단(기본설계)

8.4.5 해저터널의 굴착공법

해저터널 공법으로 발파공법, TBM 공법, 침매터널공법, 부유터널(Floating Tunnel) 공법 등이 다양하게 사용이 되나, 일반적으로는 고수압과 차수효과가 큰 Slurry Type TBM이 가장 널리 사용되고 있다. 세계적으로 수압 16.3bar까지 Slurry Type TBM 장비가 심부 해저터널공사에 적용되어 성공적으로 굴착을 마친 사례가 있다(Lake Mead Las Vegas, Herrenknecht).

EPB TBM은 기본적으로 4.5bar 이상의 추력을 주기도 어렵지만, 장비 자체의 Sealing System이 고수압에 견디기 어렵고, 고수압하에 차수도, 고수압의 감압에도 문제가 있다.

그렇게 하기에 본 가스터널의 공간이 너무 협소하다. 발생될 버력 자체도 지층이 점토층 등 불투수층이 아니라서, 특수첨가물을 막장에 주입하여 버력을 불투수층으로 만들어줘야 하나, 수압이 강해 이 재질변화를 통한 차수도 불가능하다.

8.4.6 지반조건에 따른 TBM 공법의 선정

일반적으로는 EPB TBM이 더 널리 사용되고 있으나, 지반공학적인 조건에서 보면 EPB TBM은 점착력이 좋은 점토나 실트 층에 주로 사용이 되고 지하수위가 낮거나, 수압이 낮은 곳에서 사용되며, 풍화토, 풍화암, 연암, 보통암까지 장비 동력에 따라 적용이 가능하다. 굴착 작업을 개선하기 위해서 Bentonite, Foam 등 첨가제를 사용하기도 한다. 반면에 Slurry Type TBM은 사용하는 Slurry인 Bentonite와 버력을 분리해주는 Separation Plant를 설치해야 하는 번거로움이 있으나, 지하수위가 높은 하저나 해저 터널의 경우 완벽한 차수가 되기 때문에 적용성이 높고, 모래 자갈층 같이 점착력이 부족한 충적층에서는 Bentonite를 막장 전방에 주입하여 점착력을 높여 터널 막장 전방의 Sink Hole을 방지한다. 또한 버력표면이 거칠어, Slurry Pump를 이용 시 벤토나이트가 윤활 작용을 하여 Slurry Pipe를 보호하고, 적은 에너지로 버력처리가 가능하게 된다.

이때 주의 사항은 현장에서 Slurry TBM의 경우 Mud Engineer가 있어, Bentonite의 점도, 비중 등을 버력의 거칠기에 따라 매일 조정해주어야 한다. 무조건 Bentonite를 현장에서 아껴서 적게 쓰다 보면, 오히려 값비싼 Slurry Pipe가 고장나 시스템이 가동 중단이 되는 경우가 생겨 시공사에 엄청난 피해를 가져오는 경우가 많은데, 전체 TBM Operation Sytem에 대한 교육과 이해 부족이라 판단된다. EPB TBM의 경우 버력의 점토 성분이 줄어 버력의 투수성이 늘어날 경우는 막장 밖의 지하수가 바로 장비 내로 침투하므로 이럴 경우 Foam 같은 첨가제를 투입하여, 버력을 불투수층으로 만듦과 동시에 부드럽게 Screw Conveyor를 통과하도록 하여야 한다. Slurry TBM의 경우 Slurry Pipe가 막히는 Blockage 현상이 간혹 발생하는데, 이 경우는 버력이 Clay 층 등으로 바뀌어 점착력이 큰 버력이 나오는 경우는 아무런 생각 없이 계속 Bentonite를 주입할 때, 두 물체가 엉겨붙어 Slurry Pipe를 막아버려 현장이 All-Stop하여 시공사에 피해를 주기도 한다. 이런 경우는 Bentonite 대신 청수를 주입하여야 하는데, 우리나라 현장에서는 시스템의 이해 없이 무조건 자재를 남기려는, 소탐대실의 현장을 많이 보게 된다.

장비선정, 장비사양 설계 시 현장의 지반 조건을 면밀히 조사하여 장비설계에 반영이 되어야 하며, 현장 굴착 시도는 늘 전문 TBM Engineer와 Mud Engineer의 관리하에 변화하는 지층, 토압 상태에 따른 적절한 장비 운영이 필요하며, 이는 Software 부분 Engineer의 몫이라 하겠다.

표 8.2 막장 안정화를 위한 고심도 해저터널 굴착 장비 선정

주요시방	Slurry Type TBM	EPB Type TBM
최대 적용 수압	16.3bar(Lake Mead Tunnel, 미국)	4.5bar(국내는 3bar)
장비 개요도		
현장 주의 사항	• 버력처리 및 Slurry 주입 고압 Pump System 필요 • Clay층 Blockage 발생 • 고수압하에서 Cutter 교체 문제 • 고수압에 따른 작업교대 시간(4교대)의 줄임 • 고수압하에서 작업자의 감압 시스템 적용 잠수병 예방 필수	• Sealing 문제, 감압문제 • 고소압하에서 Cutter 교체문제 • 고수압에 따른 작업교대 시간(4교대)의 줄임 • 고수압하에서 작업자의 감압 시스템 적용 잠수병 예방 필수

주요시방	9bar 고수압에 따른
	1) 장비 Sealing System
	  - Main Drive Sealing
	  - Steering Cylinder Sealing
	  - Probe Drill Device Sealing
	  - Push Cylinder Sealing(Articulation)
	  - Tail Skin Sealing
	2) Cutter Sealing System
	3) 고수압하 Cutter 교체 시스템
	4) 고수압에 견딜 고압력 Slurry Pump System
	  Airlock :
	  Air Mode 4bar 이하
	  Trimix mode 4~7bar
	  Saturation 7bar 이상
		적정한 시방 미개발 중

적용 TBM Type	O	X

8.4.7 결론

유로터널에서 Chalk Marl Rock이 Compact하여, 큰 수압이 걸리지도 않았지만 Open Mode Single Shield TBM은 고수압하에서 굴진 효율이 좋지 않았고 단층대에서 물도 많이 들어와 Segment 설치에 어려움이 있었다. 과거 오류가 있는 발표내용과 달리 EURO Tunnel은 EPB TBM이 아니라 암반용 Single Shield TBM으로 분류하는 것이 적절하다. 만약 그 논문대로 11bar가 걸렸다면, EPB TBM은 해저에서 터져 버렸을 것으로 자료를 재확인해야 할 사항이다. 11bar를 어떻게 1980년대 장비가 터널 장비 내에서 감압을 1bar로 하고, 11bar의 추력을 내어 EPB 기능이 가능한지 전혀 이해가 가지 않는다. 오늘날도 제작 불가능한 장비를 Euro Tunnel에 사용했다니? Disc Cutter의 Bearing 윤활유 Box도 고수압 대비 Sealing이 안 되어, bearing 기능이 저하되어, 특수 Sealing이 필요한데, 이 기술은 오늘날도 개발 중인 기술이다.

일반적으로 4.5Bar 이상의 압력이 걸리는 곳에서 EPB TBM을 사용한 사례가 세계적으로 없고, 그것도 최근에 6Bar 정도에 EPB를 사용한 기록이 북미지역(2013)에 있으나, 차수가 안 되어 시공 시 엄청 고생한 기록이 있다. 제작사에서 위험해서 못 만든다는 9bar 수압하의 EPB TBM 공법은 9bar의 현장에 적용 시 굴착 불가능 및 차수에도 어려움이 예상된다. 이러한 EPB TBM은 근본적으로 차수가 잘 안 되고, 9bar의 감압도 어렵고, 9bar의 추력도 주기가 불가능 하다. 수압 때문에 Cutter 교환도 불가능하고, Cutter의 Sealing도 불가능하여, Cutter의 Bearing 기능이 제 기능을 낼 수가 없다. 9bar의 압력이 걸린다면, TBM 장비 내 Operator는 잠수병에 걸릴 확률이 높고, 이런 경우 Air Lock에서 감압해야 하고, 지상에 나와서도 1~2주는 감압실에서 생활해야 잠수병을 면할 수 있다. 이런 여건에서는 Slurry Type도 작업하기는 쉽지만은 않다. 국내 기술로 어떻게 9bar 이상으로 Bentonite를 주입한단 말인가? 물론 미국 Las Vegas의 상수도 터널인 Lake Mead Tunnel에서 Herrenknecht Mix Shield TBM 직경 7.18m의 장비가 16.3Bar 수압에 이기도록 주입한 경우가 있지만, 너무 위험한 종단 설계라 판단된다.

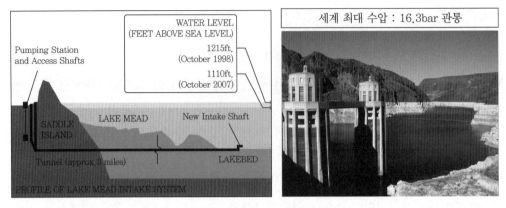

그림 8.11 세계 최대 수압 관통 터널 Lake Mead Tunnel in Las Vegas USA

CHAPTER
9

TBM의 제작

CHAPTER 9

TBM의 제작

TBM 제작에 대해 많은 논란이 있어 왔다. 전통적으로 기계산업의 특성상, 지반조건, 암반 강도, 지하수 수위, 최대 적용 수압 등에 따라 TBM 장비 Type이 결정된다. 지반 특성에 맞는 Cutter의 선정, 지반압과 수압에 따른 Shield Skin Plate의 두께 등이 결정되고, 필요한 동력도 굴착력에 따라 장비동력이 결정되고, 각종 지반자료 등에 따라 장비 추력 등이 결정된다.

장비의 설계는 과거와 달리 CATIA 3D Program의 개발로 장비의 제작 오차를 줄이고, TBM 장비의 품질 관리가 가능하게 되었다.

TBM 장비는 공장에서 1차 제작을 완수한 후 On-Load Test 등을 거친 후 안전성, 성능 검사 등을 위한 정밀 Inspection 후 해체되어 터널 현장으로 이동한 후 현장에서 2차 조립을 거쳐 가동훈련 후 터널 굴착작업에 투입되어왔다.

그러나 오늘날에 이르러 어차피 공장에서 제작하여도 현장에 도달하여 다시 재결합을 하여야 하는 Process를 개선하기 위해서, 현장에서 직접 TBM 장비를 제작 조립하여, 제작 공기를 줄일 수 있다. 이중으로 드는 부품 운송비용을, 즉 모든 부품이 공장으로 이송되어 조립제작되던 과정을 단순화하여, 모든 부품도 현장으로 직접 이송하여 기존의 공장 First Assembly-On-Load Test-Disassembly 과정을 생략하여 TBM 장비 제작기간, 인력투입, 부품 물류비용 등 절감이 가능한 OFTA(On-Site First Time Assembly) 방법이 좋은 대안으로 시행되고 있다.

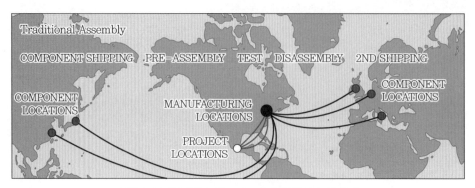

그림 9.1 전통적인 구식 TBM 제작 방법(선 공장제작)

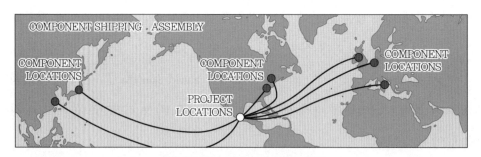

그림 9.2 현장 직접 조립 OSFA 방식

9.1 TBM의 시공현장, 직접 장비조립 제작 방안(OFTA : On-Site First Time Assembly)

기존에는 터널굴착기계(TBM : Tunnel Boring Machine)를 운송하기 전에 제작사 공장에서 완전조립 후 성능 및 하중시험을 거치고 해체 후 현장으로 운송했다. 최근 몇 년간 3D CAD 도구, 모듈 TBM, 예비설계보다 더 선진적인 품질관리 절차들의 급격한 발달을 볼 수 있었다. 이러한 발전으로 사전 완전한 워크샵 조립없이 부품의 부적합성 혹은 장비의 불일치성을 방지할 수 있게 되었다. 따라서 이러한 혜택을 누리기 위해 현장 최초 조립(OFTA : On-site First Time Assembly)이라는 새로운 TBM 운송 제작방법이 개발되었다. 본 장에서는 OFTA를 사용한 최근 몇몇의 프로젝트의 구체적인 예시로 OFTA의 주요과제와 장점을 논하고자 한다.

1) 세계적으로 볼 때, 우리 TBM산업은 왜 뒤처지고 있는가?

기존 제작방식에 따라 Hard Rock과 Earth Pressure Balance(EPB) 터널굴착기계는 공장에서 완전조립이 된 후 시험, 해체 후 현장으로 운송되었다. 이후 운영 전 재조립하였다. 반면 다른 대규모 산업장비는 현장에 설치되기 전에 먼저 1차 조립을 하여 시험하는 경우가 드물다. 중형 가스 발전소, 버킷 굴착기와 전문 제작공장을 예를 들어 보자.

이러한 예시들은 터널굴착기계와 같이 제작시간이 금과 같다. 장비를 주문하고 장비가 운영되기까지의 시간에는 아무런 생산이 일어나지 않고 마이너스 현금흐름이 된다. 이러한 과정의 첫 3단계(공장 조립, 무부하시험, 해체)를 없애는 것이 시간과 인력의 100%가 절감이 되지는 않지만 그래도 상당한 절감효과를 나타낸다. 더구나 운송료도 절감할 수 있다. 산업장비와 터널장비의 복합성 및 납품기간의 유사성을 고려하면 다음과 같은 질문을 하게 된다. 왜 터널장비 제작사, 시공사 그리고 프로젝트 오너가 오랜 기간 동안 최초 조립을 위한 부품의 직항선적을 거부했을까? 고정된 제작시설에 큰 투자가 필요한 장비제작사들이 현장 최초조립을 거부하는 이유를 쉽게 이해할 수 있다. 제작사들은 이전과 같이 현상을 유지하며 높은 장비가격과 장비로 찬 제작시설을 유지하는 것을 선호한다. 하지만 프로젝트 오너와 컨설턴트의 의도를 이해하기 더 어렵다. 오늘까지도 OFTA의 장점에 대한 수많은 증거를 대면해도 많은 컨설턴트는 터널장비가 완전 공장 조립 및 시험을 해야 한다는 것을 입찰서류에 규정한다.

OFTA에 대한 저항은 프로젝트 오너와 컨설턴트가 일반적으로 보수적인 성향 때문일 수도 있다. 하지만 이는 과거의 단순한 습관일 가능성이 커 이를 고쳐야 할 때이다.

2) 바뀌어 가는 세상과 설계와 제작 도구의 진화

30년 전 터널장비는 제도판과 종이를 이용해 맨손으로 설계되었다. 더구나 그때 설계 계산들도 지금 수준으로 보면 골동품 계산기로 산출한 거와 마찬가지다. 사업관리 소프트웨어는 꿈과 같은 존재였다. 20년 전 2D CAD가 표준화되고 초기 사업관리 소프트웨어의 파동이 오며 조금 더 개선되었다. 지난 10년 동안 3D CAD의 확장과 많은 기업/제작자원 계획프로그램(ENTERPRISE/MANUFACTURING RESOURCE PLANNING PROGRAM – ERP/MRP)과 연결되고 사업관리 소프트웨어의 개선으로 설계 품질 향상을 확보하고 복합적인 부품의 종합과 복잡한 시스템의 전달을 위한 소중한 도구를 제공하였다.

3) 성숙한 TBM 산업

30년 전에 거의 모든 TBM의 설계는 독특했고, 하나의 프로젝트를 위해 주문 제작되었다. 오늘날 이러한 경우는 거의 없다. 30년 전 매해 몇 아마 몇십 개의 TBM이 제작되었을 것이다. 오늘날 매년 몇백 개의 TBM이 제작되고 많은 장비들은 자동차처럼 같은 메이커와 모델을 갖고 있다. 현재 특정한 지질조건에 어떠한 '종류'의 TBM이 가장 적절한지에 대해 공통적으로 일치하는 의견을 갖고 있다. 기본적으로 Open Hard Rock, Hard Rock Single Shield 혹은 Double Shield, EPB 그리고 Slurry Shield가 있다. 따라서 이러한 설계가 독특하고 주문제작을 해야 하는 장비의 기원에서 오늘날 아주 탁월한 제품으로 변했다. 이러한 장비들은 성숙한 설계를 갖고 있고 축적된 변화로 지속적인 개선을 경험하고 있다. 터널굴착장비의 이러한 성숙함과 진화의 결과로, 오늘날 시공사가 장비를 받을 시 적어도 그 장비의 핵심부품은 이전 여러 번 생산했을 가능성이 크다. 이는 보다 더 믿을 만한 제품을 모두에게 최소한의 리스크로 공장 안 조립 과정을 생략할 수 있는 가능성을 보여준다.

9.2 OFTA 종합 프로그램

오늘날 3D CAD 소프트웨어로 설계 과정에서 복합적 기계의 구성 부품이 정확하게 맞추어지는지를 확인할 수 있다. 아주 철저하고 오랜 사용으로 보증이 된 품질보증 프로그램이 부품이 설계기준대로 제작되는 것을 보증하고 이는 생산 다음 단계인 맞춤종합까지 보증한다. 설계 및 생산 과정에서 자원을 계획 및 감시할 수 있는 사업관리 (Project Management-PM) 소프트웨어의 용이성과 기업 전체의 ERP 소프트웨어에 PM 소프트웨어를 연결하여 복합적인 시스템의 모든 부품이 조립과정에 필요할 시기에 현장에 운송되도록 보장할 수 있는 아주 강력한 도구이다.

하지만 OFTA를 실행하기 위해 아무런 경력이 없는 사람이 아니라 경력이 풍부한 사람과 소프트웨어가 필요하다. 이는 전체 설계 및 제작 과정에서 중요한 부분이지만 이는 현장에 더욱더 필요한 부분이다. 현장에는 복합적인 TBM이 안전하고 빠르고 정확하게 조립이 되어야 목표한 계획과 비용절약을 이룰 수 있다. 다행이도 지난 20여 년 간 모든 TBM 종류의 장비 사용에 세계적으로 광범위한 성장을 이루었고 이는 세계적으로 매우 경험이 풍부한 TBM 전문가 인력풀이 형성하였다. 세계 어디에 프로젝트가 위치되어도 오늘날 직접적으로 모든 종류의 장비를 조립하고 운영할 수 있는 전문가 팀을 현장에 투입할 수 있다.

9.2.1 왜 OFTA인가?

신장비 혹은 재정비된 장비이든 제작되는 TBM의 크기와 복합성에 의해 스케줄과 비용의 절약은 상당할 수 있다. 작고 단순한 3meter 장비에서 스케줄은 적게 약 한 달을 줄일 수 있고 혹은 5,000Manhours의 인력과 운송비용 10만 달러를 절약할 수 있다. 복합적인 10meter 혹은 이보다 더 큰 장비의 경우에 몇 개월 혹은 15,000Manhours 인력을 절약할 수 있다. 1차 조립을 하기 위해 이러한 큰 장비들과 부품을 제작공장으로 운송하는 과정을 제외하면 운송비용을 100만 달러 이상 감소할 수 있다. 하지만 본장에서 언급한 비용절약은 주요한 터널 프로젝트를 더 짧은 공기로 준공하는 큰 상업적 이익에 비해 아주 작다. 본 장의 남은 부분은 OFTA 운송방법을 적용한 최근 몇몇의 프로젝트를 논의할 것이고 여기서 접한 문제와 해결방법을 논할 것이다. 마지막으로 본 9장은 제작사가 성공적인 OFTA 프로그램을 제공하고 프로그램과 관련된 리스크를 최소화하는 필수사항을 제공할 것이다.

9.3 OFTA 운송방법을 운용한 최근 프로젝트

9.3.1 나이아가라 프로젝트 – 캐나다

2005년에 오스트리아 시공회사 STRABAG은 6억 캐나다 달러 설계–시공 일괄 입찰 공사인 나이아가라 터널 프로젝트를 수주하였다. 본 TBM 굴착 터널은 콘크리트 라이닝을 적용하여 내경 12.7m(41.7ft)이고 터널 연장 10.4km(6.5mile)이었다. 본 프로젝트는 수로터널사업으로 그 유명한 나이아가라 폭포를 지나 Sir Adam Beck 발전소로 물을 흘러 보내 Quebec시에 전력을 제공한다. 그림 9.3에서 터널노선을 볼 수 있다. STRABAG은 본 프로젝트를 위해 The Robbins Company에서 14.4m(47.4ft) open, hard rock, high-performance TBM(HP-TBM)을 구매했고 OFTA 운송을 요청하였다. 본 프로젝트의 대구경, 주문제작 장비는 TBM 공급 계약 체결 12개월 후 현장에서 굴착 준비상태가 되도록 운송하는 조건으로 계약되었다.

그림 9.3 나이아가라 터널 노선

9.3.2 나이아가라 TBM – 설계 및 제작

'Big Becky'라는 별명을 가진 14.4m Robbins HP-TBM은 역사상 가장 대규모로 제작된 hard rock TBM이다. 본 TBM은 508mm(20 inch) 직경 터널 내부 설치 커터가 장착되어 있고 커터헤드는 가변 주파수 속도제어(variable frequency speed control)가 있는 15×315kW(4725kW, 6330HP) 모터에 의해 작동되었다. Backup을 제외한 본 TBM의 무게는 1,100ton이 넘었다.

본 TBM은 Robbins USA 사무실에서 설계되었고 주요 부품은 미국, 캐나다 그리고 유럽에서 제작되었다. 400t 커터헤드는 영국에서 제작되었다. 타이트한 일정에 가능할 시 서브–부품을 워크샵 제작 동시에 1차 조립을 실시하였다. 부품의 공장도 운송의 타이밍은 엄격하게 통제되었다. 이러한 통제는 조립과정에 필요한 순서대로 현장에 부품이 도착되는 것을 보장하기 위해 과도한 취급 또는 현장의 한정된 공간을 차지하지 않기 위해서다.

9.3.3 나이아가라 TBM-현장 조립

TBM 제작사는 현장 조립을 위해 경험이 풍부한 감독관과 전문기술자로 이루어진 팀을 제공하였다. 시공사는 현지 인력과 도구를 제공하였다. 조립은 굴착 터널로 이어가는 갱구부 개착공에 실행하였다. 그림 9.4에서 핵심부품이 제자리에 있고 Gripper 실린더와 캐리어가 설치되기 위해 제자리로 내리는 것을 볼 수 있다. 그림 9.5에서는 메인 드라이브 피니언 설치를 위한 특별도구를 볼 수 있다. 나이아가라 장비의 핵심 설계는 이전 Robbins에서 제작한 장비와 유사하다. 이전 공사에 많은 부품들이 종합했었고 부품제작에 이어 나이아가라 현장에서 제대로 된 조립을 확신하기 위해 높은 수준의 점검을 제공만 하면 되었다. 매우 적극적인 공장 내 품질관리 프로그램이 있는데도 불구하고 조립과정에 약간의 문제가 발생되었다.

그림 9.4 Gripper 실린더 및 케리어 현장 설치

그림 9.5 최종 드라이브 피니언 설치를 위한 특별도구

다행이도 이러한 문제들은 신속히 해결되었다. 부품 맞춤을 하는데 두 건의 문제 사항이 있었다. 하나의 문제는 커터헤드 서포트의 크고 복잡한 용접/기계가공 제작 과정 중 한 개의 거친 절삭 과정이 누락되었다. 출고 검사에서 몇백 개의 치수가 확인되었지만 이 하나의 치수가 확인되지 않았다. 두 건에 사항에 대해 현장 기계가공 현지 전문가를 고용하여 필요한 부분 개보수를 실시하였다. 만약 OFTA가 사용되지 않았다면, 같은 실수들이 공장 조립과정까지 발견되지 못하였을 것

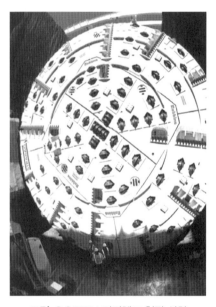

그림 9.6 TBM 커터헤드 현장 설치

이고 이에 대한 결과적인 정비시간은 현장과 같다는 것을 강조하고자 한다. 부품의 엄청난 크기 때문에 기계공장으로 가는 가져가는 것보다 도구와 인력을 현장으로 데려오는 것이 더 쉽다. 이러한 소수의 문제가 발생함에도 불구하고 현장 조립은 스케줄대로 진행되었다. 그림 9.6에서 TBM 커터헤드가 현장에서 설치되는 것을 볼 수 있다.

9.3.4 나이아가라 터널공사 결과

TBM 공급 계약은 12개월 '굴착준비' OFTA 운송을 제시하였고 이는 이루어졌다. 이는 전통적으로 실행하는 11~13개월 공장 조립 스케줄, 해체, 운송, 재조립 과정에 비교하면 약 4~5개월의 시간을 절약할 수 있었다. 더구나 대구경 장비의 공장 1차 조립 과정을 제외하면서 인력 및 운송비용을 약 130~180만 달러를 절약할 수 있다고 추정된다. 그림 9.7에서 현장에 굴착준비 상태인 완전 조립된 장비를 볼 수 있다.

그림 9.7 발진구에서 조립된 TBM 및 백업 장비

9.4 Alimineti Madhava Reddy(AMR) 프로젝트 - 인도

인도 토목시공사 Jaiprakash Associates Ltd.는 Andhra Pradesh에 있는 남인도의 Alimineti Madhava Reddy(AMR) 프로젝트의 일부분인 Srisailam Left Bank Canal(SLBC) 터널 프로젝트를 수주했다. 우기일 때 물은 Srisailam 저수지에서 300,000acre의 농지로 옮겨지고 많은 마을들에 식수를 제공한다. 터널 연장은 약 43.9km(27.3mile)이고 중간 접속은 가능하지 않다. 터널 노선 지상은 호랑이 보호구역, 야생동물 보호지역과 산림보호구역이 있다.

민감한 환경에 대한 방해를 최소화하기 위해 Jaiprakash은 터널 굴착에 TBM을 선정하였다. 2005년에 Jaiprakash은 The Robbins Company에서 10m 직경, hard rock, double shield TBM 장비 2대를 주문하였다. 터널은 완전히 콘크리트 라이닝이 이루어지고 60%의 터널은 과상 구조이며 층구조로 이루어진 셰일과 규암으로 이루어졌다. 이러한 사항 때문에 높은 굴착율을 자랑하고 세그먼트 라이닝을 동시에 설치할 수 있는 double shield TBM을 선택하였다. 이는 최종 운영 가능한 터널을 가장 빠르게 제공할 수 있는 보장을 준다. 그림 9.8에서 사용되었던 TBM의 측면도를 볼 수 있다.

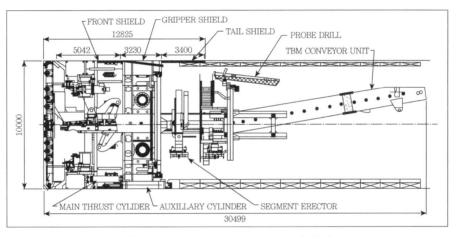

그림 9.8 Double Shield TBM 장비도면, 측면도

9.4.1 AMR TBM - 설계 및 제작(인도)

TBM 공급 계약에서는 주문날짜 이후 8개월 이전에 첫 부품이 도착하는 것을 명시하였고, 모든 부품이 주문날짜 이후 13개월 이전에 도착하는 것을 명시했다. 시공사와 장비 공급사는 가능한 한 가장 짧은 시간에 장비의 굴착준비를 하기 위하여 OFTA 운송 방법에 동의하였다.

그림 9.7에는 현장의 갱구부 개착공 조립과 발진구을 볼 수 있다. 이러한 10m double shield TBM 장비는 현대 TBM에 흔치 않아 Robbins에게 대부분 완전히 새로운 설계였다. 따라서 설계 현장에 모든 부품이 확실히 종합되기 위하여 설계단계에서 특별한 주

의를 기울였다. TBM 주요 구조적인 부품은 중국에서 제작되었고 백업 구조는 인도에서 제작되었다. 일반적인 현대 TBM과 같이 다른 부품들은(예 : 전기 모터, 기어 감속기, 메인 베어링, 실, 유압 실린더 등) 미국, 일본 및 유럽에서 공급되었다. 터널 시스템의 (설계 도면이 공개될 때부터 제작의 모든 단계, 현장으로 이송 및 운송까지) 모든 부품은 설계로 추적하였다. 그림 9.10에서 현장에 세그먼트 이렉터 회전 링을 볼 수 있고 그림 9.11에는 커터헤드 어셈블리를 볼 수 있다.

그림 9.9 화강암 갱구부 개착공에서 진행하는 TBM 조립

그림 9.10 이렉터 회전 링 설치 - AMR 인도

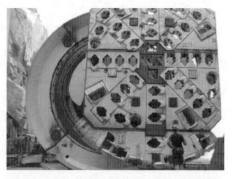

그림 9.11 중앙 커터헤드 부분 설치 - AMR, 인도

9.4.2 AMR OFTA 결과

계약된 운송날짜는 지켜졌다. 전통적인 '공장 조립' 운송과 비교했을 때 프로젝트 스케줄에 약 4~5개월을 줄일 수 있다고 추정한다. 두 장비 비용절약으로 약 350만 달러 이상이 인력과 운송비용으로 절약할 수 있다고 추정한다. 본 프로젝트에도 TBM 제작사가 현장에 각 장비에 대해 조립 및 시험을 감독 및 지원하기 위해 많은 감독관과 기술자들에게 제공하였다. 더구나 장비들이 새로운 설계임에도 불구하고 현장에서 조립 스케줄에 영향을 주지 않고 부품 종합 문제 사항들을 최소화하고 신속히 해결되었다.

9.5 Jin Ping II 수력발전 프로젝트 - 중국

Jin Ping II 수력발전 프로젝트에 평균 연장 16.6km을 가진 4개의 평행 도수로 터널을 굴착하였다. 터널 2개는 12.4m open, hard rock TBM으로 굴착하였고 나머지 2개의 터널은 발파로 굴착하였다. Jingfend 교량 근처 취수 구조물에서 물은 내리 기울기 3.65%을 가진 4개의 도수로 터널을 통해 지하 Dashuigou 발전소로 흘렀다. 발전소에는 8개의 600MW 터빈 발전기가 설치되었고 총 전력 생산 용량이 4800MW이었다. China Railway 18th Bureau(Group) Co Ltd.(CR18)이 각각 발파와 TBM으로 굴착하는 1번과 2번 터널을 수주하였고 CR18은 TBM 공급계약을 The Robbins Company에게 발주하였다.

9.5.1 Jin Ping TBM - 설계 및 제작

현장으로 가는 도로 접근성이 한정적이므로 가장 큰 TBM 부품은 강을 통해 운송되어야 했다. 하지만 강의 계절에 따른 밀물과 썰물의 흐름 때문에 이러한 짧은 계절에 맞는 짧은 기간 안에 부품을 현장으로 운송해야 했다. 이 기간 내에 부품이 운송되지 않았다면 또 다른 기회가 올 때까지 수개월을 기다려야 했다. 따라서 운송 시간을 절약하고 운송 시기를 놓치는 위험을 최소화하기 위해 OFTA가 지정되었다. 본 프로젝트의 경우 많은 핵심 부품 설계는 나이아가라 및 이전 프로젝트와 동일해 현장 부품 종합에 대한 위험을 줄일 수 있었다.

하지만 백업 시스템은 완전히 새로운 설계였다. Robbins은 미국과 중국에 있는 시설에서 장비를 설계했다. TBM의 주요 구조부품은 중국 동북에 있는 Dalian시에서 제작하였다. 스케줄상 가능하면 현장 조립시간을 줄이기 위해 공장에서 핵심 부품이 잘 맞는지 확인하기 위해 1차 조립을 시행하였다. 예를 들어 메인 베어링, 기어, 피니언은 커터 헤드 서포트에 설치했고 링 기어-피니언 메쉬도 확인하였다. 또한 머크 슈트, 사이드 서포트, 루프 서포트 및 프론트 서포트는 잘 맞는지 공장 안에서 일시적으로 설치되었다. 그림 9.12에서 커터헤드 서포트에 공장 부품의 1차 조립과정을 볼 수 있다. 나머지 모든 부품은 현장에 최초조립을 실행했다.

그림 9.12 커터헤드 지보재 및 쉴드 1차 조립 - Jin Ping II 중국

그림 9.13 Gripper 케리어의 현장 베어링 수리가 이뤄졌다.

9.5.2 Jin Ping OFTA 결과

현장 조립 과정은 100% 문제가 없지는 않았지만, 문제 발생 시 공장에서 거의 비슷한 속도로 정비를 할 수 있다는 것이 다시 한번 증명되었고, 이는 중국 Jin Ping와 같은 외진 현장에서 가능했다. 초기 조립과정에서 Gripper 케리어의 부싱이 공장에서 기계가

공이 완료되지 않은 것으로 발견되었다. 2008년 Sichuan Province 지진으로 인해 심각하게 손상을 본 도로와 기계 도구로 인해 가장 가까운 Chengdu 공장에서 부품을 운송할 수 없었다. 부품을 교정하고 휴대형 보링 유닛을 현장으로 운송하기 위해 상해에서 기계 시공사를 별도로 고용하였다.

3일 만에 현장에서 부품에 라인 보링을 실시했다. 그림 9.13에서 현장에서 사용되는 라인 보링 기계를 볼 수 있다. 조립 과정의 정점에서 Robbins은 조립 지원을 위해 42명을 지원하였다. 미국에서 감독관 16명, 유럽에서 엔지니어 26명, 중국의 정비공과 전기공, 최고기록을 세운 눈보라와 규모 8 지진이 있음에도 불구하고 TBM 및 백업은 3개월 만에 완전 조립 및 굴착준비 상태를 도달하였다. 대구경 Hard Rock TBM 현장 조립 경력자들은 이러한 3개월 조립시기를 현장으로 운송하기 전에 공장에 1차 조립한다고 시간을 더 개선할 수 없다는 의견을 냈다. 더구나 OFTA로 인해 줄인 공기는 약 4~5개월이 되고 인력 및 운송비용을 약 230만 달러를 절약했다고 추정한다. 그림 9.12에서 현장 조립공장에서 굴착운영을 준비하기 위한 모습을 볼 수 있다.

9.6 멕시코시티 지하철 12호선 - 멕시코

멕시코시티 지하철은 2008년에 14억 6,000억의 승객이 있어 세계에서 5번째로 많은 이용자 수가 있다. 2008년에는 Alston과 멕시코 파트너 ICA와 CICSA로 이루어진 조인트 벤처는 도시 동남 구역에서 12호선 지하철 시공계약 2조 900억 원의 사업을 수주하였다. 새로운 지하철 12호선 24km Mixcoac에서 Mexicaltzingo로 연장은 약 24km이다. 본 호선은 지하철 22개의 역이 있고 2, 3, 7 및 8호선과 연결된다. 시공사는 새로운 호선의 6.2km 연장 터널에 Robbins 10.3m(33.5ft) EPB를 사용했다. 터널은 지하수면 아래로 지나가 수분 함량이 높은 점토와 모래, 실트 및 자갈 그리고 800mm(30 inches) 크기 정도까지 바위가 있는 층을 통과한다. 그림 9.14에서 EPB 장비의 3D CAD 도면과 단면도를 볼 수 있다.

그림 9.14 OFTA - 굴착준비

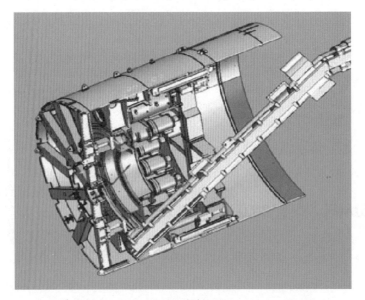

그림 9.15 MX12 3D CAD 단면도 EPB - Mexico MX12

9.6.1 멕시코 12호선 EPB - 설계 및 제작

10.2m EPB는 Robbins 미국 및 중국 사무실에서 설계되었다. 주요 구조 부품은 일본, 중국, 한국 및 멕시코에서 제작되었다. 메인 베어링, 굴착 부품 및 유압 및 전기 부품은 미국, 유럽 및 일본에서 공급하였다. 본 장비는 신규 그리고 이전 제작되었던 (커터헤드

서포트/메인 베어링 및 실 어셈블리/메인 드라이브) 설계의 혼합이었다. 메인 베어링과 Seal은 현장으로 운송되기 전에 한국에 있는 공장에서 커터헤드 지보재에 설치되었다. 여기서 또한 광범위한 품질관리 프로그램이 가동되었고 공장에서 운송하기 전 주요 부품에 철저한 제품 치수 확인이 실행되었다.

9.6.2 멕시코 12호선 OFTA 결과

본 논문 작성하는 시기에 MX 12 주요 부품이 현장에 도착하여 현장 조립은 갓 시작하였다. 그림 9.16에는 아래 절반의 프런트 쉴드-링 A가 제자리로 내려지고 있는 것을 볼 수 있다. 그림 9.17에서는 현장에 조립 수직구 위에 커터헤드 부분들이 받침대와 연결되어지는 것을 볼 수 있다. 그림 9.18은 커터헤드 서포트의 두 가지 면을 볼 수 있다. 사진 윗부분은 앞 피니언 Support 베어링과 링 기어의 일부분이고 사진 아랫부분은 드라이브 피니언을 설치한 후의 모습이다. 조립은 스케줄대로 진행하고 있고 본 사업 수행 중 아직까지도 큰 문제가 발생하지 않았다.

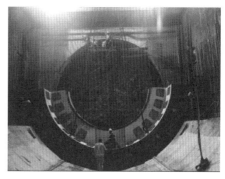

그림 9.16 A링 하부 설치 - 멕시코 MX12

그림 9.17 커터헤드 섹션과 받침대 조립 - 멕시코 MX12

그림 9.18 드라이브 피니언 설치 - 멕시코 MX12

9.7 결론

TBM 터널 전문 시공사들은 여러 TBM을 보유하고 있고 이들을 재정비하여 한 사업에서 다른 사업으로 이동하며 사용한다. 이러한 중고 TBM들은 이전에 한 번 혹은 여러 번 완전 조립이 되어 공장 안에서 다시 완전 조립이 되는 경우는 아주 드물다. 시공사 창고 및 정비시설에서 현장으로 곧바로 간다. Robbins은 TBM 신장비의 최초 현장 조립(OFTA)의 가능성을 실증하였다. 여러 종류의 TBM(hard rock-open, double shield 및 EPB 장비)는 OFTA 방법으로 운송되었다. 모든 프로젝트에서 굴착 시작까지의 시간을 상당히 줄일 수 있었다. 많게는 5개월까지 줄일 수 있었다. 더구나 비용도 크게 절약할 수 있었다. 대구경 경암 장비에 200만 달러 이상 절약할 수 있었다. 또한 수량화하기는 힘들지만, OFTA 운송을 활용하면, 시공사 인력들은 제작사에서 제공하는 보다 더 많은 감독인력과 밀접하게 일을 하며 보다 더 심도 있는 교육을 받을 수 있는 장점이 있다.

OFTA로 인해 리스크가 아예 없다고 주장할 수는 없지만, 리스크는 정의할 수 있고, 통제가 가능하고 가장 중요한 것으로 회복이 가능하다는 것을 경험으로 볼 수 있다. 가장 주요한 리스크는 현장 조립 시 부품이 맞지 않는 설계 및 제작 단계에서의 오류이다. 이는 이전 설계, 3D CAD, 정확한 설계 절차, 확인 실행 및 공격적인 품질관리 프로그램으로 인해 이러한 리스크를 완화할 수 있다. 마지막으로 현재까지 OFTA 운송을 보면 현장 조립에서 접한 문제들은 전문 제작 및 기계가공 기업들의 지원으로 실행한 현장 정비과정으로 일반적으로 스케줄을 회복할 수 있다. 성공적인 OFTA 프로그램의 주요 사항은 다음과 같다.

- 가능한 입증된 이전 설계 사용
- 주요 부품의 3D 설계 및 컴퓨터 이용 시험 맞춤
- 제작사에서 주요 부품의 100% 치수 점검
- 스케줄상 가능하면 혹은 사전 조립으로 인해 영향을 받지 않은 선에서 서브 부품/모듈의 사전 조립
- 현장에서 정확한 맞춤을 확정하기 위해 제작된 모든 부품의 공격적인 품질관리
- 크고 작은 시스템에 필요한 모든 부품이 현장으로 전달되는 것을 확신하기 위해 완전 터널 장비 시스템 재료표(bill of materials)의 완전한 통제
- 효율적인 조립과 보관공간의 사용을 위하여 모든 부품이 현장으로 필요한 시간과 필요한 순서대로 도착하는 것을 확정하기 위한 물류계획 및 통제
- 현장에서 조립에 필요하며 필요한 시간에 모든 도구와 인력의 종류, 자격 및 수량이 도착하는 것을 확정 짓기 위한 자원계획
- 어느 위 단계가 실패할 시 빠른 시간 내에 반응하기 위한 준비하기 위해 사전 대안 회복계획
- 현장 조립을 지원하고 감독하기 위해 제작사로부터 경험이 풍부하고 평소보다 더 큰 팀이 제공되어야 한다. 프로젝트 오너는 경제적인 가격, 현실적으로 가장 빠른 스케줄 내에 불필요한 리스크 없이 지하 인프라를 대중에게 제공하는 의무를 갖고 있다.

시공사는 이러한 요구를 충족하기 위하여 있는 현재 사용할 수 있는 모든 도구를 사용해야 한다. 이제는 터널 오너와 시공사들은 새로운 밀레니엄으로 이동할 시기이다. OFTA는 시간과 비용을 절약할 수 있는 기회를 제공한다. 현재까지의 경험으로 이는 현대 설계, 품질관리 프로젝트 관리 도구로 인해 최소한의 리스크로 가능하다는 것으로 입증되었다. 이젠 TBM을 공장에 완전조립 및 시험가동을 하는 조건을 앞으로 모든 계약조건에서 제외해야 할 시기이다. 현장 최초 조립(OFTA)은 실용적이며 비용 및 시간을 절약할 수 있는 대안이다.

CHAPTER
10

섬유보강콘크리트(FRC) 세그먼트 라이닝의 설계

섬유보강콘크리트(FRC)
세그먼트 라이닝의 설계

최근 ACI(American Concrete Institute)에서 섬유보강콘크리트(FRC, Fibre Reinforced Concrete) 터널 세그먼트에 대한 초안보고서를 새로운 기술에 대해 구체적인 설계 가이드라인이 되도록 작성되었다. Aecom의 Medhi Bakshi, Verya Nasri와 Fedrica Muercuerillo가 터널 설계의 ACI 544 가이드라인을 어떻게 적용하는지 논하였다. 또한 국제터널학회(ITA)에서도 ITA-TECH 프리캐스트 FRC Segment Lining 설계 가이드라인(2016년 4월)을 발표하여 터널의 Precast Segment Lining 제작에서 FRC의 적용 설계 기준 등이 발표되고 있다.

연약지반 및 연약암석에 TBM 터널을 굴착할 때 TBM Cutterhead 뒤에 프리캐스트

그림 10.1 생산 공장에서 세그먼트를 거푸집에서 제작하는 단계

세그먼트(Precast Concrete Segment)를 설치한다. TBM이 전진할 때 프리캐스트 콘크리트 세그먼트로 구성된 링을 받침대로 지지하여 운반한다. 여기서 프리캐스트 콘크리트는 초기와 최종 지면 지보재이자 일체형 라이닝 시스템으로 구성되어 있다. 이러한 세그먼트는 지반과 지하수에 발생한 영구하중 또는 운반, 생산, 시공에서 유발된 임시 하중도 지지할 수 있도록 설계되어 있다. 터널 세그먼트는 일반적으로 장력에 저항할 수 있도록 보강되어 있다. 기존 철근(rebar)은 케이지 조립 및 교체에 상당한 인력이 필요하기 때문에 생산단가가 높다. 또한 고산지대 등 하루의 일교차가 큰 지역은 RC콘크리트 타설 시 콘크리트의 수축 작용 등으로 엄청남 Crack이 발생하여, 강섬유 보강 콘크리트로 교체되고 있으며, 단가가 높고, 시공성이 떨어지는 SFRC를 대신해서 FRC가 대안 부재로 떠오르고 있는 실정이다.

따라서 섬유보강 콘크리트로는 세그먼트의 생산력을 향상시키고 재작 배치를 쉽게 만들 수 있다. 이는 세그먼트 안에 섬유가 균일하게 분산되었고, 콘크리트 cover가 구성되어 있기 때문에 파괴 응력과 폭렬에 높은 지지력을 보여주기 때문이다. 이러한 장력은 TBM 재킹 과정에서 세그먼트에 적용되는 높은 하중 때문에 발생한다. 콘크리트 메트릭스 안에 있는 섬유는 세그먼트 관리 이동 또는 터널 발굴 때 발생할 수 있는 갑작스러운 충격하중을 완화해주는 역할을 한다.

콘크리트에 섬유를 추가함으로써 crack 넓이는 더 줄어들고(Bakhshi and Nasri, 2015) 전반적인 구조적 가능 수명 이내, 내구성 문제도 감소된다. 또한 Crack 넓이가 증가할수록 환경적 요소(environmental agents)들이 콘크리트 속으로 진입한다. 이는 과도한 물기침입 또는 철근 부식의 원인이 된다(ACI 544.5Rm 2010). 부식을 유발하는 메커니즘은 주로 탄소화 과정과 염화 이온 침입이다. 반면 내구성 실험 결과에 따르면 탄소화 부식은 강섬유 콘크리트(Steel fiber reinforced concrete-SFRC)의 표면으로 제한되어 균열 혹은 폭렬(spalling)로 인해 구조적 손상을 주지 않고 더 깊이 침투하지 않는다(ACI 544.5R, 2010). 균열과 염화물 확산성으로 인한 부식으로 SFRC의 부하통전능력이 감소될 수 있지만 녹 형성으로 섬유-페이스트 저항이 증가하면서 이러한 감소요소가 상쇄된다. 따라서 섬유 당김 반응이 빨라지면서 SFRC 구조의 휨능력이 증가한다(Granju and Balouch, 2005). 반면 강섬유 콘크리트는 기존 무근 콘크리트에 철근으로 보강하는 것과 같이 강섬유는 폭렬방지에 영향이 없거나 아주 미세하다고 비난을 받고 있다. 이에 따라 폭렬을 방지하기 위해 단일 필라멘트 폴리프로필렌 마이크로섬유로 SFRC의 폭렬을 방지한다.

1982년부터 FRC는 내부 직경 2.2m에서 11.4m되는 세그먼트 라이닝 시공 소재로 세계적으로 많은 터널 프로젝트에서 사용되었다(ACI 544.7R, 2016). FRC 프리캐스트 세그먼트의 최대/최소 두께는 각 0.15m와 0.40m이다. 대부분의 프로젝트에서는 2.2m에서 7m되는 소−중형 터널로 구성되었고 여기서 25~60kg/m³ 정도 되는 강섬유로 보강하였다. 이러한 설계는 국제기준과 설계규정에 따라 적용하였다(DBV(2001), RILEM TC162- TDF(2003), CNR DT 204/2006(2007), EHE(2008), fib MODEL CODE(2010)). 최근 몇 년간 FRC 기술은 고성능콘크리트 도입(CNT 등)으로 인해 섬유만으로 보강 시스템을 구성하였고, 규모가 더 크고 복잡한 조건을 가지고 있는 터널 프로젝트들을 더 쉽게 접근할 수 있게 되었다. 내부 직경 7m가 되는 터널들도 FRC 세그먼트를 사용하여 성공적으로 시공하였다. 이의 예로써 Grosvenor Goal Mine, Channel Tunnel Rail Link와 Blue Plains Tunnel에 내부 직경 각 7m, 7.15m, 7m가 되는 터널에 적용하였다. 세그먼트의 종횡비(세그먼트 길이와 두께의 비율)가 10보다 크면 섬유와 일반 철근으로 추가인 보강이 필요하다. 어떤 연구자들은 종횡비 한계점을 12~13으로 올리자는 제안을 하였는데 이러한 종횡비 조건을 입증하려면 아직 많은 연구가 필요하다.

FRC 세그먼트에 대해 이러한 장점이 있음에도 불구하고 FRC 세그먼트의 사용 권유와 가이드라인 부족으로 인해 사용이 한정적이다. 따라서 ACI Committee 544 안에서, FRC 세그먼트 설계에 대한 가이드라인 초안보고서가 작성되었다(ACI 544.7R. 2016). 이 ACI 보고서는 지정된 균열 후 잔여인장강도(σp)를 이용하여 터널 시공 및 터널 수명 설계 단계에서 FRC 터널 세그먼트의 모든 임시적 및 영구적 하중 조건을 만족하는 설계 절차가 포함되어 있다. ACI 보고서에 포함된 설계 방법은 설계 단계에서 적용할 수 있는 가능성을 보여주기 위해 중형터널에 적용하였다.

10.1 FRC를 사용한 ULS 세그먼트의 설계

극한강한계상태(Ultimate Limit State(UL))를 위한 프리캐스트 콘크리트 세그먼트 (Precast Concrete Segment) 설계 시 디자인 엔지니어는 ACI 318(2014)에 소개된 강도설계 법을(Strength Design Method)을 계수하중과 감소된 강도 조건을 복합적으로 적용하여 설계를 해야 한다. ULS이란 터널 라이닝의 붕괴 혹은 구조 파괴와 연관되어 있었는데 이는 본 장에서 설명할 것이다. 현재 터널 산업에서는 이러한 요소들을 고려할 때 다음 과 같은 하중 조건에서 설계를 하는데 이는 세그먼트 생산, 운반, 설치 혹은 서비스 조 건에서 일어난다.

1. 생산 및 임시 단계

   ■ 하중 조건 1 : 세그먼트 거푸집 존치 기간

   ■ 하중 조건 2 : 세그먼트 보관

   ■ 하중 조건 3 : 세그먼트 운반

   ■ 하중 조건 4 : 세그먼트 취급

2. 시공 단계

   ■ 하중 조건 5 : TBM 추력 잭 힘

   ■ 하중 조건 6 : 테일 스킨 백 fill 그라우팅 압력(tail skin back grouting pressure)

   ■ 하중 조건 7 : 국한된 백 그라우팅 압력(localized back grouting pressure)

3. 최종 서비스 단계

- 하중 조건 8 : 토압, 지하수, surcharge

- 하중 조건 9 : 종적 조인트 파열(longitudinal joint bursting)

- 하중 조건 10 : 추가적 왜곡

- 하중 조건 11 : 그 외 조건(예 : 지진, 화재, 폭발)

참고로 시공 단계에 디자이너들은 개스킷 압력 힘, 봉지보재(dowel) 혹은 bicone 연결, 진공 세그먼트 설치 시 전단력 혹은 링 구조 결함과 같은 조건을 고려해야 한다. 강도 설계 절차 혹은 ULS에서 필요한 강도(U)는 표 10.1과 같은 계수하중으로 표기된다. ACI 544 위원회는 하중 조건 8과 9와 같이 ACI 318에 포함되지 않은 조건을 AASHITO DCRT-1의 하중 조건과 하중 조합을 사용하길 권유한다. 따라서 축방향력, 휨 모멘트와 전단력은 콘크리트 강도와 콘크리트 보강을 설계할 때 사용한다. ACI 544 위원회는 휨, 압축, 전단력은 강도지지계수 0.70을 사용하는 것을 권유하고 하중지지작용에서는 강도저항계수 0.65를 사용하는 것을 권유한다. 설계 절차는 세그먼트의 적절한 크기(두께, 넓이, 길이)를 터널의 크기와 하중을 고려하여 시작을 한다. 이에 따라 콘크리트의 압축강도와 보강을 구체화 단계를 걸쳐야 한다. 또한 강도저감계수를 고려할 때 세그먼트의 설계 강도를 소요 강도와 비교를 하고 이에 도달 하지 않을 시 설계 강도를 향상해야 한다.

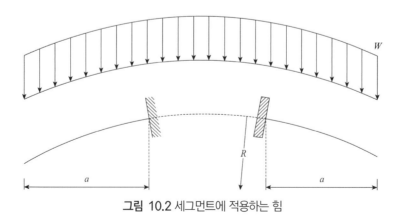

그림 10.2 세그먼트에 적용하는 힘

세그먼트 스트리핑은 생산 공장에서 프리캐스트 콘크리트 세그먼트를 거푸집에서 스트리핑 시 리프팅 시스템(lifting system)에 미치는 영향을 말한다. 그림 10.2에서 두 개의 캔틸레버 대들보에 자중(w)으로 인한 하중 스트리핑 단계 모델을 보여준다. 휨에 의한 세그먼트의 반지름 및 캔틸레버 대들보의 길이는 각 R과 a로 명시되어 있다.

표 **10.1** FRC 세그먼트의 생산 및 임시 적체 단계 하중 조건

Required strength(U) expressed in terms of factored loads for governing load cases	
Load Case	Required Strength(U)
1 : stripping	U=1.4w
2 : storage	U=1.4(w+F)
3 : transportation	U=1.4(w+F)×d
4 : handling	U=1.4w×d
5 : thrust jack forces	U=1.2J
6 : tail skin grouting	U=1.25(w+G)
7 : secondary grouting	U=1.25(w+G)
8 : earth pressure and groundwater load	U=1.25(w+WAp)+1.35(EH+EV)+1.5 ES
9 : longitudinal joint bursting	U=1.25(w+WAp)+1.35(EH+EV)+1.5 ES
10 : additional distortion	U=1.4 Mdistortion

Note : w=self-weight; F=self-weight of segments positioned above; J=TBM jacking force; G=grout pressure; WAp= ground water pressure; EV=vertical ground pressure; EH=horizontal ground pressure; ES=surcharge load; and Mdistortion=Additional distortion effect; d=dynamic shock factor

이러한 설계는 세그먼트에 스트리핑이 가해질 때 지정된 강도를 고려하며 설계를 한다(주조 3~4 시간 후). 그림 10.2에서 세그먼트에 가해지는 하중은 자중(w)뿐이다. 따라서 ULS에 따라 세그먼트에 적용되는 하중은 1.4 per ACI 318(2014)이다. 참고로 ACI 544는 생산 공장에서 고품질 기계 혹은 기계 관리에 해당하는 동적하중계수의 스티리핑 하중 조건은 적용하지 않는다. 하중 조건에 해당하는 동적하중계수의 고품질 절차가 보장되지 않을 경우 디자이너들은 PCI 설계 핸드북에서 추천하는 방식을 사용해도 된다. 세그먼트 스트리핑 다음으로 세그먼트 보관 단계다. 여기서 세그먼트는 공사 현장으로 운반하기 전에 보관부지에서 지정된 강도를 도달할 때까지 포개놓는다. 완전한

링으로 구성된 세그먼트는 한 더미로 포개놓는다. 디자이너들은 포개놓은 더미의 지지대를 편심(eccentricity) 0.1m 사이로 더미 아래 세그먼트와 위 세그먼트를 둔다. 그림 10.4와 10.5에서 이러한 하중 조건을 단순보로 보여준다. 그림에 보이는 것과 같이, 자중이(w) 추가적로 적용되어 설계된 세그먼트에서 위 세그먼트의 자체자중(F)가 적용되는 것을 보여준다. 따라서 이의 합한 하중은 1.4w+1.4F per ACI 318(2014)이다.

세그먼트 운반 단계에서는 보관 부지에 배치되어 있는 프리캐스트 세그먼트는 공사장으로 TBM trailing gear로 통해 운반한다. 운반단계에서 세그먼트는 동적충격하중이 가해질 수 있다. 또한 수송기관 열차 한 칸에 완전한 링 하나의 반 정도의 세그먼트를 실어 운반한다. 여기서 세그먼트 지지대로 목판을 사용한다. 이러한 설계에서는 편심(eccentricity) 0.1m을 사용하는 것을 권유한다. 세그먼트 보관 단계와 같이, 단순보에서 적용되는 힘은 아래 세그먼트의 자중(w)과 위 세그먼트의 자체중(dead weight-F)이 적용된다. 여기서 하중의 합 1.4w+1.4F per ACI 318(2014)에서 추가적으로 동적충격하중 2.0이 적용된다.

보관부지에서 트럭 혹은 레일카로 운반할 때 특수제작 승강장치 혹은 진공 리프터로 세그먼트를 옮긴다. TBM 안에서는 주로 Vacuum Erector(진공방식 세그먼트 설치기)로 세그먼트를 취급한다. 그림 10.2에서 보여주는 하중 조건에 해당하는 세그먼트 스트리핑과 유사하다. 설계에서는 세그먼트에 자중(w)만 가해져 이 단계에서는 자체중계수는 1.4 ULS per ACI 318(2014)이고 추가적으로 동적충격계수(d) 2.0을 더하는 것을 권유한다. 또한 위와 같은 단계에서 형성된 최대휨과 전단력은 설계 검사 단계에서 사용이 된다.

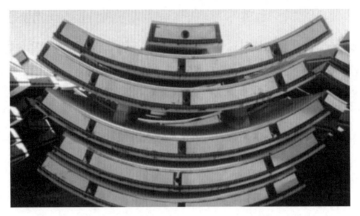

그림 10.3 세그먼트 스태킹과 보관 및 아래 세그먼트에 적용되는 힘

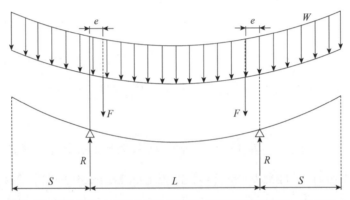

그림 10.4 세그먼트 스태킹과 보관 및 아래 세그먼트에 적용되는 힘 도식 A

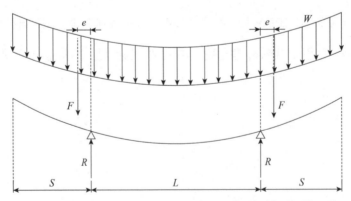

그림 10.5 세그먼트 스태킹과 보관 및 아래 세그먼트에 적용되는 힘 도식 B

10.2 FRC 세그먼트 시공 단계

시공단계에 세그먼트 조립 시 적용되는 하중 조건은 TBM 추력, 즉 잭 힘이다(TBM thrust jack forces). 링을 조립한 다음 TBM은 잭을 마지막으로 조립된 링에 위치되어 있는 둘레 조인트 베어링 패드를 밀면서 앞으로 이동한다(그림 10.6). 이 단계에서 패드 아래 초압축응력과 패드 사이에 파열장력 또는 세그먼트와 폭렬장력이 형성된다. 각 잭 쌍(jack

그림 10.6 둘레 조인트를 밀고 있는 잭

pair-J)에 해당하는 최대 추력 힘은 총 TBM의 최대 추력의 합과 잭 쌍의 수로 나누면 계산할 수 있다.

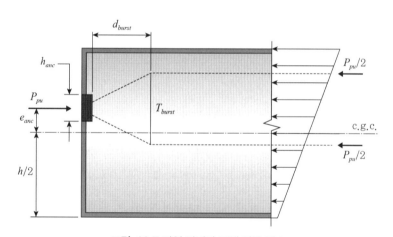

그림 10.7 파열 장력과 그에 따른 변수

이에 다른 방법으로 암석에 천공하기 위해 필요한 힘의 합으로 잭 추력 힘을 추정하거나 절삭면에 적용되는 슬러리 압력/토압에 쉴드 표면과 지반에 적용되는 마찰 저항을 더하고 추가적으로 트레일링 기어에 적용하는 운반 마찰을 더해 이의 합을 잭 패드의 개수로 나누면 잭 추력 힘을 추정할 수 있다. TBM 추력 잭 힘(J)만 세그먼트 조인트에 적용되기 때문에 다른 하중 조합은 정의가 되어 있지 않다. 따라서 각 패드에 1.3 하중계수를 적용하는 것을 권유한다. 이 계수는 높은 기계 추력 효과에서 곡선에 볼록한(concave) 부분과 오목한(convex) 부분을 비교하여 직선의 뾰족한 부분을 고려하여 적용한 부분이다. 참고로 막장압(face pressure)과 표면마찰(skin friction) 계산 기반으로 재킹 힘을 합산한 경우, 재킹 힘의 하중계수는 막장압과 표면마찰의 하중계수와 같아야 한다. 또한 다양한 설계 방법들 중 ACI 318(2014), DAUB(2013)에서 식 (10.1)과 식 (10.2), Lyendgar(1962) diagram과 유한요소 시뮬레이션에서 유래된 더 단순한 계산법이 포함되어 있다.

$$T_{burst} = 0.25 P_{pu} \left(1 - \frac{h_{anc}}{h} \right)$$

$$d_{burst} = 0.5 (h - 2e_{anc})$$

(10.1)

$$DA\,UB: T_{burst} = 0.25 P_{pu} \left(1 - \frac{h_{anc}}{h - e_{anc}} \right)$$

$$d_{burst} = 0.4 (h - 2e_{anc})$$

(10.2)

그림 10.7에서 보여주는 것과 같이 T_{burst}은 파열 힘이고 d_{burst}는 단면 표면에서 파열 힘의 무게 중심에서의 거리일 때 P_{pu}는 재크 패드에 적용되는 재킹 힘, h_{anc}는 jack shoe와 세그먼트 표면의 접촉면 거리, h는 단면의 깊이 그리고 e_{anc}은 단면 무게 중에 대한 잭 패드 간 편심이다(eccentricity). e_{anc}에 대한 지정된 값이 주어지지 않는다면 재킹 힘의 편심을 30mm로 가정한다. 참고로 가정된 30mm 편심은 실제 세그먼트 조인트 형상을 비교하며 개스킷 홈과 jacking shoe 위치와의 기타 세부 사항을 고려해야 한다.

재킹패드 아래에는 TBM 추력 재킹 힘으로 인해 고압력이 생성된다. 이 압력은 al을 jack shoe와 세그먼트 표면 사이 접촉구간이라고 하면 식 (10.3)으로 구할 수 있다.

$$\sigma_{cj} = \frac{P_{pu}}{a_l h_{anc}} \tag{10.3}$$

세그먼트 표면 둘레만 패드와 접촉하기 때문에 허용 압축력(f_c)을 사용하여 표면부 압강도 대신 사용할 수 있다. ACI 318(2014)에서 부분적으로 하중이 가해진 세그먼트 표면에 콘크리트의 변압강도설계에 사용되는 식을 보여준다. DAUB(2013)에서는 터널 세그먼트 표면에서만 적용되는 비슷한 식을 권유한다.

$$f'_{ce} = 0.85 P_c \sqrt{\frac{\sigma_t (h - 2e_{anc})}{a_1 h_{anc}}} \tag{10.4}$$

여기서 f'_{ce}는 표면에 부분하중을 가한 압축강도이고 a_t는 추력 잭 밑에 세그먼트 중심선의 응력분포구역의 가로 길이를 말한다.

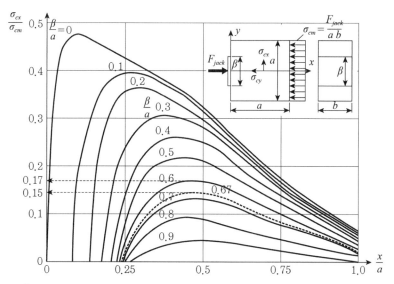

그림 10.8 파열 장력을 결정할 수 있는 Lyengar(1962) 그림(Groeneweg, 2007)

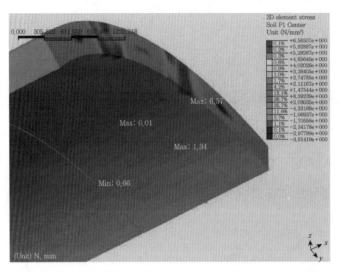

그림 10.9 세그먼트에 TBM 추력 잭 힘에 의한 스폴링장력과 전형적 파열을 보여주는 유한요소모델

다른 방법으로 그림 10.8에 보여주는 Lygengar diagram을 사용하여, β와 b를 하중이 가해진 표면의 크기로 지정하고, a를 세그먼트 내부 표면에 퍼지는 응력, σ cm(F/ab)를 완전히 퍼진 압축력으로 지정하여 장력을 구할 수 있다.

그림 10.8과 달리 그림 10.9 대구경 터널의 둘레에 위치되어 있는 조인트에서 잭 추력 힘에 따른 효과의 3D FE 시뮬레이션 결과를 보여준다. 그림 10.9에서 보여주는 것과 같이 재킹 패드 밑에는 파열 응력뿐만 아니라 재킹 힘과 재킹 패드 사이 집중되어 있기 때문에 폭렬 응력도 형성된다.

Tail Void Grout의 하중 조건에서는 back fill grouting 혹은 고리 모양 부분에 반액체 grout로 채워 넣는 과정이다. 이 과정은 라이닝 링을 완전히 고정하는 역할과 표면에 가라앉힘을 조정하거나 제한하기 위해서다. Grout 압력은 수압보다 조금 더 높은 압력으로 최솟값에 한계를 두어야 하고 최댓값을 토압보다 더 낮은 압력으로 고정시켜야 한다. Tail void grouting에 경우에는 상승하는 완전 grout 압력, 라이닝 자체중과 grout 전단강도의 접선변수의 평형 점을 사용하여 grout 압력의 수직 경사도를 구할 수 있다 (Groeneweg 2007). 이러한 하중 조건은 방사상(radial) 압력을 터널 첨단에서 침하까지 수직적으로 방사가압이 증가하여 모델화된 것이다. 이 단계에서 자중(w)과 grouting 압력 (G)이 라이닝에 적용하는 하중이고 따라서 ACI 318 권유사항이 없음으로 AASHTO(2010) 권유사항으로 1.25DC+1.25G 총 하중 합이 ULS에 적용되어야 한다. 국한된 back filling이 일어날 경우, 라이닝 겉 둘레와 굴착 프로필 사이에 굴착 틈이 있는 세그먼트 구멍에 광선주입을 tail grouting 이후에 실행한다. 국한된 삼각형으로 분포된 back filling 압력 시뮬레이션은 ITA WG2(2000)으로 실행한다. 그림 10.10에 보여주는 것처럼, 세그먼트 조인트와 라이닝과 주변 지반 혹은 경화된 주 grout의 상호작용으로 인한 축소된 굴곡강도를 2D 고체링으로 라이닝을 모델화한다. Grouting 하중 조건에 의해 휨과 축방향력 힘은 구조분석 패키지를 이용하여 정해지고 세그먼트 강도와 비교하여 확인이 된다.

10.3 FRC 세그먼트의 최종 서비스 단계

FRC 세그먼트의 최종 서비스 단계의 하중은 라이닝과 지반 또는 지하수압의 상호작용과 터널에 구체적으로 적용되는 변수들(추가적 왜곡, 지진, 화재, 폭발, 터짐 기타 등)로 구성이 되어 있다. 개스킷 및 응력완화홈(stress relief grooves)으로 인한 축소 단면에서 응력전달로 인하여 힘 종적인 조인트 폭열하중은 최종 서비스 단계에서 또 하나의 중요한 하중 조건이다.

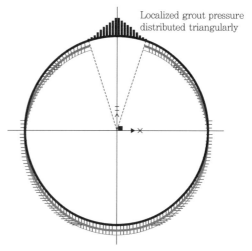

그림 10.10 1/10 둘레에 적용되는 라이닝 국한 grouting 압력 모델

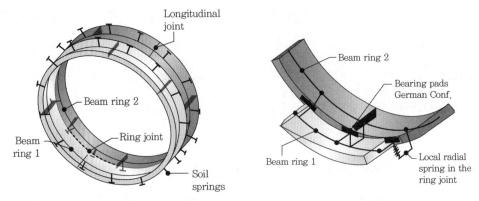

그림 10.11 세그먼트 조인트를 보여주는 종적 링스프링와 방사성 토양 스프링과 같이 나온 더블 링 빔 - 스냅프링 모델

서비스 단계에서 최종 라이닝 시스템에 따른 프리캐스트 콘크리트 세그먼트는 지반 (수직, 수평) 하중, 지하수압, 자체중, 추가 하중, 지반 반발력 하중을 포함한 다양한 하중을 버틸 수 있다. 그림 10.12에서 보이는 것과 같이 이러한 하중 조건에서 ACI 318 권유 사항이 없을 시 AASHT(2010)에서 하중 합을 사용하여 힘을 계산한다.

주로 적용되는 최종 서비스 단계 하중 조건에서 지반, 지하수 또는 추가적 하중의 영향은 탄성 방정식, 빔-스프링 모델, FEM 또는 불연속요소모델(DEM)로 분석한다.

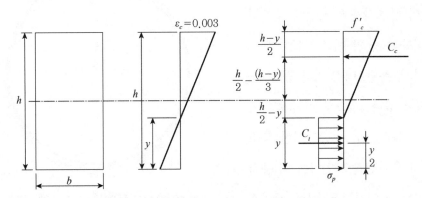

그림 10.12 장력에 적용되는 단편의 응력과 전단력 분포

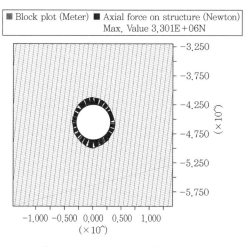

그림 10.13 불연속요소모델(DEM 모델)

표 10.2 생산 및 임시 단계의 세그먼트 설계강도 검사

Segment design checks for production and transitional stages			
Phase	Specified Residual Strength, MPa(psi)	Maximum Factored Bending Moment, kNm/m(kipf-ft/ft)	Resisting Bending Moment, kNm/m(kipf-ft/ft)
Stripping	2.5(360)	5.04(1.13)	26.25(5.91)
Storage	2.5(360)	18.01(4.05)	26.25(5.91)
Transportation	4.0(580)	20.80(4.68)	42.00(9.44)
Handling	4.0(580)	10.08(2.26)	42.00(9.44)

이러한 분석에서 빔－스프링 모델(Beam-Spring model)이 가장 전형적인 방법이다. 그림 10.11에서 보여주는 것과 같이 여러 경첩이 달린 2.5차원, 세그먼트화된 더블 링 빔 스프링은 휨 강성(rigidity)의 감소와 비틀린 기하구조에 대한 효과적 모델을 만들기 위해 사용된다. 이러한 조작은 세그먼트를 굽은 보, 혹은 넓적한 종단적 조인트를 회전 스프링(JanBen joints [Groeneweg, 2008]) 또는 둘레의 조인트를 전단 스프링으로 모델을 하여 가능하다. 커플링 효과를 확인하기 위해서는 링 두 개를 사용하지만 이 방법으로 는 종단적 혹은 둘레 조인트 영향 구역(longitudinal and circumferential joint zone of influence)에서 하나의 링의 세그먼트 넓이 반만 고려한다. 라이닝의 자중(w)과 빔에서 지반, 지하수 또는 추가적인 하중을 빔에 분배한다는 것을 고려하면, 단면력은 전형적인 구조 분석 방법으로 찾을 수 있다.

사용할 수 있는 또 다른 방법을 얘기하자면 Curtis(1976)와 Duddeck and Ermann(1982)의 논의가 추가된 Muir Wood(1975) 연속 모델 혹은 터널 왜곡 비율(tunnel distortion ratio)에 기반을 둔 실험적 방법이 있다(Sinha, 1989).

10.4 프리캐스트 FRC 세그먼트 설계 예시

프리캐스트 FRC 세그먼트가 포함된 중형 TBM 터널 라이닝 설계를 예시로 적용한다. 여기서 세그먼트의 내부 지름은 Di=5.5m로 가정하고 링은 큰 세그먼트 5개와 핵심 세그먼트(큰 세그먼트의 1/3 크기)가 있다. 큰 세그먼트 중앙선에서 넓이, 두께 그리고 곡선 길이는 각 1.5m, 0.3m 그리고 3.4m이다. ACI 544.8R(2016)에 사용된 응력변형그림(stress-strain diagram)을 응용한다. 앞에 이야기했던 하중 조건의 핵심적 매개 변수는 지정된 잔류인력 혹은 잔류휨강도(σp 또는 fD150)와 지정된 압축강도(f'c)를 사용한다. fD150를 σp로 전환하기 위해 환산계수 0.34를 곱해야 한다.

설계된 거푸집 탈착과 28일 fD150 강도(28-day fD150 strength)는 각 2.5MPa(360psi)와 4MPa(580psi)이다. Demoulding을 위한 지정된 압축강도는 15MPa(2,175psi)이고 28일 FRC 세그먼트는 45MPa(6,525psi)이다. 그림 10.12에 보인 것과 같이 FRC 세그먼트의 능력은 인장 영역에 평형 조건과 균열 후 소성거동을 가정하여 이를 기반을 두어 계산한다. 첫 균열이 나타나는 휨 강도는(f1) 4MPa(580psi)로 가정한다. 표 10.2에서는 생산 및 임시 하중의 설계강도검사기준이 표기되어 있다. 여기서 절리암반(jointed rock)에 터널을 굴착한다. 그림 10.13에서 나온 2차원 DEM 모델을 축에서(alignment) 설정되어 있는 3가지의 지질적인 구분에 터널 라이닝 힘을 계산한다. 그림 10.14에서는 지반과 지하수압력하중조건의 설계 검사기준이 표시되어 있다. 이 프로젝트에서 최대 총 추력이 5,620kips(25,000kN)을 16개의 잭 쌍을 가정한다. 따라서 각 쌍의 최대 추력은 351kips이다(1.562MN). 최대 편심 e =0.025m를 고려하여 잭 패드와 세그먼트 사이의 접촉면 길이와 넓이는 각 al =0.87m와 h_{anc} =0.2m이다.

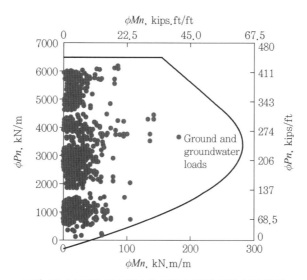

그림 10.14 지반 및 지하수압 하중 조건에 대한 설계 검사

접촉면과 방사상 방향으로 완전히 분포된 응력의 크기는 a_t =11.1ft/3 =3.7ft(1.13m)와 h =12in(0.3m)이다. ACI 318(2014)에서 나온 단순식(simple equation)을 이용한다면, 방사상 혹은 접촉의 방향으로 파열 힘(T_{burst})과 섹션 표면에서 중심부터의 거리(d_{burst})는:

ULS 하중계수 1.2을 사용하여 방사상 또는 접촉 방향으로 생산된 최대 파열 응력: 접선 방향:

$$d_{burst} = 0.5(a_t - 2e) = -0.5(3.7 - 2 \times 1/12) = 1.77\text{ft}(0.54\text{m})$$

$$T_{burst} = 0.25 P_{pu}\left(1 - \frac{a_l}{a_t - 2e}\right) = 17.32\text{kipf}(0.077\text{MN})$$

TBM 터널 설계방사성 방향:

$$d_{burst} = 0.5(h_t - 2e_{anc}) = 0.5(12 - 2 \times 1) = 5\text{in}(0.125\text{m})$$

$$T_{burst} = 0.25 P_{pu}\left(1 - \frac{h_{anc}}{h - 2e_{anc}}\right) = 0.25 \times 351 \times \left(1 - \frac{8}{12 - 2 \times 1}\right)$$

$$= 17.55\text{kipf}(0.078\text{MN})$$

접선 방향:

$$\sigma_p = \frac{1.2\,T_{burst}}{\phi h_{anc} d_{burst}} = \tag{10.5}$$

이러한 응력은 FRC 세그먼트의 지정된 28일 잔류 인력 강도가 $\sigma p = 0.34$, $f_D 150 = 0.34(580) = 197\text{PSI}(1.36\text{MPa})$이므로 이보다 작다. 이 설계는 TBM 추력 잭 힘의 하중 조건에만 해당이 된다.

10.5 결론

FRC는 많은 장점이 있음에도 불구하고 가이드라인이 없거나 이의 사용권유가 부족하기 때문에 FRC의 사용이 한정되어 있다. 이 장에서는 FRC 세그먼트의 첫 디자인 가이드라인이 되는 새로 발행한 ACI 보고서의 설계 개념에 대해 설명하였다. 보고서에 포함된 절차에서 생산과 임시설계, 시공 그리고 최종 서비스 단계가 포함되어 있다. 중형터널의 설계 방법을 사례로 섬유보강 적용으로 철근 사용을 배제할 수 있는 것을 보여주었다. 또한 강섬유를 개선하여 섬유 보강 Segment의 사용으로 터널공사비 및 공사효율, Segment 내구성에 대한 개선 방향을 제시하고 있다.

CHAPTER

11

고속굴진을 위한 TBM
공법의 터널 설계

CHAPTER 11

고속굴진을 위한
TBM 공법의 터널 설계

11.1 개요

Spain 고속전철 사업 중 가장 긴 터널 Project였던 Guadarrama 터널은 TBM 고속굴진을 위한 모든 조건을 다 갖추었으나, 실제로 터널 굴진공정은 순조롭지 못했다. 오히려 4대의 TBM을 각각 단거리 레이스로 굴착하는 것이 안전하다고 판단하였다. 위험 요소를 조금 더 경감시키기 위하여 총연장 28.377km 장대터널을 독일과 프랑스의 Herrenknecht사 TBM 2대와 WIRTH-NFM사 TBM 2대를 발주처 PM은 채택하였다. 결국, 개별적인 TBM 굴착에서 TBM 운영전략 및 전체 성능에 관한 문제라는 난관에 직면하였다. 굴착이 모두 끝날 시점에서야 전반적인 TBM 관련 내용과 지보 시스템 그리고 TBM 관련 현장 기술자들이 훌륭하게 임무를 수행했다는 것을 말할 수 있었다. 이 프로젝트는 경암지반의 단선병렬터널로 외경이 9.5m이고, 총 굴착할 연장은 56.8km이다. 각각의 TBM 공기의 총합계는 118개월이고, 2002년 9월 9일부터 2005년 6월 1일까지 총 33개월이 소요되었다. 그림 11.1은 해당 프로젝트 지역과 Guadarrama 터널의 위치를 보여주고 있다.

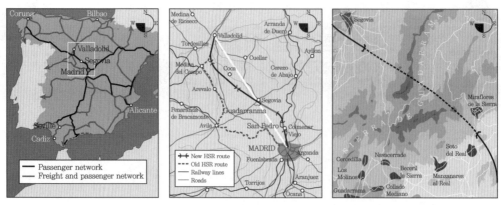

그림 11.1 Spain 고속전철 마드리드와 세고비아 사이 Gudarrama Tunnel Project 위치 및 노선

11.2 위기관리

프로젝트를 시작하기 위해서 적어도 서로 다른 제작사로부터 제작된 4대의 TBM 사용이 고려되었다. Guadarrama는 전 세계 TBM으로 시공된 터널 중에서 가장 길고, 오직 4개의 갱구를 이용해서 굴착할 수 있었다. Guadarrama 국유지 중 환경보호지역 하부로 터널이 통과하기 때문에 터널 노선 중간지점에 공사용 횡갱, 수직갱의 설치가 배제되어야만 했다. 실제로 보존지역 외곽으로 4곳의 TBM 진입로를 확보하기 위하여 원래의 선형에 터널연장 3km가 더 추가되었다.

6년 반이라는 기간 안에 설계에서 시공까지 프로젝트를 수행해야 하는 난관에 부딪혔다. 이 기간 동안 총 4대의 TBM을 제작에서부터 운반까지 한다는 것은 제작사 스케줄을 볼 때 거의 불가능했다. 스페인의 북↔북서에 위치한 고속철도 건설감독(ADIF)인 Jose Antonio Cobreros Aranguren는 다음과 같이 말하였다. "우리는 하나의 바구니에 우리의 모든 달걀들을 넣기를 원하지 않는다. 분리계약과 TBM을 소유한 4개의 서로 다른 계약그룹을 통하여 각기 다른 4곳에서 굴착하도록 권고하였다. WIRTH사 TBM 2대와 Herrenknecht사 TBM 2대를 채택하고, 각기 다른 갱구로 양방향에서 굴착하도록 하였다. 다른 TBM 제작회사들에게는 위임하지도 자격을 주지도 않았다. 또한 우리들은 TBM을 제작하는 중에 회사가 부도가 나거나 그 프로젝트의 위임을 포기하는 위험도 감수해야만 했다." "이것은 가망이 없었지만 최대한 가능하도록 심사숙고 해야만 했다. 이러한 직경, 길이, 지질구조를 가진 터널은 표준 시스템(prototype systems)을 사용한 최첨단 암반지대 터널공사였다. TBM 제작사들에게 이 프로젝트를 위임하는 것이 불가피하였다."

그림 11.2 Gudarrama Tunnel 남쪽 갱구부

Herrenknecht사 TBM 2대와 WIRTH사 TBM 2대를 터널의 양끝지점에 분리하여 제작회사들에게 경쟁을 붙였다. WIRTH사 판매부장 Detlef Jordan은 다음과 같이 말하였다. "이러한 요구는 2곳의 현장 배치를 만들었고, 예비 부속품들과 기술적인 지원에 드는 비용을 현저하게 증가시켰다. 그러나 각각의 TBM 배치는 시공사 그룹들의 개인적인 문제이고, 우리가 충분히 납득할 수 있는 위험요소를 감소시키기 위한 결과였다."

한번은 독립적인 계약을 맡게 하였으나, 시공사 그룹들은 막바지에 이르러 각기 다른 출입구로 단독 운영하기 위하여 서로 협력하였다. 이 프로젝트의 시공사들은 모두 스페인 회사이다. 유일한 외국 참가사인 독일 시공사 Hochtief는 남쪽 출구 JVs 중 한 부분을 조기에 철회하였으나, 여전히 그 그룹의 기술고문 역할을 수행하였다. Dragados 는 그 4개의 계약이 지급된 이후 ACS에서 계약권리를 돈으로 사서 유일하게 터널 갱구 양쪽 시공에 모두 포함된 시공사이다.

11.3 차별화된 특징

설계에서 총 4대의 TBM 외경은 9.5m로 동일하고. 모두 더블쉴드 TBM으로 설계되었다. 이 더블쉴드 TBM은 암석의 일축압축강도(UCS)가 200MPa 이상인 편마암과 화강암에서 굴착작업이 가능하며, 프리캐스트 콘크리트 세그먼트 라이닝의 TBM 내 조립이 가능하다. 그리고 굴진속도를 높이기 위해서 연속적인 고속 컨베이어 버력처리장치 (conveyor muck hauling systems)를 갖추도록 제작되었다.

계약에 의하면, 각각의 TBM은 24hr/day, 7day/week, 363days/year(크리스마스, 신정 휴무)의 공정으로 평균 굴진율 500m/month/machine을 달성하도록 계획되었다. Herrenknecht사 TBM 2대는 15km를 굴착하고, WIRTH사 TBM 2대는 13.377km를 굴착하도록 4개의 공정으로 분할되었다.

"공사가 완료됐을 때, 평균 굴진율은 이 범위 안이다."라고 ADIF의 현장 감독관 Manuel Moreno Cervera는 말하였다. "2002년 9월에 Herrenknecht사 TBM 2대가 굴착을 시작하였고, 거의 굴착이 완공되어 필자가 방문했을 때는 레일 설치작업 중이었다. 남쪽 갱구부로부터 WIRTH사 TBM이 처음으로 관통되었고, 최대 굴진율 982m/month를 기록하였다. 비가동시간을 포함하여 총 4대 TBM들의 일일 평균 굴진율은 16.8m/24hr 이었다. 모든 터널굴착이 완료되었을 때 전체 TBM들 사이의 레이스의 결과는 무승부라고 말할 수 있으나 그 이상의 의미가 있다. 바로 각각의 다른 작업구로 굴착하여 얻은

경험 중 특별한 양상을 다른 굴착 현장에 즉시 제공한 것이 다른 프로젝트와 비교해
볼 때 가장 주목할 만한 차이점이다.

다음에 오는 사항들은 TBM과 터널굴착작업에서 특별히 차별화된 특징들을 나열하
였다.

- 전체 TBM들은 커터헤드에 17″커터가 장착(WIRTH TBM : 65개, Herrenknecht TBM : 61개)되어 있다.
- 전체 TBM은 더블실드와 싱글실드 형태의 작업병행이 가능하다. 더블실드 모드에 서는 실드를 통하여 나오는 그리퍼(gripper)로 터널 벽면을 밀어 붙이고, 싱글실드 모드에서는 세그먼트 라이닝을 설치한다.
- 장착된 최대 파워(더블실드 형식에서 최대 전방 추력)와 커터헤드의 회전력은 다음 표 11.1과 같다.

표 11.1 전진 굴착 시 Double Shield Mode 작업 시 최대 가동 동력과 Cutterhead의 Torque

WIRTH TBMs	Herrenknecht TBMs
파워 : 0-5rpm일 때 4,000kW 추력 : 21,000kN 1.8rpm일 때 회전력 : 20,750kNm	파워 : 0-5rpm일 때 4,200kW 추력 : 16,000kN 1.85rpm일 때 회전력 : 20,447kNm

- WIRTH사 TBM의 싱글실드 작업을 할 때 세그먼트 라이닝에 공급되는 최대 보조 추력은 108,000kN이고, Herrenknecht TBM은 101,200kN이다. 또한 비상시 부양 용량(boost capacity)을 위하여 500bar의 보조 수압펌프를 배치하였다.
- 각각의 TBM에서 한 개의 커터에 걸리는 최대 하중(load/cutter)은 다음과 같다.
- WIRTH : 250kN 또는 25.5ton/cutter, Herrenknecht : 267kN 또는 27ton/cutter
- 전체 4곳 터널현장에 굴착된 부분에는 6개로 구성된 동일한 세그먼트 라이닝(각각 320mm×폭 1.6m)과 key 세그먼트가 설치되어, 최종 터널내경은 8.5m로 완성되었다.

시공기간을 최적화시키고, 굴착 즉시 터널 라이닝을 설치하기 위하여 최종지보재로서 세그멘탈 라이닝(one-pass segmental lining)을 암반터널에 적용하였다. 세그먼트를 생산하기 위하여 4개의 생산 공장이 설립되었고, 터널자재는 세그먼트 생산제품과 함께 사용이 가능한 곳에서 가공되었다.

- 전체 TBM들은 진공 세그먼트 이렉터(vacuum segment erectors)를 갖추고 있고, 세그먼트를 통하여 주입하는 환형형태(annulus)의 그라우팅이 가능하도록 하였다.

- 각각의 수평갱에 있는 컨베이어 버력처리 시스템의 최대 용량은 1,250ton/hr이다. 굴착이 끝나갈 시점에 컨베이어의 총 운송 거리는 60km 이상(각각의 갱구부에서 30km 이상)이다.

- 4대의 TBM들의 비용은 유사하였으며, 한 대당 비용은 대략 US$21.3M(약 201억 원)이다.

- 제작회사 모두 커터 소비량에 대한 계약을 맺었다.

11.4 환경보호 비용의 증대

2000년 12월에 4개의 design-build civil+M&E installation tunnel 계약이 지급되었을 때 Madrid와 Valladolid를 잇는 초고속선의 신연장 180km 중 Guadarrama 구간의 총비용(남쪽 갱구부에 위치한 계곡을 가로지르는 길이 700m의 고가교와 지상 작업을 위한 5번째 계약이 포함된 금액)은 pesetas(Euro 통합 전 스페인 화폐 단위)로 156.6bn(약 1조 1천억 원)으로 결정되었다. 그러나 이 기간에 환경영향평가보고서는 승인되지 않아서 중대한 결과를 초래하게 되었다. 국립보전지역 외곽으로 터널 출입구가 총 3km 연장되었고, 북쪽출입구에서는 세그먼트 생산품을 저장소에서부터 작업구간까지 이동하기 위하여 지상 컨베이어가 5km 이상 필요하게 되었다.

2001년 9월에 공사를 착수하기 위해 최종허가가 승인되었을 때 터널은 10% 연장되었고, 공사비는 203bn pesetas(약 1조 4천억 원)로 26% 증가되었다. 이 금액은 유럽연합 단결기금(Cohesion Fund of European Union)에서 투자한 비용 중 73%를 포함한 노선에 승인된 총예산의 절반 이상으로 보고되었다. 더군다나 계약체결 이후 2차, 3차 지질조사를 착수했을 때 장대터널구간의 중간지점에 주요 앙고스튜라(Angostura) 단층대가 조사되었다. 이러한 사항은 2가지 중요한 결과를 초래하였다. 첫 번째는 단층대를 좀 더 양호한 지반으로 가로질러 통과하기 위하여 터널노선을 동쪽으로 220m 이동하였고, 두 번째는 터널 종점부 계약이 변경되었다.

이 프로젝트의 처음에는 2대의 Herrenknecht사 TBM이 앙고스튜라 단층대를 통과(양 방향 진입로)하기로 계획되었고, 그들이 계획한 15km 끝지점으로 관통하여 나왔다. 주요 단층 구간과 암질이 나쁘게 예상되는 구간은 별도의 문제로 하고, 지질조사 결과 소량의 지하수를 포함한 매우 견고하고 거친 암석구간이 예상되었다(그림 11.3). 남쪽으로 진입하는 굴착 구간은 매우 견고하고 가장 거친 암석에 직면하였다.

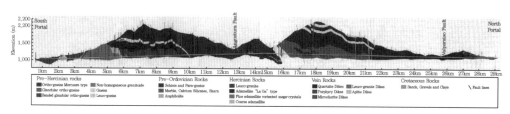

그림 11.3 28.4km의 장대 병렬 고속전철터널 Guadarrama의 선형에 따른 지질 종단면도

이런 상황 때문에 2대의 북쪽 갱구로 진입한 TBM들은 조금 더 유리한 지반조건을 통과하게 되어 계획보다 3개월 앞서 굴착을 완료하였다. 이것은 남쪽 구간보다 4개월 앞서 굴착 완료한 것이다. 두 대의 북쪽 TBM들도 앙고스튜라 단층대를 통과하여 굴착을 완료하였다. 북쪽에서 진입해오는 WIRTH사 TBM은 양호한 상태에서 공사를 훌륭히 진척해왔다. 남쪽 진입로와 대응하여, WIRTH사 TBM은 북쪽 Herrenknecht사가 운행한 방향의 돌파구에 600m 앞서 전진하였다. 그리고 남쪽 Herrenknecht사 TBM은 연장된

북쪽 출입구의 WIRTH사 TBM 운행방향으로 계획보다 600m 빨리 강행하여 관통하였다. 표 11.2는 프로젝트에 사용된 TBM들의 기계제원을 나타내었다.

표 11.2 터널 공사에 사용된, TBM의 Technical Data

	Technical data	Herrenknecht	WIRTH-NFM
TBM	Length	218m	145m
	Excavation diameter	9.5m	9.46m
	Installed power	5,436kW	5,700kW
	Total weight	1,950t	1,750t
Cutterhead	Working torque	6,000~20,000kNm	7,300~27,000kNm
	Release torque	26,000kNm	27,000kNm
	Maximum thrust	16,000kN	21,000kN
Cutters	Type	17"(432mm)	17"(432mm)
	Number	61	65
	Spacing	90mm	80mm
	Thrust/cutter	267kN	250kN
	Penetration	100mm/min	100mm/min
Front Shield	Diameter	9,440mm	9,390mm
	Length	5.9m	5.04m
	Main thrust cylinders	18	16
Telescopic Shield	Diameter	9.24m	9.375m
	Length	2.4m	3.31m
	Weight	90t	80t
Gripper Shield	Diameter	9.4m	9.375m
	Length	5.45m	3.9m
	Auxiliary thrust	101,000kN	108,000kN
Tail Shield	Diameter	9.38m	9.375m
	Length	3.94m	4.2m

11.5 진행성과

"전체 4대의 TBM들은 상호 간에 똑같이 과업을 잘 수행하였으나, 한때는 공사 진척도가 다른 때도 있었다."라고 ADIF의 레지던트 엔지니어 Carlos Conde Basabe는 말하였다. 그러나 4대의 TBM들은 서로 다른 경험들을 겪었다. 모두 몇 가지 기술적인 문제점을 겪었다. 2대의 WIRTH사 TBM들이 구동모터가 설치된 프레임(frame)의 개조를 위해서 조기에 운행을 멈춰야 했다. 조사에 따르면 북쪽 WIRTH사 TBM은 기관차에 불이 붙어 4일 동안 운행을 멈췄었다.

유지보수로 운행이 가장 길게 중단된 장비는 남쪽 진입로의 Herrenknecht사 TBM이었다. 12일 동안 운행이 중단된 동안 TBM 메인 베어링의 마모된 링(wear ring)도 4일에 걸쳐 교체하였다. 이 TBM은 남쪽 갱구부로부터 견고하고 거친 암석을 12km 이상 줄곧 굴착해오고 있었다. 그리고 남쪽 갱구부 계약그룹의 프로젝트 매니저 Antonio Muňoz Garrido는 다음과 같이 설명하였다. "마모된 링의 교체는 파괴로 인한 문제를 사전에 예방을 할 수 있었다." 그리고 "TBM 고장 이후에 멈추지 않고 2,265m 이상을 굴착해나갈 수 있었다."

TBM이 관련되지 않고 가장 긴 시간 동안 굴착이 중단된 원인은 지질학적 문제였다. 2003년 6월에 북쪽 갱구부로 약 3.4km 굴착해오던 Herrenkencht사 TBM은 연약대 지반인 Valparaiso 단층의 점토를 견고하게 만들기 위해서 지표면으로부터 그라우팅하기 위한 대기시간으로 인해 한 달 이상 운행이 중단되었다. 또한 연장된 터널구간 중 10m 미만의 표토 아래의 풍화된 지반과 지표면이 함몰되거나 싱크홀(sink hole)이 있는 구간 그리고 과굴착의 원인에 의해 전체 4대의 TBM이 굴착하기 시작하자마자 중단된 적도 있었다. 선두를 맞은 2대의 Herrenknecht사 TBM측은 뒤따라오는 WIRTH사 TBM 운영자들에게 꾸준히 정보를 제공하여 안전한 상태에서 굴착할 수 있도록 도왔다.

"이러한 연약지반에서 길이가 긴 더블쉴드 TBM(대략 2,000ton)은 매우 약한 암석을 굴착해나가기에는 너무 무겁다."라고 Cobreros는 말하였다.

"정보는 멈추지 않거나 천천히 그리고 끊임없이 유지되어간다. 우리들은 막장면에서, 전방 프로빙(probing) 또는 선진굴착공법을 사용할 수가 없었고, 쉴드를 통한 드릴 출입구는 막장면으로부터 대략 12m에 있었다. 그리고 그라우트 배열로 대비하기에는 시간과 비용의 영향이 너무 컸다. 변형이 큰 지역에서는 전진하기가 어려웠다. 무거운 쉴드를 전방으로 밀어내기 위하여 세그먼트에서 떨어진 보조 추력 잭(auxiliary thrust jacks)은 최대 10,000ton의 힘이 필요하였고, 간혹 세그먼트의 하중 재하력을 증가시키기 위하여 건축용 임시 강재추력프레임(steel thrust frame)도 필요하였다." 표 11.3에는 TBM 굴착 공기에 대해서 나타내었다.

표 11.3 굴착 관통까지 TBM 굴착현황

진입방향		제작사	착수	완공	연장	공기
북쪽진입	동쪽터널	HERRENKNECHT Tunnelling Systems	2002.09.11.	2004.11.23.	14,328m	28개월
	서쪽터널	NFM TECHNOLOGIES	2002.10.02.	2005.01.11.	14,085m	27개월
남쪽진입	동쪽터널	HERRENKNECHT Tunnelling Systems	2002.11.08.	2005.05.05.	14,091m	30개월
	서쪽터널	NFM TECHNOLOGIES	2002.09.09.	2005.06.01.	14,323m	33개월

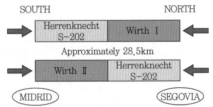

※ 남쪽 갱구부 TBM들은 양쪽 다 2005년에 관통하였음

11.6 환형 뒤채움

환형의 라이닝을 뒤채움하기 위하여 북쪽 입구 시공회사들은 남쪽 입구 시공회사들이 콩자갈과 주입재의 조합(pea gravel+grout)을 사용하는 동안 몰탈(mortar) 주입재만을 사용하는 것이 좋다고 결정하였다. 콩자갈과 주입재의 조합된 시공방법은 먼저 인버터(invert) 구간 속에 그라우팅한 다음 아치 위에 콩자갈을 채워 넣고, 마지막으로 굴착해 나가는 전방부와 간격이 벌어지게 되면 콩자갈 속에 시멘트를 주입한다. 몰탈만을 사용하는 시스템은 지반 내 미세한 균열까지 주입하기 좋지만 터널 막장 부분에서는 콩자갈로 충진하는 것이 가능하므로 콩자갈 시스템을 이용하여 균열이 발달되는 공동을 재

빨리 충진하는 것이 더 좋다.

인버터 내부뿐만 아니라 아치 위에 콩자갈을 채워 넣어 사용한다는 설이 있었으나 시멘트 그라우트를 병행하는 것이 더 좋은 방법으로 사용되어왔다. 수평갱에 콩자갈로 뒤채움했을 때의 핵심은 프리캐스트 세그먼트와 환형 충진층 사이에 경계가 없다고 말할 수 있다.

적어도 TBM 공정에서 85%는 더블쉴드 모드였고, 나머지는 싱글 모드였다(그림 11.4). 굴착 중 링 형성을 위해 가동을 중단해야 했을 때 더블쉴드 모드에서는 51~61분에 1.6m의 한 사이클(cycle)이 완성됐고, 싱글 모드에서는 56~70분 사이에 완성되었다. 굴착 및 라이닝을 동시에 할 수 있는 더블쉴드 모드에서는 라이닝 공정에서 굴착이 지연되지 않는다.

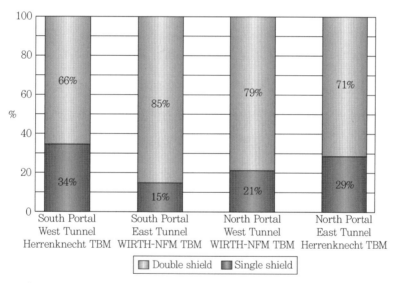

그림 11.4 터널굴착 작업 시 Double Shield Mode와 Single Shield Mode 비율

커터 교체를 포함하는 유지보수는 24hr/day 이내로 계획되었고, 3교대 형식이었다. 전체 TBM 가동시간은 유지보수시간을 포함하여 40.45~48.63% 사이였고, 전체 비가동 시간의 12.5~23%가 커터 교체에 소요된 시간이었다.

11.7 커터소비

그림 11.5 남쪽 갱구부 현황

전체 수평터널에서 예상했던 것보다 커터 소비가 매우 컸다. 특히 남쪽 입구에서 굴착하는 시공사들은 예상했던 것보다 커터 마모가 매우 심했다. 설계사들은 현장조사를 통하여 마모가 매우 클 것이라고 예상했었다. 최첨단 기술을 사용하여 현장조사를 수행하였으나, Guadarrama 보호구역 내에 코어채취가 제한되었고, 해발 980m 이상에서의 코어 채취는 현실적으로 매우 부담스러운 작업이었다.

북쪽 진입로부터 총연장 28,413m의 암반을 굴착하는 동안 총 10,692개의 디스크 커터가 소비되었다. WIRTH사 장비는 5,094개, Herrenknecht사는 5,598개가 소비되었다. 남쪽 진입로의 총연장 28,412m의 극경암층을 굴착해나가면서 소비된 커터는 총 12,532개 이며, WIRTH사 장비는 5,806개, Herrenknecht사 장비는 6,726개를 소비하였다(표 11.4, 그림 11.6, 그림 11.7).

커터 마모와 소비량에 미치는 중요한 인자에는 커터헤드 디자인(디스크 간격, 버력 버킷 설계 등), 커터 디자인, 링 프로파일, 제조 및 커터 재질 등이 있다. Herrenknecht사

TBM 커터 소비량이 더 많은 또 다른 이유는 다음과 같다.

양쪽 진입방향에서 Herrenknecht사 TBM 2대가 굴착을 시작하였고, WIRTH사 TBM 보다 앞서갔다. 따라서 WIRTH사 TBM은 암질에 관한 정보를 알고 굴착해나갔기 때문이다.

커터 소비량이 많았던 또 다른 이유가 있었다. Herrenknecht사 TBM은 커터헤드 추진 제어 램(ram)이 세트로 장착되어 커터헤드에 추력을 가하게끔 디자인되었다. 이것은 예전 방식인 메인 추진 실린더로 직접 힘을 가하는 것보다 정확히 커터헤드 힘을 제어할 수 있었고, 각각의 커터에 전달되는 힘을 극대화(최대하중/커터, 27ton×61개 커터)할 수 있었다.

이러한 기술은 굴진율을 증가시켰을 뿐만 아니라 커터하중이 초과되는 가능성도 증가되어 마모와 파손으로 인해 커터소비가 증가하는 결과를 만들었다. WIRTH사 장비 작업자들은 커터하중을 정밀하지 않은 방법을 사용하였다. 그 당시 좀 더 주의하였더라면 굴진율은 느렸겠지만, 커터마모와 커터 교체가 좀 더 적었을지도 모른다.

표 11.4 두 개 북쪽 갱구부 TBM의 Cutter 소모량

	WIRTH-NFM TBM	Herrenknecht TBM
전체 커터 수	65	61
마모로 인한 커터 교체 수	4,215	3,794
장애물에 의한 커터 교체 수	733	1,393
기타 이유에 의한 커터 교체 수	81	350
전체 커터 교체 수	5,094	5,598
Lining rings/cutter	1.77	1.60
Linear m/cutter	2.84	2.60
m³/cutter	199.57	181.40

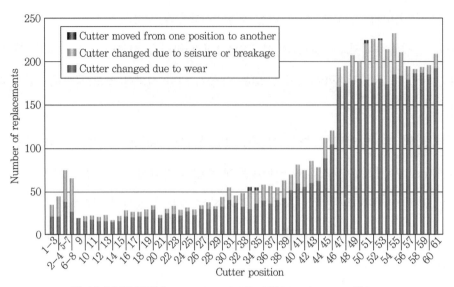

그림 11.6 북쪽 갱구부 Herrenknecht TBM의 Disc Cutter 교체 Data

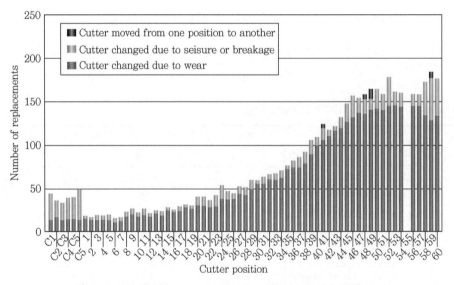

그림 11.7 북쪽 갱구부 WIRTH-NFM TBM의 Disc Cutter 교체 Data

11.8 친환경 High-Power TBM

본 Project는 1997년에 장대 고속철도 터널공사의 타당성 조사가 마무리되고, 1998년 9월에 스페인 정부승인이 났다. 그리고 2000년 10월에 Design-Build 계약이 주어졌고, Madrid에서부터 Valladolid까지의 총연장 180km의 신설노선이 2007년 6월에 서비스를 시작하도록 계획되었다. 이것은 환경 승인 절차가 길어져 지연되었으나, 그래도 전체 공기 중 최초의 치명적인 요소인 Guadarrama 터널굴착문제를 친환경적인 High-power TBM 공법으로 해결했다. 이 프로젝트 전에는 해야 할 일이 많았으나 최근 Guadarrama 프로젝트가 완료되어, 공기 내 프로젝트를 끝낼 수 있게 되었다.

Guadarrama에서 시공사들은 굴착을 완료해야 했고, 전체 노선의 중간지점에 50m 간격으로 각각의 터널로 대피할 수 있는 500m 길이의 비상 피난갱뿐만 아니라 터널 사이에 250m 간격으로 길이 21m의 횡단비상통로(cross-passages) 121개를 현장 타설 콘크리트 라이닝으로 완료해야 했다.

추가로 그 노선에 있는 3개의 다른 터널을 그림 11.1에 나타내었다. 한 개는 마드리드에서 가까운 San Pedro 복선터널로 연장이 9km이고, 나머지 2개의 터널은 2.5km 이하의 매우 짧은 터널이다. 환경보존의 이유로 총연장의 1/3이 개착식 단선병렬터널로 설계되었다. 마드리드에 위치한 터널은 180km의 신설노선 중 터널의 전체 길이는 43km이고, 최근에 완공된 스위스 Lötschberg Base 터널 프로젝트에서 사용한 2대의 Herrenknecht Open Gripper TBM을 간신히 사용하여 시작하였다. 현재 시공사들(터널 하나는 OHL이고 나머지 터널은 Adesa의 JV, Copasa, Sando, Tapusa)은 남쪽 진입로에서 얕은 토피 내로 TBM을 발진시키려 하고 있었다.

세그먼트를 사용하지 않고, 라이닝을 통과하는 현장 타설 콘크리트를 사용해야 했으며, 신설노선을 위하여 공정에 치명적인 경로를 현재 Guadarrama에서 San Pedro로 방향을 바꾸었다. Cobreros와 Javier Varela Gorgojo의 말에 의하면 이 라이닝은 터널굴착과 동시에 설치될 것이라고 하였다. 남쪽 진입로 건설그룹의 현장 매니저는 이를 수용하였고

"아직도 Guadarrama에 갈 길이 먼 데다가 현재 본선 터널 굴착만이 완료되었다는 것을 기억해야 한다."라고 신중하게 말하였다.

사전에 대형 터널 프로젝트의 사례 경험에 의하면 다른 공정보다 굴착이 먼저 완료되어도 M & E 서비스 시설은 빈번히 굴착단계보다도 더욱 지연되어, 시간과 예산상의 문제를 야기하였다.

Guadarrama 터널로 인하여 환경 친화적인 4대의 High-power TBM이 경암지반을 굴착하여 직경 9.5m, 연장 56.8km의 세그먼트 라이닝으로 마감한 단선철도터널을 3년 내에 33개월 만에 완공한 것은 명백한 사실이다. 이 프로젝트는 관련 업계에 새로운 기준척도를 상세히 구축하였다.

그림 11.8 Guadarrama Tunnel 북쪽 갱구부 HP TBM, Spain

CHAPTER
12

TBM 장비의 조달
방안(OPP 방식)

CHAPTER 12

TBM 장비의 조달 방안(OPP 방식)

한국에 TBM 공법을 정상화하기 위해서는 여러 가지 기준, 법규, 면허, 장비 등록, 성능 검사, 안전도 인증 시스템 등 해야 될 일도 많지만, 우선적으로 해야 할 일은 TBM 장비의 발주 방법이다. 아직까지 국내는 전통적인 TBM 장비의 발주 방법을 별도로 적용하질 않고, 터널 공사비에 함께 묶어서 발주를 하고 있어 어찌 보면 단순하고, 합리적인 방법이랄 수도 있으나, TBM 터널 공사에서 TBM 장비 조달이 차지하는 비중을 생각할 때, 한국도 선진국 못지않은 TBM 장비 발주 방법을 적용해야 한다. 현재의 통합 발주 방식은 발주처나 PM이 사업 관리하기에는 단순하고 좋은 방법이나, 현재의 구식 발주 방법이 국내 TBM 현장에 좋은 Spec의 성능이 우수한 장비의 국내 진입을 가로막는 장벽이 되고 있다. 터널 선진국 등 전 세계 90% 이상의 나라에서 TBM 장비 발주를 원 공사비에서 분리하여 별도로 구매해온 지는 46년이 넘어간다. TBM 장비 발주를 원 공사비에 포함시켜 발주한 경우, 대부분 치열한 가격 경쟁으로 원 공사비의 80% 이하로 수주하다 보니, 가격의 유동성이 적은 TBM 장비를 제 가격을 주고 구매가 불가능하게 된다. 국내의 경우 성능이나 품질이 떨어지는 저가의 TBM을 구입하거나, 하도급제를 이용한 원청사가 장비를 안 사고, TBM 전문 회사 등에 장비를 포함시켜 더욱더 싼값에 하도 계약을 하다 보니, 하도급 전문 시공사는 중고 TBM이나 수익률을 고려해서 고물에 가까운 장비를 구매하거나 임대하여 터널 시공 시 고장 등의 일로 엄청난 시공상의 피해를 원청사뿐만 아니라, 공기 지연 등으로 발주처에게도 엄청난 피해를 미치고 있다.

세계적으로 OPP 방식(Owner Procure Process)을 주로 사용하여 우수한 TBM 장비가 별도로 발주되어 발주처에서 100%의 예산을 갖고 직접 구매하여 시공사에게 빌려주거나, 빌려준 후 시공사에 팔거나, BUYBACK 계약으로 터널 시공 후 원 제작사가 10~20%의 원가로 되사가기도 한다. TBM 장비를 전문 조달 엔지니어링 그룹을 통해 전문적으로 장비를 시공 전에 미리미리 제작 조달하여, 원래대로라면, 시공사가 TBM 터널 공사를 수주한 후에나, 제작 구매 조달에 진입하여 18개월 정도의 TBM 제작 기간을 마이너스 Balance로 Killing Time으로 보내야 하는데, OPP 방식은 지반조사만 되면, 장비 Spec Design이 가능하다. 시공 스케줄에 맞춰 사전 제작이 가능해 Killing Time 없이 바로 터널 시공이 가능해 공기를 절감하고 공사비를 절약할 수 있게 된다.

OPP 방식은 1974년 호주 멜버른 전철 Project에서부터 시작되었다. 기계화 시공을 도입했음에도 성능 좋은 장비가 구발주 방식으로는 도입되질 못해 장비가 고장이 잦았다. 오히려 일반 발파공법보다 공기가 지연되는 등 폐해가 남달라 이를 시정하기 위해서 Owner가 장비를 직접 구매 조달하여 성능이 우수한 TBM 장비를 현장에 공급해 기계화 시공의 장점을 살리려는 데 그 목적이 있는 것이다.

TBM Procurement Work Scope

1. Machine Purchase

2. Spare Parts Supply Agreement

3. Machine Assembly and Commissioning on Site

4. Cutter Supply agreement

5. Machine Disassembly

6. Operational Personnel Supply

7. Machine Operation

8. Buyback of Equipment

9. Delivery of Equipment to the Site

10. Return Shipment of the Equipment from the Site after the Job is Completed

11. Maintenance

12. Technical Consulting during the Machine Operation

12.1 TBM 공법의 국내 적용사례 문제점

국내의 Open TBM 터널공법은 주로 교통터널이 아닌 장대 선형 도수로터널의 시공에 주로 적용되어왔다. TBM 장비 가동 시 사갱건설에 의한 추가 Risk가 적고, 직경이 적어 터널의 구조적 문제가 적기 때문이었다. 이러한 TBM 공법의 활용도가 적은 국내 터널기술에 관한 문제점을 정리하면 다음과 같다.

12.1.1 국내의 불규칙한 지층조건

국내 기계화 시공에 가장 불리하게 작용하는 문제점은 불규칙적인 지층의 발달로 인해 층리와 습곡 등이 심하게 발달되어 있다는 점이다. 추가로 국내 암층의 강도 이외에 질긴 점착 특성과 편마구조 등에 의한 Cutter의 묻힘 작용 등도 들 수 있다. 이와 같은 불리한 지층에 대하여 적정 장비 선정과 적정한 Cutter 선정을 위한 기본적인 Linear Cutting Test를 해본 경험이 과거 전무했다는 것도 기계화 시공의 주요 실패 사인임을 간과할 수 없다. 또한 TBM 장비의 설계에 필요한 지반조사와 각종시험, 상세한 지질조사와 지하수리 조사가 이뤄진 경우가 거의 없는 실정이다. 상황이 어찌됐던 장비 크기에 따라 100억에서 1,000억에 이르는 TBM 장비의 선정과 Cutter 선정을 공인기관의 절삭 시험 없이, 공기도 TBM 가동률 Program에 따른 합리적인 방법 없이 주먹구구식으로 이루어졌다는 것을 상식적으로 납득하기 어려운 것이 사실이다. TBM Cutter나

Cutter Head Design을 터널기술자가 Lead하여 기계파트, 전기 파트, 유압 파트를 끌고 가야지 그냥 이 일을 터널 외 분야에 던져 놔서는 현장 조건에 적합하지 않은 주인 없는 묘한 장비가 나오게 되는 것이다.

12.1.2 굴착장비 운용상의 문제점

현장 책임 기술자, 외부 전문가 집단의 효율적인 공조 없이 터널 시공 경험이 부족하고, 운전 경력도 짧은 Operator의 단독 현장 운영으로 인한 피해는 매우 크다. 이는 유사 시 대처 능력 부족으로 인해 터널 붕락, 장비의 터널 내 Jamming 현상, 운행 부주의로 인한 TBM 사행운전현상으로 이어진다. 또한 공사운영 미숙으로 인한 Spare Parts의 공급 불량, 기계 및 전기에 대한 지식 미비 등으로 인한 고가의 장비 운행 중지 등으로 공기가 연장되어 추가 공사비의 부담으로 이어진다.

국내의 경우 TBM 장비를 과다 보유한 JR건설, U건설들은 이러한 TBM 공법 적용 시 발생할 수 있는 여러 문제점을 인식하지 못해 TBM 장비의 장점을 살리지 못해 부도가 나는 사태까지 이르렀고, 이러한 TBM 공법 자체에 대한 부정적인 사고들이 국내 업계에 만연하게 되어 지난 10년간 국내에 TBM 공법의 적용은 매우 미비하였다. 결국 오늘날 국내에 잔존하는 TBM 장비 자체도 20년 이상 오래된 고물 구형으로 남게 되었고, 현재 새로운 TBM 공법을 제안하여도 20년 전에 실패담에 대한 부정적인 생각이 건설업계에 널리 퍼져 있어 이를 극복하는 것도 TBM 공법 적용을 위해 극복해야 할 현실이다.

12.1.3 TBM 공사비의 의혹

TBM 장대터널의 설계를 하다 보면, 공사비 산정에 큰 어려움을 겪게 된다. 해외의 저가의 많은 TBM Operator와의 접촉이 쉽지 않아, 몇 개 안 되는 국내 TBM Contractor 사와 협의를 통해 공사비를 산정하는데, 이때 TBM 공법의 장점보다, 국내 전문 업체가 제출한 공사비 견적이 TBM 기계화 시공의 앞길을 막는 경우가 많다. 거기에는 이유가 많겠지만, 자꾸 자신이 보유한 20년도 더 된 고물 TBM을 사용하려 하고, 따라서 굴진율에서 국제적인 감각이 부족하고, 부품 가격, 인건비, 버력처리 비용 등 현장 관리 비용 등등 기존 발파 공법보다 공사비 견적서가 늘 비싸게 들어온다.

문제는 신 TBM 장비에 대한 기술력이 없는 상태에서 은퇴하여 박물관에 가야 할 구식장비에 대한 기술력밖에 없다는데, 원인이 있으며 그런 이유로 TBM 전문 시공업체가 New TBM의 기술 도입, 장비 구입에서 큰 걸림돌이 되고 있다. 최근의 TBM 장비는 엄청 발달하여, 가동이 간편하여져 누구라도 굴착 운용할 수 있는 건설 중장비일 뿐이다. 또한 초기 300m는 제작사가 굴착하며, 장비 운전 기술을 전수함으로써, 특수 장비에서 일반화했다 할 수 있다. 장비의 재사용도 가능하다. 제작사의 Buy-Back System 등도 활성화하여 공사비를 줄일 여지가 많음에도 과거의 장비와 과거의 미흡했던 기술력을 고집하여 새로운 발전된 Modern TBM 기술의 도입이 늦어지는 원인이 되고 있다. 왜 항상 TBM 공법이 공사비가 발파공법보다 비싼지? 왜 이렇게 비싼 공법을 중국과 러시아, 싱가포르 등에서 여과 없이 사용하고 있을까? 베일에 싸인 국내 TBM 공사비 견적서에 대한 투명한 연구가 학회 차원에서 필요하고, 거기에는 명백한 독과점의 오류가 깔려 있음을 간과해서는 안 된다.

12.2 TBM 장비 발주 방법의 선진화 사례

미국 캘리포니아주의 산타클라라 벨리 교통공단(Santa Clara Valley Transportation Authority)과 계약하여 프로젝트 수행 중인 Hatch Mott MacDonald사 및 Archer Walters사의 Dr Alastair Biggart, Gary Kramer, Jimmy Thompson은 최근에 TBM 터널굴착 산업 내에서 발주처구매방식(OPP : Owner Procurement Process)이 어떤 방식이며, 이를 통해 TBM 터널 프로젝트의 완공을 앞당기고, 공사 중 발생 할 위험요소를 관리하는지를 발표한 바가 있다. 일반적으로 현재 전 세계적으로 OPP 방식이 TBM Project에서 가장 적합한 장비 조달 방식으로 알려져 있다. 국내의 열악한 기계화 시공의 문제점은 기존의 터널 공사와 같은 저가입찰(Lower Bidding) 방식을 TBM Project에도 적용하여, Project에 적합한 고급의 장비가 국내에 들어오지 못했다. 저가 입찰자들은 예산 등을 이유로 설계에 적용된 우수 장비보다는 저가 장비나 중고 장비를 국내 터널 현장에 투입하여 기계화 시공에서, 많은 시행착오를 겪은 바가 있다. 장비의 구입도 주계약자가 사지 않고 하도급 전문업체가 구입하도록 하여 장비에 대한 구입 예산은 더욱 적게 된다. 좋은 장비를 구입할 여력은 점점 떨어지고, 그럼에도 불구하고 규모가 작은 하도급 업체는 장비구입에 따른 금융비용에 대한 큰 부담을 지게 되었다.

TBM 장비설계에 대한 설계자의 Spec 선정이 Cutting Test 등을 이용한 CSM Model이나 NTNU Model 등을 이용하여 적정하게 이뤄져야 하겠지만, 구입 시 설계에서 적용한 Spec을 갖춘 장비가 들어올 수 있도록, 장비 조달 방식과 검수 방식이 국제적인 OPP 방식을 국내에도 적용하는 것이 필요하다. 특히 쉴드 TBM을 사용할 경우, PC Segment Lining System이 일반화되고 있어, 터널의 굴진속도를 높이고, 라이닝의 품질도 150년 이상의 사용연한을 보장해주고 있다. 국내에서 PC Segment 라이닝 적용이 어려운 것은 단순 공사비 비교만으로는 설계자가 결코 현장타설 콘크리트 라이닝 시스템보다 비싼 PC Segment 라이닝 시스템을 적용할 수가 없기 때문이다. 또한 이 방법이 공기를 줄이는 데 중요한 역할을 하지만, 우리나라 같은 고무줄 계약 공기 상태에서는 크게 Appeal하지 못하는 것 같다. 따라서 공기를 지키거나 줄이고 터널 라이닝의 수명을 높이려는 발주처의 의지가 필요하다. 공사 지체에 따른 지체 보상금 제도를 실현하고, 값은 비싼편이나 품질 좋은 PC Segment도 Owner가 직접 OPP 방식으로 발주하여, 공사 계약금 총액을 줄여야 한다. 원활한 PC Segment의 현장 적용을 위해서 조달 방식 변경도 뒤따라야 한다고 판단된다.

최근에는 국내에서 공사 완료 후 TBM 장비의 손료 및 소유현황, 재활용에 대한 문제점들을 야기한 바 있는데, 이를 해결할 좋은 발주 방식인 OPP 방식을 소개한다.

12.2.1 실리콘밸리 고속전철 Project 사례

산타클라라 밸리 교통공단(VTA)은 캘리포니아주 서부의 도시 San Jose에 SVRT(the Silicon Valley Rapid Transit, 실리콘 밸리 고속철도 운송 체계) 프로젝트(26.2km 확장공사)를 수행할 예정이다. 이 노선에는 6개의 정거장(3개 지하 정거장) 및 연장 8.2km의 단선병렬터널과 개착식 구조물로 구성되어 있으며, San Jose 도심지를 통과하도록 계획되어 있다(그림 12.1). 지하수위 바로 아래에 위치한 충적토층을 프리캐스트 콘크리트 세그먼트 라이닝 설치장비가 장착된 2대의 EPB TBM을 사용하여 굴착할 예정이다. 터널 천단에서부터 지표면까지 높이는 통상 12m가 정도가 될 예정이다. Hatch Mott MacDonald의 Joint Venture와 Bechtel Infrastructure에서는 설계 및 터널구간의 공사관리를 VTA(Valley Transportation Authority)를 통하여 지속적으로 관리 유지해오고 있었다.

VTA를 통해서 공사의 위험 요소를 관리하고 프로젝트 스케줄을 가속시키기 위하여 그들의 계약전략의 일환으로 OPP를 이용, 발주처가 제공하는 $\phi6.2\text{m}$ TBM 2대를 사용하기로 결정하였다.

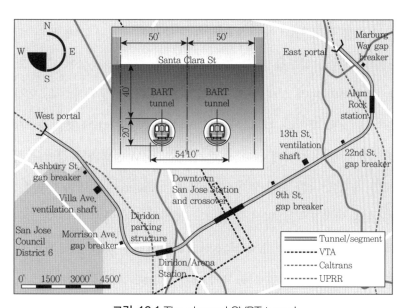

그림 12.1 The planned SVRT tunnel

12.3 TBM과 시공 위험부담

세계 어디서나 터널 시공에서 예측할 수 없는 지반조건 및 거동과 관련된 위험요소가 계약 관련 부분들에서 계속해서 드러남에 따라 계약상의 클레임도 잦다. 결과적으로 선택계약방법(alternative contracting method)을 지속적으로 개발하고 배분하려고 노력한다면 위험요소를 최소화하고 완화시킬 수 있다.

TBM과 TBM의 타당성에 관한 문제에는 어마어마한 잠재된 비용과 스케줄 충돌이라는 중요한 위험요소가 내포되어 있다. 통상적인 프로젝트 순서는 오직 발주처로부터 공사 진행 통보서(NTP : Notice to Proceed)를 받아야만 TBM 오더가 확인되어 시공사가 장비 구매를 하게 된다. TBM 장비 의뢰에 필요한 시간, 재검토 시간, TBM 제작 및 현장에 납품하는 시간을 포함하여 보통 현장에 TBM이 도착하기 전, 최소 12~16개월이 걸리는 것이 일반적이다.

상대적으로 전통적인 입찰 과정의 경우에는 지질자료와 TBM 특징에 관한 극히 중대한 결정을 재검토하기 위하여 입찰자에게 단기간의 시간만이 제공되는 반면에, 발주처와 그들의 컨설턴트는 기본계획 및 설계 Project를 통해 상당히 오랜 기간 동안 지반 조사를 해오고 이를 통해 TBM 장비 Spec에 대한 충분한 정보를 갖게 된다. 그러나 현행 제도하에서는 최소한의 정보를 가진 시공자가 가장 중요한 결정에 관한 모든 책임을 떠맡게 되는 기형적인 계약 상태를 가져온다. 입찰 과정이 길어질수록, 오직 프로젝트 완공 시간만이 연장될 뿐이다. 더 나아가서 터널 시공사와 TBM 제작사 양쪽 다 경쟁 입찰이란 불안한 상황에 놓이게 된다. 이런 상황은 TBM 선택과 특징에 관해서 충분한 기술적 검토와 가격에 대한 협상 없이 시간에 쫓겨 Project에 적합하지 않은 장비로 상업적, 정치적으로 억지로 강요되어 결정되는 불합리성을 안게 된다.

발주처가 TBM 공사의 위험 요소 분담을 고려하지 않는다면, 프로젝트의 문제가 커져 갔을 때의 경험에서 비춰보면 시공사의 저가 입찰로 인해 장비 예상가가 너무 낮아지거나 또는 현장지반 조건이 상이하거나, 이를 인정하거나 그렇지 않거나 프로젝트의 위험요소는 증대하게 된다. 인정한 변경사항 및 상이한 지반 조건 등으로 인해 발생되는 추가비용은 결국 발주처에 추가적인 비용 부담으로 위험요소로 남게 된다.

12.4 발주처에서 조달한(OPP) TBM

OPP는 국제적으로 증명된 선택계약 인도방법으로 수많은 터널 프로젝트에 적용할 수 있는 잠재력을 가지고 있다. OPP의 목표는 프로젝트에 발생할 수 있는 위험요소를 감소시키고, 프로젝트 스케줄을 가속시키는 데 있으며, 발주처 요구명세서, TBM 조달, 터널계약구매에 앞선 터널 세그먼트 라이닝 등을 터널 시공사에 제공한다.

이 프로세스는 1970년대 초기에 호주에 있는 Melbourne시에서 최초로 사용되었고, 적어도 전 세계 10곳의 발주처에 사용되어왔으며, 최근에는 중국과 러시아, 인도 등 비선진국에서도 일반화되고 있는 실정이다(표 12.1).

일반적으로 OPP는 다음과 같은 사항이 포함되어 있다.

- 본선터널계약 중 기본설계를 하는 동안 발주처는 필요한 TBM Spec을 결정한다.
- TBM 제작회사는 최종 실시설계를 하는 동안 채택되고, 동시에 발주처는 터널 라이닝(PC Segment의 경우)도 직접 조달한다.
- 이 프로세스에 PQ 터널 계약자가 포함되어 있다.
- TBM과 라이닝은 채택된 터널 시공사에 공급한다.

각각의 계약사항에 관하여 경쟁 입찰과정에 유리하게하기 위하여 여전히 발주처는 OPP를 선호하고 있다. 최종 결론은 발주처, 발주처의 컨설턴트, TBM 제작사, 장래의 터널 시공사의 공동 작업에 의하여 총괄한 Spec 명세서와 TBM에 공급하기 위한 기계

디자인은 전통적인 저가 입찰 시스템에 제공되는 것보다 훨씬 우수하다는 것이다. 전체 프로젝트 위험요소가 감소됨에 따라 각각 부분적인 위험요소 또한 감소되며 이는 공기 절감과 공사비 절감으로 연결된다.

표 12.1 OPP 방식으로 수행된 터널 프로젝트 사례들

Project	Owner	Location	Year	Use	Ground	Machines	Length
London Water Ring Main	Thames Water Authority	London, UK	1991	Water	Clay, sands, gravels	3×2,95m EPB/Open	33km
St.Clair River Tunnel	CN North America	Ontario/ Michigan	1992	Rail	Soft clay	9.5m EPB	1.8km
Sheppard Subway	Toronto Transit Commission	Toronto, Ontario	1996	Subway	Glacial till	2×5.9m EPB	3.9km each
Rio Subterraneo	Aguas Argentinas	Buenos Aires, Argentina	1995	Water	Soil	2×4m EPB	15.2km
Changi Metro Line	Land Transport Authority	Singapore	2000	Subway	Weak rock	2×6.1m EPB/Open	3.5km
Various Sewer Projects	City of Edmonton, Alberta	Edmonton, Alberta	13 machines since 1972	Sewer	Glacial till	12 Open face & EPB (2.4 to 6.7m)	100km
Melbourne Rail Loop	Melbourne Underground Rail Loop Authority	Melbourne, Australia	1972	Metro	Weak rock	2×6.85m	4 drives 2800m each
Nuclear Waste Repository Study	US Department of Energy	Yucca Mountain, Nevada	1994	Nuclear waste	Welded tuff	7.6m	7.3km
Lower Kalamazoo Mine	Magna Copper Company	Oracle, Arizona	1993	Mine	Hard rock	4.6m Open gripper	9.7km
Stillwater Mine, East Boulder Project	Stillwater Mining Company	Nye, Montana	1996 1987	Mine Mine	Rock Rock	2×4.6m 1×4.1m	5.6km each Not known

12.5 OPP의 적용 가능성

수많은 선택적 계약 납품방법(alternative contract delivery method)과 같이 OPP에 엄격한 조항들은 적합하지 않을 뿐만 아니라 발주처에서 조달하는 TBM과 라이닝 공급 역시 모든 프로젝트에 적합하다 할 수는 없다. 이 프로세스는 모든 발주처, 프로젝트, 컨설턴트 또는 시공사에 적합하다 할 수는 없지만, 현재 수행된 경험에 의하면 단점보다는 장점이 많고, 좋은 장비의 도입이 가능하게 해주어 Project를 긍정적으로 활성화 시켜주며 기계화 시공에서 장비개선과 좋은 장비 공급을 가능케 해준다.

발주처 : 많은 발주처들이 계약납품의 선택 형태를 잘 알고 있으나 OPP는 모든 발주처들에게 적합하다고 단정 지을 수는 없다. 발주처의 조직 내에서 OPP를 소화할 수 있는 계약과 구매문화에 성공의 열쇠가 달려 있을 것이다.

프로젝트 : SVRT 프로젝트 조건에서 OPP의 적용 가능성에 관해서는 다른 프로젝트에 지침서로 사용될 수 있다.

• 까다로운 지반 조건 : 높은 지하수위를 포함한 충적토층
• 도심지 구간 터널굴착 주변 환경으로 인한 매우 큰 위험요소
• 무리한 노선설정 : 급커브 구간, 파일에 근접, 장애물에 접근 가능성
• 촉박한 스케줄

다음에 오는 사항들은 OPP와는 잘 어울리지 않는 유사한 프로젝트의 조건을 보여준다.

• 통상적으로 사용되고, 매우 작은 직경의 터널
• 작은 규모의 프로젝트

- 예측불허의 터널굴착과 지반 조건
- 침하로 인한 영향 또는 막장면의 불안정성이 최소화되는 지역
- 터널 굴착 시공사가 지방의 지질상황을 잘 알고 있는 경우

컨설턴트 : 설계 컨설턴트는 TBM Spec과 TBM을 조달할 수 있는 능력을 가져야 한다. 컨설턴트는 해당되는 과정 또는 과거 다른 TBM Project를 수행한 시공사 직원으로부터 과거 TBM 장비 구매에 따른 계약 사항들에 대한 정보를 취하는 것이 좋으나, 추후 직접적인 경험을 통해 OPP 구매 방식을 인지해야 한다. TBM 시공자들의 TBM의 제작에서부터 구매, 가동에 관한 경험을 정보화해야 한다. OPP를 이용할 때 설계 컨설턴트는 이 프로세스에 연계를 주기 위하여 건설 관리 컨설팅을 지속적으로 해주는 것이 좋다. 몇몇 컨설턴트들은 대부분 시공사가 TBM 결정을 하는 것이 낫고, TBM 시방서를 토대로 유일하게 TBM 성능을 파악한다고 주장할지도 모른다. 이러한 견해는 컨설턴트가 불가피한 결정하기 위해 실제 TBM의 가동에 관한 경험이 너무 부족하다는 것을 자인하는 경우 일지도 모른다.

시공사 : 거의 틀림없이 이 프로세스에 입찰자의 수는 감소할 것이다. 이것은 다른 터널 프로젝트와 달리 계약 특수 조건 등에 관한 것일 수 있다. 그러나 경험에 따르면 이 OPP프로세스는 입찰의 수가 불충분한 결과를 초래하지 않고, 시공사들의 재정상태도 대부분 훌륭하였다.
시공사는 발주처가 조달한 TBM의 개념에 관해서 다음 사항을 고려한다.

- 관리 실패로 인한 증가된 위험의 인식
- 재정상 수익 손실 : 총경비와 이윤폭 감소
- 기계 제작회사는 시공사의 선택으로 채택되서는 안 될 것이며, '채택된 공급자'로 해야 한다.

- 발주처의 잘못된 경험으로 인하여 질이 떨어지는 하급 TBM을 받을 것이라는 인식
- TBM 제작회사와의 협력관계는 OPP에 의해서 만들어진 계약상의 순서로 인해 대체된다.

그러나 이 프로세스의 채택을 시공사에 알려야 한다. 그 발주처는 융통성 있고, 위험 부담을 잘 알고 있다. 더 나아가 프로세스의 구조상 TBM 기계특징에서 시공사의 협조가 포함되어, 현장 조건에 걸맞은 설계가 된다.

TBM과 터널공사시장의 독특한 본질을 깨닫는 것이 중요하다. 전 세계에 알려진 일부 TBM 제작사의 마케팅은 품질과 기능에 관한 그들의 평판을 크게 기반으로 하고 있다. 따라서 재정과 평판 둘 다 가지고 있는 TBM 제작사들은 그 OPP에서 가능한 최고의 기계를 제공할 의무가 있다. 그 결과로 이 프로세스를 통해 훌륭한 시공사는 자신이 공급할 수 있었던 것보다 더 우수한 TBM 기계를 받는 결과를 초래하였고, 여전히 최저가의 입찰자가 되었다. 적임자이고, 사정을 잘 알고 있는 시공사는 혹시 가장 부적합한 기계를 제공받음으로 인해서 생기는 저가입찰에 위험 부담을 가지지 않으면 안 될 것이다. OPP 방식의 단점은 발주처가 장비를 잘못 선택하거나, 발주처가 소유한 기존의 장비를 Lease할 경우 장비 사용 시 유지관리 고장 등에 대한 Risk를 시공사가 계약 협상 시 보험처리에 대한 부담비를 공사비에 상계하도록 발주처와 협의하는 것이 좋다.

12.6 추가적인 이점

위험요소 감소와 시간 단축이라는 사전에 언급한 이점 외에 OPP는 다음 항목과 같은 다른 추가적인 잠재적 이점을 갖고 있다.

- 좀 더 현장 지반조건에 적합한 TBM 선정으로 비용을 절감할 수 있다.

- TBM 설계에 따른 적절한 장비 선택으로 터널공사 지연으로 인한 Risk가 줄어들어 추가공사 비용이 많이 들지 않는다.

- 총 계약금액에서 TBM과 세그먼트 라이닝의 비용제거가 용이하다.

- 발주처는 직접적인 감독으로 TBM 구입 품질을 좀 더 관리하여, 중고 및 적합하지 않은 TBM의 공급은 피할 수 있게 된다.

12.7 OPP와 SVRT 프로젝트

SVRT 프로젝트에서 OPP의 수행항목으로 다음에 오는 사항들이 포함되어 있다.

- TBM 제작 PQ

- TBM 설계, TBM 시방서(specification), 입찰

- 터널 세그먼트 라이닝 입찰

- 터널 시공사 PQ

- 기술 협약

- 기술 위원회

- 경개(Novation) 협약

- 본선터널 계약

- TBM 가동 및 정비에 관한 시방서

위의 사항들과 계획대로 실행한 절차를 그림 12.2와 12.3에 각각 나타내었다.

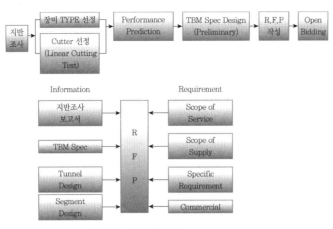

발주자 조달 방식 제시

그림 12.2 미국 SVRT project에 사용된 OPP 입찰 방식

Activity	Duration (Months)	1				2				3				4				5			
		1	2	3	4	1	2	3	4	1	2	3	4	1	2	3	4	1	2	3	4
HMM/Bechtel Disign																					
Preliminary Engineering	24																				
Final Engineering	12																				
Tunnel boring machine (TBM)																					
Inform contact with manufacturers	9																				
Prepare TBM procurement documents	22																				
Technical review committee		x		x	x	x	?														
VTA board approval	2																				
Prequalification	5																				
Pricurement	5																				
Negotiations with best value TBM manufacturer	2																				
Award TBM manufacturer contract																					
Technical meetings—Owner/manufacturer/contractors	4																				
Design	2																				
Manufacture	10																				
Shipping to nearest US port	1																				
Tunnel excavation contract																					
Prequalification	3																				
Technology agreement	3																				
Procurement	5																				
Novation agreement	2																				
Award tunnel excavation contract																					
Mobilisation	2																				
TBM transport & assembly	2																				
TBM tunnelling																					
East portal/Alum Rock Station excavation																					
Procurement	4																				
East portal excavation	8																				
Alum Rock Station excavation	18																				
Linings																					
Prequalification	4																				
Procurement	3																				
Set up factory	9																				
Manufacture																					

그림 12.3 OPP 방식을 사용한 미국 SVRT project의 장비 조달 가계획

12.7.1 PQ와 TBM 단면

TBM 제작회사들의 수와 기술 수준을 사전인증하기 위하여 전 세계에 광고해야 하고, 다음에 오는 PQ 기준을 포함시켜야 한다.

- 유사한 크기와 형태를 가진 TBM 설계의 사전경험 유무
- TBM 시공회사에 OPP를 포함하는 TBM 경개를 기꺼이 다루도록 하고, 터널공사가 완료되는 시점에 TBM을 되사도록 지원함
- 프로젝트 수행기간 동안 현장에 제작사 자체 엔지니어를 지원해주는 능력
- 그들의 소유한 공장에서 조립 능력 및 TBM 테스트 수행능력
- 앞선 TBM들의 납품을 '정기적으로 납기 내에 납품 여부' 증명
- 기계의 성능 보증을 기꺼이 해야 함

제작회사는 선정에 필요한 근거에 따라 사용되는 자체 기술과 자체 고유 성분가격을 가지고 그 프로젝트에 관한 '최저가'를 선택해야 할 것이다.

12.7.2 설계와 제작

발주처 측의 프로젝트팀은 일부 규정을 포함한 TBM의 성능 Spec을 제시할 것이다. 이 Spec과 다른 입찰문서들은 PQ로 선정된 TBM 제작자들에게 보내질 것이다. 여기에는 OPP에 관한 설명, 계약도면, 지질학적 자료, 지질학적 데이터가 포함되는 보고서, 터널 세그먼트 라이닝설계, 설계도면 작업, 유지보수 명세서, TBM 침하기준, 기술협정이 포함되어 있다.

12.7.3 터널 라이닝 입찰

SVRT 프로젝트에서는 프리캐스트 콘크리트 세그먼트 라이닝과 개스킷방수 시스템

을 사용하도록 계획되어 있다. 턴키 공사의 경우 통상적으로 세부설계는 TBM이 가지고 있는 가능성을 확실히 하기 위해서 시공회사의 설계사에 의해 수행되고, 일반적으로 TBM을 현장으로 운반하기 위해서는 미국의 경우 최소 9~12개월이 필요하다.

결론적으로 발주처가 조달한 TBM의 스케줄상의 이익을 달성하기 위해서는 세그먼트 라이닝 요소 또한 터널 계약에 앞서 발주처가 OPP로 조달해야 한다.

발주처가 조달한 라이닝 시스템에 관한 위험관리 이익은 발주처가 조달한 TBM에 관한 이익과 유사하다. 여기에는 감소된 터널 계약 값의 결합성 증진, 기술 혁신에 관한 증가된 잠재성, 보다 우수한 품질의 라이닝이 포함된다. 라이닝 공급에 관한 계획 과정에는 기본 설계의 발전, 터널 시공사 투입, TBM 공급자 및 세그먼트 제작자, 입찰 협상에 잇따르는 설계의 사항이 포함된다.

12.7.4 터널 시공사 PQ

터널 시공사 선정 시 과거 TBM 공사 경력이 PQ가 될 수 있으며, OPP 방식에 관하여 추후 터널 시공사의 동의가 있어야 한다는 것이 중요한 부분이다. OPP의 개요는 관련된 터널 시공사들에게 발송될 것이고, 그로 인해 그들은 그 과정을 이해할 것이다. PQ 기준은 적어도 3번의 유사한 계약의 경험이 필요할 것이다. 여기서 말하는 경험은 SVRT Project의 경우 도심지 연약지반 터널공사와 유사한 크기의 폐합단면 TBM 사용 경험이다.

12.7.5 기술 협정

과정 중에서 핵심 사항은 프로젝트에 가장 적합한 TBM에 관한 의견일치와 개발을 위해서 발주처, TBM 제작사, 터널 시공사는 같이 일하게 된다. 기술 협정은 터널 계약 중 입찰 전에 기계 개발 가이드가 되는 기술 위원회에 참여한 예상 터널 시공사와 함께 이루어진다. 적합한 입찰자들은 전문적인 기술 협정을 수행함으로 그들의 PQ 상태를 증명해야 할 것이다.

12.7.6 기술위원회

발주처 대표로 의해 선출된 기술위원회는 PQ 터널 시공사 대표, 발주처 대표, 발주처 컨설턴트, 전문가, TBM 제작사로 구성된다.

위원회의 첫 번째 미팅 전에 PQ 터널 시공사는 기술위원회 미팅보다 앞서서 그들의 정보(input)를 허용하기 위하여 TBM 시방서 초안을 보내야 한다. 이러한 과정이 이루어지는 동안 발주처는 기술위원회 결정사항들을 보유해야 하고, 터널 시공사들은 위원회 결정 승인을 신청해야 한다. 발주처는 시공회사의 정보를 고려하여 TBM 시방서를 수정해야 한다. 기술위원회는 주 계약 입찰 시행 전에 TBM 장비선정 후 해산해야 한다.

12.7.7 경개 협정

OPP의 본질은 운송(transfer) 또는 시공회사에 발주처로 인한 TBM의 '협정'이다. 경개 협정은 시공회사가 자진해서 TBM의 소유권을 얻는 양도(transfer)와 승인(confirms)에 관한 계약서가 될 것이다. 경개는 발주처와 TBM 제작사 사이 계약할 때 터널 계약의 재정과 함께 발생하고, TBM 제작사와 터널 시공사 사이의 계약이 된다.

TBM의 대폭 수정이 발주처의 동의 없이 허용되지 않는다. 그에 따라 터널 시공사는 지불상환을 대신하고, 터널계약규정을 통하여 발주처로부터 이를 되찾을 수 있다. 도로 제작사가 구입하는 조항(Buy Back)하에 시공회사는 터널공사가 완료되는 시점에 제작사에게 TBM을 반환해야 할 것이다. 이 계약에는 '현장'에 제작사의 직원 및 제작사에서 추천된 예비부품 운반 요구와 같은 협력이 포함되어야 할 것이다.

12.7.8 본선 터널 계약

본선 터널 계약에는 TBM 구매와 라이닝 공급에 관한 OPP를 커버하기 위해 필요한 개별적인 요소들을 전체적으로 설명해야 한다. 이 과정은 메인 부분 사이에 협조를 필요로 하는 표준보다 훨씬 크게 포함한다. 그래서 계약 형식에 DSCs와 Disputes Review Board에 관한 규정이 포함되어야 한다는 제안이 있다. 이 계약에는 기술 협정(Technology Agreement)이 포함되어야 한다. 즉, 기술 위원회 결정과 경개 협정에서 터널 시공회사와 연류된 문서조사가 포함되어야 한다. 시공회사가 입찰서를 제출할 때, 그들은 TBM 시방서를 포함한 입찰을 기술 위원회 미팅이 전개되고 있을 때 실시해야 할 것이다.

12.7.9 TBM 가동 및 정비

TBM 가동 및 정비 시방서는 본선 터널굴착계약 시방서의 일부분이 될 것이다. 이것은 다음 사항에서 표준시방서와 다르다.

- TBM 가동 및 정비에 관한 시공사의 책임이 좀 더 면밀히 정의될 것이다.
- TBM 제작사에게 모든 정보를 보내는 것을 포함해야 한다.
- 터널굴착을 하는 동안 TBM 제작사의 현장 참석을 조건으로 요구해야 한다.
- TBM 제작사로부터 기술적인 제안이 포함되어야 한다.

12.8 발주 방법(OPP) 발주에 따른 국내 TBM 공법의 정착

OPP는 비교적 새로운 방법이기 때문에 발주처 기관과 계약 집단 둘 다 이것을 사용하는 데 제약이 따를 수 있다. 따라서 프로세스의 이익이 반드시 설명되어야 하고, 그 포함된 내용을 상세히 토의해야 한다. 이 장에 포함된 정보는 SVRT 프로젝트에서 계획된 OPP 관련 내용을 고찰한 것이고 결론적으로 OPP 방식이 이 프로젝트와 다른 프로젝트에서도 성공적으로 수행되었고, 앞으로도 TBM Tunnel 시공 시 성공적인 장비 조달 방식이 될 것이다.

또한 현재 OECD 국가 중 최하의 터널 기계화율을 지닌 국내 TBM 공법의 정착을 위해서는 다음과 같은 사항에 노력해야 할 것이다.

1. TBM 장비의 보다 완벽한 설계를 위해서, 보다 정밀하고 자세한 지반조사를 실시하여, 대상 지층의 지질조건과 지하수리 상황을 분석해야 한다.

2. 장비의 적정 규격 선정을 위해서 세계적으로 인정받는 CSM Model 또는 NTNU model 및 KICT Model 등을 설계에 반영하는 것이 필요하다.

3. 국내에 없는 최신 High-Power TBM에 대한 상세 정보가 필요하다.

4. 공사비의 30~50%를 차지하는 고가의 Hard Rock TBM Cutter의 국산화 대체를 위한 원천 기술의 개발이 필요하다.

5. 기계화 시공을 위한 설계, 시공, 감리 기술자의 배출이 필요하며, 미래 지향적인 기계화 시공에 대한 연구 및 프로젝트 확대 적용이 필요하다. 이를 위해서 한국터널공학회(KTA)에서 TBM 공법의 저변화를 위해서 현장 교육용 Workshop을 실시하는 것이 필요하다.

6. TBM Operator 등 면허제도가 필요하다.

7. TBM 등록, 장비 검수, 인증, 성능 검사, 장비 보수 후 인증 시스템, 성능 검사 등 기준 및 규정 미비하다.

8. TBM 국산화는 대규경보다는 소규경 직경 4m 정도 Super Power TBM을 개발해서 미래의 차세대 교통 시스템 Urban Loop 등 건설용으로 국산화를 하면 좋겠다.

9. TBM 국산화를 통해 남극, 북극 개발 그리고 달 기지 개발용 TBM 개발도 필요할 것이다.

10. 요사이 자동차의 자율주행 차량이 개발되고 있는데 TBM도 AI Robot를 이용한 원격조정, 자율주행 TBM 등 차세대 TBM 개발이 필요하다.

CHAPTER
13

TBM 장비의 재활용

CHAPTER 13

TBM 장비의 재활용

오늘날 터널공사에서 TBM 장비가 워낙 비싸다 보니 중고 또는 재활용(Rebuild) TBM 장비를 재사용하는 것이 세계적으로 일반화되고 있는 추세이다. 환경문제 및 경제적 이유로 값비싼 TBM 기계의 재사용은 한 번 사용한 후, 보다 신뢰할 수 있는 안전한 해결책이라고도 할 수 있다.

최근에 국제터널학회(ITA)에서 발간한 ITATECH 가이드라인은 지정된 TBM 장비 계약 조건에 맞춘, 재활용 TBM 기계의 정의와 최소 사용기준을 정립하고 있다. 따라서 부족한 국내 TBM 기술력 및 전무한 TBM 장비의 재활용 기준으로 활용될 수 있기를 바라며, 기준 없는 무분별한 TBM 장비의 재활용도 재활용 기준에 따라 새로 정립이 되어야 할 것이다.

13.1 TBM 재활용 개요

지금까지 터널 공사에서는 재사용 기계의 최소품질 기준에 대한 구체적인 가이드라인이 없었다. 기계의 재활용을 위한 품질수준에 도달하려면 다음 두 가지 재활용

(rebuild) 수준과 그의 최소조건을 구체화해야 한다.

- 재제작(Remanufacturing)

- 재보수(Refurbishment)

참고로 터널 프로젝트를 위한 굴착 및 지원 시스템 혹은 TBM 종류 선정은 조사 시 예상된 지반조건 및 지하수 상태에 따라 큰 영향을 받는다. TBM 장비의 재사용은 재활용업자(Rebuilder)와 지반 조건의 사항을 고려하여 협의를 통하여 결정된다.

그림 13.1 여덟 번째 재사용된, 동일 Robbins 재활용 TBM

13.1.1 TBM 재활용 가이드라인 범위

이 가이드라인은 쉴드 TBM과 노출형 무쉴드 TBM(Open TBM)과 이의 백업 장치에 관한 내용을 담고 있다. 또한 무인 소구경 TBM 터널기계와 이와 관련된 장치(캘리포니아 스위치, 가압펌프장, 지상 지반 전원함, 콘트롤 저장소 혹은 재킹 프레임)도 이 가이드라인 범위에 포함된다.

재활용 TBM 국가 사용범위에서는 만약 재활용하려는 TBM 장비 사용국가가 최초 동일 TBM 장비가 사용되었던 국가와 다르면, 먼저 국제 기준과 규정에 일치하는지 여부를 확인해야 한다.

이 가이드라인은 전 기계, 각 하위부품과 기계의 전 구성요소에 적용될 수 있으며, 유압 및 전기 시스템의 일반적 필요조건도 언급되어 있다.

감압실, 압력용기, 피난실(refuge chamber) 및 크레인 시스템은 이 가이드라인의 범위 안에 포함되어 있지 않다. 이러한 요소의 재사용 자격조건은 사용될 나라의 국가표준과 규제 기준에 따라야 한다.

13.1.2 TBM 총괄 장비 시스템 혹은 하위부품에 대한 재활용 단계의 정의

각 예정된 프로젝트의 조건에 따라(예 : 터널 연장 혹은 예상된 사용기간, 지반조건) 다양한 기계장비 사양의 시방서가 있다. 이러한 조건에 따라 기계장비는 다 신장비로 사용할 수도 있고 혹은 프로젝트 일정과 경제적 요건에 따라 재활용 TBM 장비를 사용할 수도 있다.

재활용 TBM 장비를 사용한다면 가장 고가의 재활용 수준을 지정할 필요는 없다. 따라서 이러한 상황을 고려하여 장비 재활용 절차에 두 가지 단계로 설립되어야 하고 이는 제품의 수명 사이클 단계에 각 부분에 따라 진행된다(그림 13.2).

- 재제작(Remanufacturing)
- 재보수(Refurbishment)

이러한 재활용 단계의 최소재활용조건은 가이드라인에 포함되어 있다. 각각의 제작사 혹은 장비 재활용업자의 지정된 보증조건을 달성하기 위해 추가적인 조치를 요구할 수도 있다.

13.2 TBM 재제작(Remanufacturing)

재제작 TBM이란 TBM 장비총괄 시스템 혹은 하위부품을 다른 프로젝트에서 원본 상태 혹은 변경상태로 사용되는 TBM을 말한다. 재제작 절차의 기본적 원리는 새로운 터널 프로젝트를 완성할 수 있는 새로운 TBM 장비 수명 사이클을 갖추도록 하는 것이다.

참고로 재제작은 전체부품수명(full component lifetime)을 갖출 필요가 없거나 '최첨단' 및 특별한 사양의 필요조건이 없는, 즉 특수한 조건이 없는 프로젝트에 일반적으로 적용 가능하다.

재제작 현장에서 볼 때, TBM 혹은 소구경 TBM의 몇 개의 지정된 하위부품 및 주요 구성부품 요소를 한정하여, 이를 재제작 장치와 함께 재사용을 허용하는 것이다. 재제작 과정에서 대다수의 경우에 이러한 하위부품 및 구성요소의 '필수적인 새로운 조건'은 프로젝트 발주자가 정의하고 재제작 기계장비 사용이 허용되는 프로젝트에서는 TBM 공급자가 이러한 복합적인 선택권을 사용할 수 있다.

참고로 이러한 복합적인 장비선택에는 주요 구성부품의 수명 연장 조건과 기계의 특수적인 필요조건이 있는 '대단면(Large Scale)' 프로젝트에만 일반적으로 적용된다.

일반적으로 계약 조건 혹은 기계공급 제안 시 기계의 주 혹은 핵심 구성요소(예 : 메인 드라이브, 베어링 및 실(Seal) 시스템, 쉴드 구조 등) 혹은 지반조건 관련 요소(예 : 커터헤드, 암반 지보재 설치 등)가 '필수적인 새로운 조건'으로 새로운 부품으로 지정되거나 별도로 특별히 제작되어야 한다. 참고로 '새롭다는 것은' 구성부품이 새롭게 제조되어 한 번도 사용되지 않은 것을 이야기한다. 이는 이전 프로젝트에서 먼저 제조되어 예비부품재고에서 빼온 새로운 부품도 해당된다. 재고 물량에서 빼온, 새로운 부품 중 제품의 수명시효(aging)가 해당되는 부품의 남은 수명은 최소한 프로젝트 기간의 2배가 되어야 사용할 수 있다.

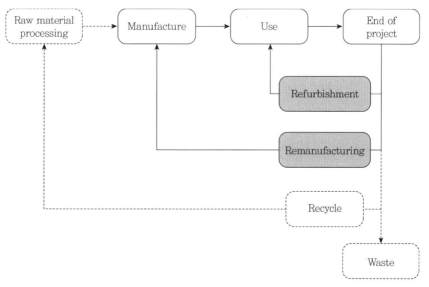

그림 13.2 가이드라인에 포함되는 전 라이프 사이클 절차(full life cycle process)

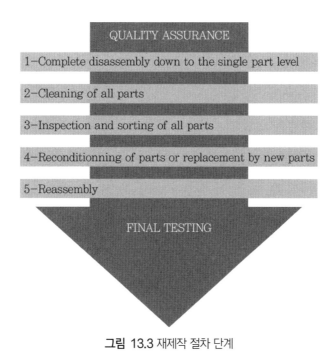

그림 13.3 재제작 절차 단계

13.2.1 TBM 재제작 단계

1단계 : 분해는 단일부품 수준으로 진행된다. 이는 원래 초기 TBM 조립의 단일부품 정의와 같다. 분해단계에서 재활용할 수 없는 부품을 폐기하고 일반적으로 실(seal)과 같은 재사용되지 않을 부품과 재활용할 수 있는 부품을 분리한다.

2단계 : TBM 장비 세정 및 청소(cleaning)는 폐석, 토양, 파편 등의 탈지(degreasing) 작업, 및 녹 제거와 이전 페인트 제거 과정들을 포함한다.

3단계 : 단일부품의 점검은 부품의 분류에 따라 다르며 이는 외관검사 혹은 그 외 검사 방법(균열검사, 전기검사, 압력손실 및 누수검사)을 통해 진행된다. 이 단계에서 부품의 재활용 가능성, 재생 가능성 혹은 검사로 인한 재활용 불가능성의 여부는 사전 설립된 기준을 통해 결정되어야 한다.

4단계 : 부품의 재생은 새로운 장비제작과 유사하거나 같은 제조 절차들을 적용될 수 있다. 조금 더 기술적인 해결책 혹은 구조적 보강에 기여할 수 있는 부품개선이 이 단계에서 이뤄질 수 있고, 이 절차에는 재사용이 불가능한 단일 부품을 새로운 부품으로 대체하는 과정이 포함되어 있다.

5단계 : 재조립 단계는 원래 최초 조립 방법과 같고 이는 최초 조립과 동일한 절차와 도구를 사용한다. 재조립 후 최종적 검토도 동일한 절차, 검토기준 혹은 입증 필요조건도 최초 조립과 동일한 방법으로 진행된다.

그림 13.4 TBM 재제작/재보수 과정

그림 13.5 스위스 Gotthard Base터널의 Amsteg 갱구부 굴착을 끝나고,
Gotthard tunnel의 Erstfeld 부분 굴착에 재사용될 Gripper
TBM의 재보수 후 모습이다.

13.3 TBM 재보수(Refurbishment)

재보수 TBM이란 이전 시스템과 하위부품을 다른 터널 프로젝트에서 원래의 구성
상태나 작은 사양 수정을 한 후 사용하는 TBM을 말한다. TBM 재보수 작업은 주로 '완

전정비(full maintenance)' 및 '불량부품 혹은 불량기능 수리 및 교체' 절차를 진행하고 최종 기능 검사를 진행한 다음 이의 완전 장비시험기록절차를 진행한다.

고로 재보수작업은 일반적으로 비슷한 터널 프로젝트를 완수하고 특수한 조건에 맞춘 TBM 기계가 필요 없는 프로젝트에 적용 가능하다. 따라서 원 TBM 장비를 재보수하여 유사터널 프로젝트에 적용할 경우 재사용이 가능해진다.

13.4 TBM 유압 시스템

표 13.1 유압 시스템 재보수 및 재제작 기준

	재보수	재제작
유압유	새로 교체	새로 교체
필터 카트리지	외관 검사	새로 교체
호스	외관 검사 수명 초과 혹은 파손될 경우 교체	새로 교체
관(piping)	외관 검사, 세정(물청소)	새로 교체
오일 저장탱크(oil reservoir)	외관 검사, 세정	분해, 세정, 실 새로 교체, 재조립
유압 실린더	외관 검사, 유압 시험	분해, 세정, 실 새로 교체, 마모부품 새로 교체, 유압시험
유압 모터 > 150cm³ 변위 부피	외관 검사, 기능 시험	분해, 세정, 실 새로 교체, 마모부품 새로 교체, 대상시험
유압 모터 < 150cm³ 변위 부피	외관 검사, 기능 시험	외관 검사, 단상 대상시험(bench test)
유압 펌프 > 100cm³ 변위 부피	외관 검사, 기능 시험	분해, 세정, 실 새로 교체, 마모부품 새로 교체, 대상시험
유압 펌프 < 100cm³ 변위 부피	외관 검사, 기능 시험	외관 검사, 단상대상시험
밸브, 밸브 뱅크(valve bank)	외관 검사, 기능 시험	분해, 세정, 실 새로 교체, 마모부품 새로 교체, 대상시험

13.5. TBM 전기 시스템

표 13.2 전기 시스템 재보수 및 제제작 기준

	재보수	재제작
케이블 > 1000V	외관 검사, 절연 시험	외관 시험, 절연 시험
케이블 < 1000V	외관 검사, 절연 시험	외관 시험, 절연 시험
케이블 드럼 > 1000V	외관 검사	분해, 세정, 전기 시험
고압 스위치기어	외관 검사	분해, 세정, 전기 시험
저압 스위치기어	외관 검사	분해, 세정, 전기 시험
변압기	분해, 세정, 전기 시험	분해, 세정, 전기 시험
전기 모터	외관검사, 전기시험	분해, 베어링 새로 교체, 전기시험
PLC 하드웨어	기능 시험	구식 부품 교체, 기능 시험
PLC 소프트웨어	기능 시험	새로 교체, 새로 업데이트
센서	기능 시험	기능 시험
안전 관련 부품	기능 시험	새로 교체, 기능 시험

13.6 TBM과 소구경 TBM의 시방조건

13.6.1 임시 지보재로 사용되는 쉴드 구조체 및 기계 부품

터널 굴착 시 임시 지지대로 사용되는 기계 부품(예 : 천장지지구조물) 및 쉴드 구조물이 지반과 지하수에 의해 가해진 하중을 버틸 수 있는 능력이 있는지를 확인해야 한다. 또한 이러한 부품을 예정된 프로젝트에 재사용 시, 굴착 터널 프로젝트의 지하 및 지하수 조건도 고려해야 한다.

13.6.2 지반 지보재 설치

암반 지보재 설치장비가 제공되는 무쉴드 터널굴착기계에서는 현재 있는 장비의 종류와 암반 지보재가 위치되어 있는 설치공간도 굴착예정 프로젝트에 여부도 확인해야 한다.

프리캐스트 세그먼트 설치 능력을 갖고 있는 쉴드 터널굴착기계에서는 쉴드-라이닝 인터페이스뿐만 아니라 핸들링 수용력과 세그먼트 설치 장비의 운전자의 인체공학적 안전성이 예상 사용방법 및 세그먼트 설계와 현장에서 일치하는 여부도 확인해야 한다.

13.6.3 메인 베어링

TBM의 메인 베어링은 고부가 가치 핵심부품이자 교체사용 수명이 매우 길다. TBM 메인 베어링의 일반 설계수명은 10,000hr 혹은 그보다 크다. 이러한 설계수명 수치는 TBM 사용에 관한 예상 굴착조건에서 가정된 하중을 고려한 수치다. 하지만 대다수의 메인 베어링은 처음 적용할 때 설계수명에 가까이 도달하지도 않아 다음과 같은 조건만 만족하면 재사용이 가능하다.

- 메인 베어링의 운영 시간이 기존설계수명의 약 50%에 도달하지 않았을 때
- TBM 데이터 기록 시스템에서 이전 프로젝트에 '경험한' 하중 조건 및 운영시간을 예상된 하중 조건 및 운영시간에 합하여 이의 새로운 설계수명 수치가 예정 프로젝트에 사용 가능하다고 확인되었을 때
- 완전한 베어링 검사와 재생을 진행하고 기존 베어링 제작자 혹은 같은 자격을 가진 기관에서 '사용 가능' 조건이 주어졌을 때
- 이에 해당하는 베어링 검사의 최소필요조건은 다음과 같다.
- 축방향 및 방사성 베어링 간극 측정
- 베어링의 완전 분리와 세정
- 모든 베어링 부품의 외관검사(raceways, rollers, cages, bolting thread) 그리고 bull gear(bull gear가 베어링의 일부분일 때)
- Raceway와 bull gear(bull gear가 베어링의 일부분일 때)의 균열 시험
- 위 검사의 결과 기록 및 필요보충사항 기록

- 이러한 필요조건의 최소안전기준으로 모든 실(lip 실, O-링)은 베어링을 재조립할 때 모두 교체되어야 한다. 또한 여기서 적절한 부식방지 조치도 진행해야 한다.

메인 베어링 재생의 실현가능한 방법 중 하나는 Raceway를 다시 갈거나(regrinding) Roller를 새롭게 설치하는 것이다. Regrind 깊이의 한계를 일반적으로 0.5mm로 최댓값을 설정한다. 정확한 베어링 간극의 재조정은 재생과정의 일부분이다. 이러한 작업은 자격이 있는 베어링 제작자나 기존 베어링 제작자가 실행해야 한다.

13.6.4 커터헤드(Cutterhead), 도구 및 폐석 처리 장치

TBM−지반 상호작용, 굴착 및 초기 버력운송 과정의 주 부품 및 하위부품은 프로젝트 장비 사양 특성에 따라 달라진다. 또한 이러한 부품들은 마모에 매우 노출되어 다른 터널 프로젝트에 재사용하기에 적합하지 않다.

암반용 커터는 소모성 부품으로 디스크 커터처럼 지정된 OEM 재활용 절차가 따로 없을 시 새로운 커터로 교체해야 한다.

커터헤드 구조물은 TBM 구조 자체와 구조에 통합된 커터집(Tool Socket)에 의해 높은 하중을 받고 연마마모에 노출되어 있다.

각 구조물의 구체적인 시험과 보수 계획 및 보수 절차를 필수적으로 기록해야 한다. 또한 이러한 마모를 방지하는 고정된 마모방지 요소(부품)들이 있는데 이들의 상태와 예상되는 사용 혹은 마모한계가 50%에 도달했을 때 교체되어야 한다. 더구나 커터헤드 구조물의 설계는 지정된 프로젝트의 예상지반조건에 크게 관련 있다. 도구 종류와 형태, 커터 크기와 간격, 커터 면판의 열림 비(opening ratio), 버력 유동, 분포 조건 혹은 flushing port와 같은 지반과 관련된 설계 고려사항은 전체 구조에 큰 영향이 있다. 따라서 커터헤드 재활용은 최초 사용과 장차 예상 사용의 지반 조건을 고려해보며, 비교하여 그 타당성이 있음이 증명되어야 한다.

1차적 버력처리 요소와 쇄석기, 나선(Screw) 컨베이어, TBM 벨트 컨베이어 혹은 쉴드 슬러리 파이프 배관 시스템과 같은 버력 이동방법은 포괄적인 연마마모에 노출되어 있다. 따라서 각 구조물의 구체적인 시험과 보수 계획 및 보수 절차를 필수적으로 기록해야 한다. 고정된 마모방지 요소들은 그의 상태와 예상되는 사용 혹은 마모한계가 50% 도달했을 때 교체되어야 한다. 교체할 수 있는 마모방안요소 혹은 파쇄도구는 소모성 마모부품으로 지정되어 장치 재활용 시 새로운 부품으로 모두 교체되어야 한다.

그림 13.6 TBM Cutterhead 재활용정비

13.7 기록(Records)

13.1과 13.4에서 포함된 TBM 재활용 과정, 구조검토 과정 그리고 핵심 부품의 품질 보증기록뿐만 아니라 이의 관련된 모든 기록(예 : 이전 사용 기간 기록, 이전 프로젝트 기록)을 잘 보존해야 한다.

13.8 장비 재활용업자의 자격과 보증수리(Warranty)

13.8.1 장비 재활용업자(Rebuilder) 자격

터널 굴착에 사용되는 기계 자체는 매우 복잡하지만 이의 재활용(Rebuild) 절차는 높은 수준의 숙련된 기술이 필요하지는 않다. 기계적 혹은 전기적 부분 외에 안전운영도 이에 관련되어 있다.

- 조항 13.3과 13.4에 정의된 TBM 재제작과 재활용 절차는 주문자 상표 부착 생산자(OEM)에 의한 재제작 혹은 재활용이 가장 바람직한 해결책이다. 이러한 구성으로 기존 제작자의 소유기술력과 기존 설계 혹은 제작 서류, 도면일식, 계산과정, 제어 소프트웨어와 PLC 프로그래밍을 모두 다 재활용(Rebuild) 절차에 제공되고 사용할 수 있는 것을 보장하기 때문이다.
- 조항 13.3과 13.4에 정의된 TBM 재제작과 재활용(Rebuild) 과정을 같은 산업계의 동등한 대체 제작자가 실행할 시 이도 허용가능한 해결책이다. 단, 재제작/재활용 과정을 진행하는 제작자는 TBM 장비에 대한 적절한 기술기록물을 접근할 수 있어야 한다.
- 조항 13.4에 정의된 TBM 재제작과 재활용(Rebuild)을 중장비 설계 취급 및 재생 자격/경험이 있는 기관이 실행할 시 이도 허용 가능한 해결책이다. 단, 재제작/재활용 과정을 진행하는 기관이 TBM 장비에 대한 적절한 기술기록물을 접근할 수 있다면 기술적으로 가능한 일이다.

13.8.2 품질보증

- TBM 재활용(Rebuild) 절차를 진행 혹은 지원하는 기관에 따라 예상된 장비에 따른 다양한 품질보증 수준을 갖는 것이 일반적이다. 이러한 조건은 재활용 계약에 따른 각각 협상에 달려 있다.

• 만약 OEM으로 인한 장비 재활용(Rebuild)을 진행할 시 품질 보증은 새 TBM 장비와 비슷한 수준에 도달한다.

CHAPTER

14

TBM 장비 설계 사례 및 주요 사양

CHAPTER 14

TBM 장비 설계 사례 및 주요 사양

오늘날 Open TBM을 대신하여 산악 터널에서 널리 사용되는 Double Shield Hard Rock TBM의 설계 및 주요 사양에 대해서 정리해본다. TBM 장비 설계는 단순한 기계 제작이라기보다는 터널 프로젝트의 종류, 터널의 직경, 연장, 공기, 공사비, 현장 지반조건, 반압 및 수압 조건 등 기계적인 요건만 아니라, 다양한 현장 조건에 맞춰 TBM 장비를 설계 제작하는 것으로서, 배의 제작과 유사하게 독특한 Order Nade Project라 볼 수 있다. 물론 유사한 여건의 사전 터널 Project PQ가 있다면 도움이 되겠지만 똑같은 조건의 TBM 제작 Project는 없는 것이 사실이다.

터널 컨설턴트는 설계 시 장비 Spec Design 등에 대해서 특정 TBM Maker와 협력 관계에 있는 것은 사실이나, Project를 수주한 시공사는 실시설계 시, 다양한 TBM Maker와 협조하여 보다 나은 TBM 장비 Spec Design을 만들려 한다. 한국 같이 발주처가 TBM 구매를 담당하는 OPP 발주 방법을 사용하지 않는 경우 Design-Build Project로 터널 Project를 수주한 원청 시공사가 실시설계를 한 컨설턴트의 자료를 바탕으로 공개 입찰을 통해 TBM 장비 구매를 결정하는 바, TBM Design, TBM 굴진 공법, 공정관리 등에서 TBM Engineer 등의 전문적인 기술 검토 과정을 거치지 못하는 단점을 안고 있다. 결과적으로 국내 터널 컨설턴트가 수행한 실시설계 자료로 TBM Maker와 TBM 제작 Design

회의, 설계상의 공정관리, Segment 등 제작 및 조달 용역 등도 현실감이 떨어지는 그림에 불과해 결국에는 TBM 전문 Specialist를 통해서, Operation 등 모든 일을 재검토해야 하는 이중일을 겪게 된다. 결국 시공사나 설계 컨설턴트나 TBM 전문 Specialist의 부재로 인해 겪게 되는 문제로 Project 시작부터 공사의 어려움을 야기시킨다.

14.1 TBM 장비 Type 선정

TBM 장비 Type 선정은 TBM 터널 Project의 성공을 좌지우지하는 중요한 사항이다. 예를 들어 대곡-소사 한강 하저 터널 공사는 홍수위를 고려하면 최대 6.6bar의 수압이 걸리는 곳으로 수압과 차수에 장점이 있고 PQ도 충분한 Slurry-Type TBM이 선정되는 것이 마땅하였다. 그러나 Separation Plant가 필요 없어 장비 값이 싼 EPB Type TBM이 선정되어, 하저에서 차수 등 문제점을 극복하지 못하고 하루 굴진율 1.5m/day 정도로 고전을 면치 못하였다. 또한 공기를 지연시켜, 공사비가 증액되어 시공사뿐 아니라, 발주처에게도 엄청난 손해를 끼친 사례가 비일비재하여, TBM Specialist를 통한 장비 선정 과정이 절실히 요구된다.

가장 중요한 사항은 주어진 조건하에서 굴진 가능성이다. 기본 TBM Type을 정할 때는 지반조사 자료와 현장 수리 및 수압 조건 그리고 하저나 해저의 경우는 터널 구조물에 걸리는 최대 수압을 견딜 수 있고, 고수압에서 차수가 가능한 Type을 선정해야 한다. 근래 한국에서는 한강을 횡단하는 교통터널 Project가 많이 수행되는 바 단순히 경제성을 이유로 EPB Type TBM 장비를 선정한 경우, 차수가 안 되고 고장이 잦아 공기가 늘어나, 공사비의 증가로 시공 실패로 돌아간 사례가 많다. 안타까운 일이 아닐 수 없다. TBM Type을 선정한 후는 복수 이상의 제작사에 의뢰하여, 주어진 조건에 적합한 장비로 제작이 가능한지 문의해야 한다.

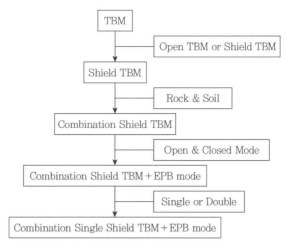

표 14.1 TBM 장비 Type 선정 과정

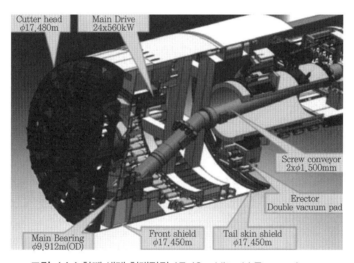

그림 14.1 한때 세계 최대직경 17.48m Hitachi Zosen, Japan

TBM Type 선정 시 Type별 가격 대비도 중요하지만, 터널작업자의 안전을 보장하고, 굴진이 가능한 Type 선정이 가장 중요하다. 국내에서 TBM 초창기에 1984년 세림개발에서 도수로 굴진용 소구경 TBM을 도입한 이래 국내 TBM 장비의 터널 현장에는 많은 문제점이 발생하였다. 비싼 장비를 외화를 들여 도입했건만 결과적으로 공사비 면에서 기존의 발파 공법보다 경제적이지 않았다. 굴진율도 기계화 시공임에도 불구하고 발파공법보다 우수한 점을 보여주지 못해왔다.

도입된 TBM 장비가 문제가 있었을까? 장비 자체의 제작상의 문제는 없었지만 장비 조달에서 장비를 파는 데 급급한 장비 Agent와 TBM과 상관없는 비전문가들이 장비 Spec 등 장비 Design을 비전문적으로 한다. 그냥 제작사의 보통 설계에 맞춰 제작한 제대로 된 Order Made TBM이 도입되지 못해서 그에 따른 현장 Trouble을 말할 수도 없다. 독일의 WIRTH TBM 12대를 동시에 구입한 유원건설의 TBM 장비 담당 부회장은 많은 Rebate를 챙겨 정치권에 진출하여 국회로 진출한 바도 있다. 결국 오늘날도 TBM 장비 도입문제, TBM 국산화 문제가 지지 부진한 것은 중간 Broker는 많은데, 전문 TBM Engineer는 거의 없는 인재 부족의 문제라고 판단된다. 국내 TBM Project를 진심으로 걱정하고, 국내 터널기술 발전을 위한 TBM 전문 Engineer들의 육성이 시급한 시점이다.

표 14.2 TBM 장비 Type 선정 과정

Combination Shield TBM	➡ 암질이 파쇄가 심한 풍화암 및 연경암이 주로 분포함으로 TBM 장비의 안정성 및 상부 구조물의 변위를 최소화할 수 있는 복합지반용 Combination Shield TBM 선정	
암질변화구간 대응성 (Dual mode)	➡ 연암 이상의 신선한 암반 구간은 암반용 Open mode로 굴진율 향상 ➡ 풍화암 이하의 파쇄대 구간은 Closed mode로 터널 막장의 안정성 극대화(EPB mode)	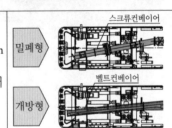

표 14.2 TBM 장비 Type 선정 과정(계속)

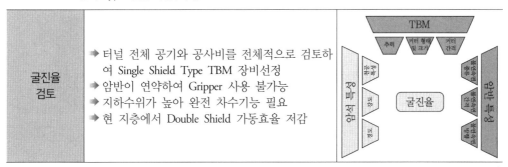

| 굴진율 검토 | ➡ 터널 전체 공기와 공사비를 전체적으로 검토하여 Single Shield Type TBM 장비선정
➡ 암반이 연약하여 Gripper 사용 불가능
➡ 지하수위가 높아 완전 차수기능 필요
➡ 현 지층에서 Double Shield 가동효율 저감 | |

14.2 TBM 장비 면판 설계

TBM 제작에서 제일 중요한 것은 Cutterhead Cutting Wheel(커터헤드 면판) 설계이다. 제작사마다 독특한 Design 기술로 독특한 설계를 하고 있으나, 일반적으로 면판을 평판으로 하거나, Dome모양으로 튀어나오게 설계하며, Cutter의 선정은 지반 조건에 따라 결정하고, Cutter의 크기는 면판 크기를 고려해서 가능하면 대구경을 사용한다. 최근 3D CAD 혹은 Cacia Program의 개발로 장비 제작 시 제작에 따른 정밀도가 증대되어 TBM 품질 관리가 향상되고 있다.

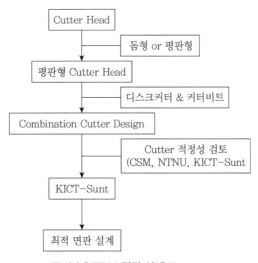

표 14.3 TBM 면판 설계 Process

표 14.4 TBM 면판 설계 방식

평판형 Cutter Head	➡ 암질이 파쇄가 심한 풍화암 및 연암이 주로 분포함으로 터널 막장의 안정성이 뛰어난 평판형 Cutter Head 채택 ➡ 연경암 복합지반용 Combination Cutter Head 적용	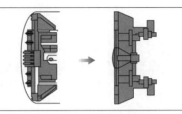
Cutter Head 설계	➡ 커터 개수 $n \approx \dfrac{D}{2S}$ n : 커터 개수 D : 터널 직경 S : 커터 간격 ➡ $D = \dfrac{2rd}{R}$ D : 디스크 커터 직경 r : 커터헤드 RPM d : 커터헤드 중심으로부터 커터까지의 거리 R : 커터 RPM ➡ $ESE = \dfrac{(2\pi \cdot N \cdot T)}{A \cdot P}$ ESE : 굴착 비에너지(Nm/m³) A : 단면적(m²) N : RPM T : 토크(Nm) P : 굴진율(m/min) ➡ 암질이 풍화암 이상의 암반 구간으로 굴진 율이 우수한 디스크 커터 17인치 적용 Main - Disc Cutter Sub - Bite Bit	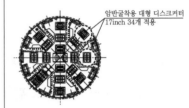 암반굴착용 대형 디스크커터 17inch 34개 적용
Cutter 설계 적정성 검토	➡ KICT모델을 통한 적정 Cutting Depth, 커 터 간격 및 굴진율 확인 ➡ CSM모델의 경험식을 분석하여 적용 ➡ 최적의 커터 배치는 깊은 압입율, 적정한 버력 크기 배출이 가능함	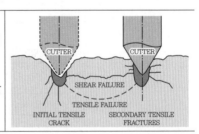

14.3 TBM 사양 설계 사례

TBM 제작을 위한 사양 설계는 전문 TBM 제작사도 보통 3개월 정도 걸리는 설계작업으로 스페인 고속철도 장대터널 공사에 투입되었던 TBM의 장비 Spec 현황을 알아보았다.

- 제작사 : 유럽 H사
- Type : Double Shield TBM 직경 10.870m

- 굴착 직경 10.80m
- Cutterhead Drive 3,300kW
- Cutterhead 추력 용량 18,000kN
- Cutterhead rpm 4.4
- Cutters 68개의 17인치와 19인치 디스크 커터
- Cutter 간격 85~90mm

- TBM 일반 사양
- 총 터널 연장 27.650m
- 각 TBM당 굴진 연장 13.775m
- 터널 내부 직경 9.70m
- Segment 외부 직경 10.50m
- Segment의 길이 1.80m
- 하부 Segment의 최대 하중 약 12ton
- 레일간격 900mm
- 컨베이어벨트 용량 1000ton/h

- 최대경사 1.5%

- 수평최소 구배 7,200m

- 수직최소 구배 35,000m

표 14.5 TBM 제작에 필요한 Technical Spec Data

Segment Lining	segment outer diameter(OD)	mm
	segment inner diameter(ID)	mm
	segment length	mm
	segment Division	
	curve Radius	mm
Shield	suitable for open/closed more operation	bar
	operating pressure	mm
	diameter shield(without hardfacing)	NO.
	earth pressure sensors	NO.
	injection lines(inclination 13°)	NO.
	Probe drilling lines	NO.
	independent lines for soil conditioning	NO.
	tailskin	fix welded
Cutterhead	type mixed face(for soft ground and hard rock)	mm
	diameter(with new tools)	right/left
	direction of rotation	No
	scraper tools, approx	inch
	diameter of disc cutters	No
	twin ring center discs, preliminary	No
	double ring cutters, preliminary	No
	single ring cutter, preliminary	No
	bucket lips	No
	over cutter(Φ13,370mm+2×50mm)	No
	independent injection nozzle	No.
TBM Main Drive	type electric main drive, axial displaceable	
	electrical motors	No
	nominal torque	kNm
	breakout torque	KNm
	rotational speed	rpm
	installed power	kW

표 14.5 TBM 제작에 필요한 Technical Spec Data(계속)

TBM Main Drive	diameter main bearing	mm
	rotary coupling	lines
	axial drive displacement(hydraulic)	mm
	displacement cylinder 360mm×240mm×400mm stroke	No
	thrust of displacement cylinders	kN at bar
Main Lock	Qty	No
	diameter	mm
	capacity	No.
Material Lock	Qty	No
	diameter	mm
Erector	type center free	
	pick-up system	
	degrees of freedom	No
	rotation	°
	longitudinal travel	mm
	rotational speed	rpm
	lifting capacity	According to final segment layout
Thrust System	thrust cylinders 420mmX300mm	No
	stroke	mm
	cylinder support	hydraulic
	cylinder displacement	mm
	maximum thrust	kN at bar
	design tunneling speed(advance) (all cylinders)	mm/min
Screw Conveyor	type	telescopic/reversible
	diameter	mm
	installed power	kW
	maximum particle size	mm
	rotational speed	rpm
	theoretical max. capacity, 100%	m^3/h
	stroke of telescope	mm
	screw gate	No
Conveyor Belt Back-Up	belt drive	electric
	belt width	mm
	length	m
	belt speed	m/s

표 14.5 TBM 제작에 필요한 Technical Spec Data(계속)

Conveyor Belt Back-Up	maximum capacity	t/h
	number of belt scale	No.
Equipment Installed on Back-Up	tailskin grease pumps	No.
	pumps for main drive lubrication	No.
	pump for labyrinth grease	No.
	air conditioned control cabin	No.
	cassette for ventilation duct	No.
	duct diameter, approx	mm
	handling and crane equipment	set
	dewatering pump in shield area	No
	twin hose reel for cooling water DN 150, $I=25m$	No
	bentonite injection unit+tanks, capacity $4\times10m^3$	unit
	GA55 compressor+tank	No
	secondary ventilation $2\times$ DN 1,000	included
	cctv system	cameras/monitor
	gas detection system O_2; CO_2; CH_4	set
	fire extinguishers	No
	smoke detectors, alarm system	set
	hose reels	No
Back-Up	number of trailers, subject to final layout	No. main trailers No. logistic trailers
Communication system	phones	strategic locations in shield area and back-up
Electrical System	primary voltage	kV
	secondary voltage	V
	transformer, rated capacity	kVA
	compensation	cos Phi
	control voltages	V
	lighting system	V
	voltage for valve operation	V
	frequency	Hz
	degree of protection	IP
	degree of protection for electric main drive motors	IP
Installed Power	main drive	kW
	thrust system	kW
	displacement system	kW
	erector hydraulics	kW

표 14.5 TBM 제작에 필요한 Technical Spec Data(계속)

Installed Power	screw conveyor	kW
	grout injection	kW
	grout transfer	kW
	auxiliary system	kW
	compressors	kW
	belt conveyor back-up	kW
	transfer conveyor	kW
	filtration hydraulic oil	kW
	dewatering pump	pneumatic
	secondary ventilation	kW
	cranes	kW
	grout mixer	kW
	copy cutter	kW
	cooling water pump	kW
	filtration cooling water	kW
	foam injection system	kW
	Bentonite pumps	kW
	filtration gearbox oil	kW
	waste water pump	kW
	other systems	kW
	for customer supplied equipment	kW
	electrical sockets	kW
Additional Equipment		
Grout Injection System	active grout lines integrated in tailskin structure	No
	grout injection pump KSP 12	No
	transfer pump KSP 45	No
	tank capacity	m^3
Foam Injection System	independent foam generators+lines	No
	space reservation for storage tank	No
	pump capacity	l/min
	foam injection capacity	m^3/h
HP polymer Injection	independent lines	No
	space reservation for polymer tank	No
	capacity polymer pump	lit/min
Data Acquisition System		1set

표 14.5 TBM 제작에 필요한 Technical Spec Data(계속)

Emergency Generator	rated capacity	kVA
Bentonite Injection System	injection pump	No
	pressure tank	m³
	bentonite tank	m³
Rescue Chamber	capacity	persons / hours
Breathable Air Installation	breathable air installation for man lock and maintenance works	set
	compressed air to be provided by customer	
Guidance System	VMT SLS-SL	set
	VMT ring sequence programme	set
Probe drilling Rig		
Dimensions/Weights (Preliminary)	length of TBM	m
	Maximum dimension Length	mm
	Width	mm
	Height	mm
	weight of shield	tonne
	weight of back-up	tonne
	weight of heaviest component(main drive)	tonne

이러한 Data Sheet을 작성해야 하며 이어서 TBM Components를 설계해야 한다.

TBM Components

- Shield

- Cutterhead

- Cutterhead Drive

- Conveyor Belt

- Erector

- Electrics

- Methane Gas Control

여기에 TBM 장비의 굴진율과 장비 가동률 등을 자동으로 측정할 수 있는 Data Acquisition System, 물, 공기, 동력 공급 등을 하는 TBM Backup System과 장비 및 버력, Segment 운반 System의 설계가 필요하다.

터널 선형 방향 측정을 할 Tunnel Guidance System이 중요한 설계 사항이고 추가적으로 지반 보강에 필요한 Grouting System을 고려할 수 있다. 물론 조건에 따라 Spare Part 와 Wear Part의 공급 제안도 포함돼야 할 것이다.

CHAPTER
15

TBM Operation 훈련 (Herrenknecht 사례)

CHAPTER 15

TBM Operation 훈련 (Herrenknecht 사례)

15.1 독일 TBM Maker Herrenknect 전반적 교육방법

- 학문적 교육

- 교육 단위, 각 예시

- 교육비용

- 워크숍 실무교육

- Schwanau에 있는 Herrenknect 본사에 교육

- 중국 Herrenknecht Tunnelling Machinery(HTM)의 교육은 매우 제한적임

- 실무 운영 교육

- 필요사항

- 결론

Herrenknecht에서 전반적인 교육사항

- 현재 Herrenknecht 고객 혹은 공급계약을 갖고 있는 고객을 위해 교육을 제공함

- Herrenknecht는 이전 각각 다른 기간 및 규모의 맞춤형 교육을 제공하였음

- 독일 Herrenknect '교육센터(Training Center)'에서 이론교육 실시

- 독일 HK 워크숍에서 실무교육 실시

- 터널 프로젝트 및 장비에 실무교육 실시

- Herrenknect 교육은 주로 '비증명' 과정임(Herrenknect는 법적 책임을 질 수 없음)

그림 15.1 Herrenknecht 교육센터 Schwanau, 독일

이론적 교육 주제

- 벨트 컨베이어

- 그라우팅 이중-요소(Bi-component), 폼(foam)

- 커터 및 절삭도구

- 데이터 취합 System(Data Acquisition)

- 도면 및 서류

- 대심도 굴착기(Drilling Rig)

- 전기 분야 교육

- EPB TBM 장비 교육

- 유체역학 기술

- Mix Shield(Slurry Type TBM) 교육

- Herrenknecht 거푸집 공사의 거푸집 시스템(Moulding System)

- Mud School 교육(Mud Engineering)

- 안전작업수칙 교육

- TBM 현장 환기방식 교육

- 가변 비중 TBM

- VMT 시스템

- 교육과정은 경력이 있는 Herrenknecht 직원 혹은 외부 전문가를 통해 실시함. 기간은 2시간에서 하루, 전체 범위 안에서 진행, 훈련 그룹 인원은 2~12명

Mud School 교육 예시

- Mud School 1 : 막장 슬러리 및 막장 부분 작업, 오전 8:30부터 오후 3:00, 최대 8인

- Mud School 2 : 파이프 재킹 공법(Pipe Jacking)을 위한 벤토나이트 유체 윤활유, 오전 8:30부터 오후 4:30, 최대 8인

관련된 발표 예시

- 혼합 1

- Herrenknecht 버력 분리 플랜트(Separation Plant)의 기본원리

- Herrenknecht Mix Shield 기술(상급과정)

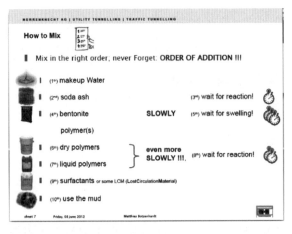

그림 **15.2** Mud School과 Separation Plant

표 15.1 전문 아론식 교육 비용

품목 번호	본문	유로(EUR) 가격	비고
품목 1	특별 일시불 일인 당 450	450	1인당
품목 2	공항에서 Schwanau 왕복 교통비용 한 단체당 750	750	단체당
품목 3	숙식 • 일인실 숙소 • 조식 • 중식 • 교통수단 • 세탁 서비스	110	하루 1인당
품목 4	렌터카, Volkswagen Golf 기본	월 1,200	월

• 위는 2012년 가격의 기반으로 작성되어 연도에 맞추어 업데이트될 것

그림 15.3 Herrenknecht 본사 Schwanau, Germany

• 1977년 설립

• 1998년 Herrenknect AG로 변경

• Schwanau에 2,000명, 약 200명의 청년 교육 중

그림 15.4 Herrenknecht 본사 Schwanau, Germany Workshop 광경

- 직경 φ17.0m까지 크기의 TBM 조립 가능

- 총면적 46,000m²

- 조립 워크숍 9,147m²

Herrenknecht 워크숍 실무교육

- 교육은 Schwanau 워크숍에서 계획

- HK는 유압, 기계, 조립 등 장비 관련 주제로 맞춤형 교육을 계획

- '미국에서 온 고객 K'의 예시 교육

- 교육은 3개월 진행 : 다음 작성된 실제 체험활동 외에 다양한 과목에 약 3~4이론
  교육 세션을 가짐－참여자의 이전 경력 및 지식에 따라 실행

표 15.2 유압교육

유압 도표 교육	2일
유압 제어 블록 설치 및 시험	3일
유압동력장치 : 펌프, 탱크, 배관 조립	1주
유체기술 조립 : 설치 제어블록, 선로(장비 전체), 적용 가능하면 시험	2주

표 15.3 Herrenknecht 워크숍에 실무교육

드라이브 어셈블리 - 조립 및 설치 지원(보호링, 양끝 스터드(Double End Stud), 스페이서 링 등 포함)	2주
이렉터 어셈블리 - 조립 및 설치 지원(회전 접합, 유압 기어박스 모터, 망원 장치 (telescopic unit) 등 포함)	2주
쉴드 어셈블리 - 쉴드 부분에 다양한 부품 설치, 메인 드라이브, 이렉터, 스크루 컨베이어 설치	2주
갠트리 어셈블리 : 강철 갠트리, 도표에 의해 다양한 부속품 위치조정	2주

- 교육내용은 시공사 팀과 논의해야 함
- 공사 시작하기 전 교육은 계획되어야 함

실무 운영 교육

- 터널 현장에서 교육 실시해야 함(JV는 상황에 따라 결정)
- 교육생 및 강사에게 더 좋은 접근성 제공 예. 출장 제한, 안전성 요건
- TBM은 HAG 워크숍(독일) 및 HTM 워크숍(중국)에서 제작 가능 – HAG에서 제작하는 것이 더 좋은 선택
- 제한적인 교육생으로 심도 있는 워크숍 어셈블리 실행
- 각 TBM별 약 4명 정도 실무 운영 교육 실행
- 운영 교육은 마지막 단계에서 계획

결론

- 워크숍에서 학문교육 및 실무교육은 독일 Herrenknecht 본사에서 통합 및 계획할

수 있음

- 교육은 짧은 기간 안에 계획 가능
- 현장 실무운영계획은 실질적인 시공 프로젝트와 관련되어 있어 준비시간이 더 필요함
- 행동방침 제안서
  1. 시공사는 어떠한 종류의 교육을 원하는지 선택
  2. 원하는 교육의 통합가능 예. 교육센터에서 학문교육 및 워크숍에서 실무교육 통합
  3. 예측을 위한 교육생의 수 및 세부사항
  4. 학문적 교육 프로그램에 대한 상세 논의
  5. 워크숍에 실무 교육 프로그램을 위한 상세 논의
  6. 기간, 프로그램, 예산예측에 대한 최종 세부사항
- 교육계획은 Herrenknecht 싱가포르의 Tina Kim과 Schwanau 교육센터의 Michael Lehmann이 진행

15.2 TBM 운전 관련 안내 책자 : Operation Manual(Hitachi Zosen 사례)

장비 Type : EPB TBM

크기 : 직경 7.28m

대상 : 서울 지하철 7호선 704 공구 터널공사

그 내용은 다음과 같다.

15.2.1 TBM 설계조건

1) 지반조사 내용

2) 작업 조건

3) Segment 제작 관련 사항

4) 기타 등등

15.2.2 일반 기계 구성

1) 주요 부품의 이름

2) Shield 기계의 구조

3) Cutterhead

4) Screw Conveyor

5) Erector

6) Shield Jack

7) Ring Holder

8) 첨가제 주입장비

9) Main Body Injection Pipe

10) Tail Seal Greasing Device

11) Backup Car

15.2.3 사전취급 주의 사항

1) 유압 Oil 온도 취급 주의 사항

2) 가전 장비 및 장치 취급 주의 사항

3) Backfill Grouting 취급 주의 사항

4) 굴착 시작 작업 시 취급 주의 사항

5) 초기 임시 굴착 후 TBM 장비를 재정비 시 취급 주의 사항

6) TBM 주 터널 굴착 시 취급 주의 사항

7) 터널 굴착 시 취급해야 할 지반 보강 작업 시 취급 주의 사항

8) TBM 장비의 후방 이동 시 취급 주의 사항

9) 지반굴착 중 오랜 기간 장비 작업 중지 시 취급 주의 사항

15.2.4 TBM의 조정

1) 굴착 작업 운전에 대한 개요

2) 터널 붕락방지와 굴착 조정방안

15.2.5 TBM 운전 과정

1) 응급 Stop 작동

2) 운전 과정

3) 사전운전 Check 사항과 동력공급 상태

4) Operation Panel(조종 간)

5) Greasing Unit

6) Cutter 장비

7) Shield Jack

8) Copy Cutter(면판 원주 외곽부 설치되어 TBM 장비 전진 가능케 하는 Cutter)

9) Screw Conveyor

10) Slide Gate

11) Erector 장비

12) Ring Holder

13) Tai Seal Greasing 장치

14) 이동가능 Decks

15) 마모 탐색 Bit

15.2.6 경고 시스템

1) 경고 시 운전

2) 문제점/에러 표시와 경고

15.2.7 Greasing System

1) 오일과 그리징해야 되는 설비 목록

2) 유압용 Oil과 Grease 제조사 목록

15.2.8 유지관리와 점검사항

1) 시작점 점검사항

2) 마무리 시점 점검사항

3) 각 건설 굴착 장비의 유지관리와 점검사항

4) Spare 부품과 도구들

15.2.9 문제점 점검사항

1) Shield 몸체 관련 문제점 유무

2) 유압펌프

3) 유압모터

4) Greasing Unit

15.2.10 기계설비의 사양

1) Shield 몸체의 규격

2) 추진 장치(Propulsion Equipment)

3) cutter 장치

4) Overcut 장치(TBM 전진을 위한 공간 확보 굴착용)

5) Screw Conveyor

6) Erector 장치

7) Ring Holder

8) Power Unit

9) Oil 유압 Jack

10) 유압식 운전 모터

11) 전기식 운전 모터

12) 후방대차들

13) Cutter 날 관리

14) 주입파이프

15) 윤활유 주입 Unit

16) Tail Seal Greasing 장치

17) 특수한 기계들

18) 기타 설비들

15.2.11 제작사 연락처

TBM 가동할 때 문제 발생 시 연락할 제작사 AS Team적인 중장비, 조선, 해양 플랜트와 달리 TBM Operation 교육이 전반적으로 부실한 편이다. 세계적으로 Top Class인 Herrenknecht만 해도 TBM 설치하고 시험 가동하는 Supervision 일을 GTE라는 네덜란드

회사에 외주 관리하기 때문에 장비 계약 단계에서 Operation에 대해서 충분한 교육을 받을 수 있도록 교육 조건을 강화해야 한다. 이탈리아 TBM Maker, Sely 같은 경우는 장비 제작 판매뿐 아니라, TBM Operation Service를 주로 해주고 독일의 Wirth, Herrenknecht, 프랑스의 NFM 등 TBM Operation을 직접 하기도 하는데, 이때 Operation 일에 대한 교육이 단순하고, 비전문적으로 이뤄지기도 한다.

결국은 장비를 사는 구매자가 알아서 Operator를 뽑고, 교육시키고, TBM 운전을 책임지고 해야 한다고 보면 된다. TBM 제작사는 Operation 기본적인 것만 가르쳐주고, 아니면 자신들이 Operation Consulting을 하거나 직접 TBM Operation을 하기도 한다.

장비 구매자는 능숙한 TBM Operator를 뽑아서 제작사에서 전문 교육만 받고 제작사 Supervisor와 TBM Engineer의 지도로 터널 굴착 작업을 하게 된다. 문제는 TBM Operation 이 복잡하고 운전하기 복잡하고, 능숙한 TBM Operator를 구하기 어려운 현실을 감안하면, 앞으로는 인공 지능 로봇 AI를 이용한 자율주행, 자동화된 차세대 TBM의 출현이 기다려진다.

오늘날도 Accessible Cutter 개발로 가압에 대한 Risk를 줄이게 되었고, 작업 시 다운타임을 가장 많이 소모하는 Disc Cutter의 교체는 로봇 Arm을 이용해서 터널굴착 작업 효율을 높이고 있다.

그림 15.5 현재 터널 현장에 투입된 TBM 장비 중 최대 직경 17.63m TBM(홍콩 Chek Lap Kock 공항 고속도로 터널 굴착 Project, Herrenknecht)

CHAPTER
16

미래의 TBM 터널 Project

CHAPTER 16 미래의 TBM 터널 Project

　오늘날 4차 산업 혁명의 시작됨으로써 교통 시스템도 기존의 철도와 도로를 이용한 Infra Traffic System이 새로운 신교통 제도의 출현으로 엄청난 변화를 인류는 겪게 될 것이다. 신교통 시스템의 출현을 현실화시켜줄 차세대 TBM의 개발 연구도 세계적으로 새로운 Issue로 떠오르고 있다.

16.1 Urban Loop Project

　테슬라 최고경영자(CEO)로 대중에게 널리 알려진 미국의 전기차 Maker Tesla의 CEO Elon Musk는 2016년 12월 트위터에 의미심장한 문구를 남겼다. "교통체증이 날 미치게 한다. TBM을 만들어 굴착을 시작하겠다(Traffic is driving me nuts. Am going to build a tunnel boring machine and just start digging…)." Elon Musk의 트위터에 이 글이 처음 올라왔을 때 모든 사람은 아니더라도 적어도 관련 분야를 전공한 사람들이라면 "이미 상용화되어 있는 TBM(Tunnel Boring Machine) 장비를 이용해서 땅을 파겠다는 얘기가 무슨 큰 의미가 있을까?" 하는 반문을 하는 것이 일반적이었을 것이다. 하지만 Elon

Musk는 약 4개월 후 별다른 의미가 없어 보였던 문구에 커다란 임팩트를 부여하였다. 바로 차량 탑재형 고속 이동체(Electric Skate)와 소단면 터널을 이용한 3차원 교통 네트워크 구상안(현재는 'Loop'으로 명칭)을 발표한 것이다. 이 구상안의 핵심은 차량 탑재형 이동체를 이용한 자율·고속(약 240km/h)주행, 기존의 도로와 차별화된 소형 단면 튜브(터널) 이용 및 3차원 수직(지상－지하) 이동이라 할 수 있다(그림 16.1 Elon Musk의 Loop 초기 개념도).

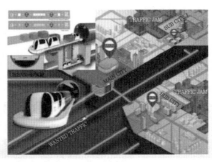

(출처 : https://www.boringcompany.com)

그림 **16.1** Urban Loop System by Elon Musk

한국 토목학회지, SPECIAL FEATURE 2 27제68권 제6호 2020년 6월 27일 혹자에게 있어서는 Elon Musk의 구상이 무모한 아이디어로 치부되고 먼 미래에나 가능한 상상처럼 여겨질 수도 있다. 하지만 이미 우리나라는 대도시에서 겪고 있는 다양한 교통·환경 문제 등의 해결을 위한 수단으로 지하공간을 적극적으로 활용하고 있다. 또한 4차 산업혁명 시대가 본격적으로 열리면서 미래 기술수준, 모빌리티 및 도시계획 등 변화에 기인한 교통수요 다변화와 인프라 수요에 대응 가능한 기술 확보가 요구되는 시점이라 할 수 있다. 따라서 우리가 맞닥뜨리고 있는 기술적, 공간적, 환경적 여건과 문제를 고려할 때 무모할 수도 있을 법한 그의 구상을 흘려듣거나 단순한 상상으로 치부하기에는 매력적인 대안이 아닐 수 없다. 이에 본 장에서는 교통혁명에 가까운 차세대 신교통 인프라로서 '어반루프(Urban Loop)'의 특징, 관련 기술동향 등을 짚어봄으로써 관심 있는 자들과 관련 정보를 많은 독자들과 공유하고자 한다.

그림 **16.2** Urban Loop 자율주행 시스템

16.1.1. 어반루프(Urban Loop)란?

무엇보다도 먼저 아직까지 보편화되어 사용되고 있지 않은 용어인 어반루프가 무엇인지에 대한 이해가 필요하다.

어반루프의 개념은 2050년까지 추진해야 할 대한민국 국토교통 분야 50대 미래전략 프로젝트의 하나로 선정된 '미래도로 인프라'의 정의를 통해 설명이 가능하다. 최근 보도자료(국토교통부, 2020. 05. 06.)에 따르면 '미래도로 인프라'는 '고속화, 소형화, 모듈화, 군집화된 이동체의 주행 및 제어가 가능한 신교통 도로 인프라'로 정의되어 있으며, 프로젝트의 지향점은 '고속 이동체 및 인프라 구축기술 확보를 통한 도심공간 입체 활용 및 교통 개선'으로 명시되어 있다. 어반루프는 자동차, 열차와 같이 단순한 이동 수단만을 지칭하는 용어가 아니라 도로, 철도와 같이 이동 수단을 포함한 교통 시스템 전체를 포괄하는 의미를 갖는다. 또한 이동체를 이용한 소형 차량 탑재 또는 소형 셔틀버스형(Elon Musk가 제안한 3차원 교통개선 시스템 구상안)뿐만 아니라 장거리 이동성 및 속도의 한계를 갖는 소형의 공유형 모빌리티를 모듈화·군집화 이동시킬 수 있는 플랫폼으로 개념을 확장하였다. 이를 통해 궁극적으로는 광역적 범위의 door to door형 공유 모빌리티 실현이 가능한 신교통 인프라를 구축하는 것이 목적이다(김창용 외, 2020).

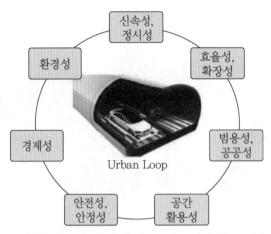

그림 16.3 Urban Loop의 신교통 개념도(김창용, 2020)

그림 16.4 자율주행 시스템(Elon Musk, 2015)

이러한 Urban Loop는 사람이 탑승한 차량을 전자기력을 이용한 고속 이동체에 탑재하여 원하는 목적지까지 빠르게 이동시키는 도심형 신개념 교통 인프라이다. 전자기력을 이용한 추진 및 시스템 제어를 통해 탑재 차량 또는 전용 차량을 빠른 속도(약 200km/h)로 고속 주행하여 교통처리량을 극대화하고 이용자 이동의 정시성이 보장된다. 도시 지하 공간을 입체적으로 이용하며 화석연료를 사용하지 않고 타이어 바퀴를 사용하지 않음으로 친환경적인 미래형 교통수단으로 적합하다. 하이퍼루프의 경우에는 멀리 떨어져 있는 두 도시를 연결하는 데 초점을 두고 있다면, 어반루프의 경우 도시지역 내에서의 이동에 초점을 두고 있으며, 향후 이 두 시스템은 서로 연계되어 보다 편리하고 효율적인 교통 시스템을 만들어낼 수 있게 될 것이다. 미국에서는 2017년 4월 Electric platform을 활용한 3차원 교통개선 시스템을 발표하였고, 2018년 6월에는 이동체 (Tesla X)를 운반 시험하였다. 또한 시카고에서는 O'Hare 공항과 다운타운을 연결하는 포스트 코로나 시대 그린 뉴딜은 차세대 신교통수단으로 Future Transportation as a Green New Deal for Post COVID-19 Era(김창용, 한국건설기술연구원 차세대인프라연구센터 센터장학회제언 14 KSCE'S PROPOSAL 제68권 제6호 2020년 6월 15일) Chicago Infrastructure Trust(CIT)를 선정하였으며, 현재 지하철로 45분 정도 걸리는 거리를 어반 루프를 통하여 12분 만에 도착하는 것을 목표로 하고 있다.

그림 16.5 자율주행 c차량

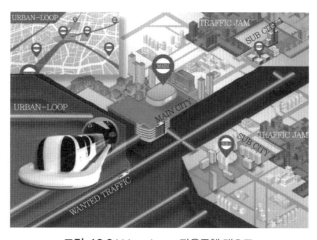

그림 16.6 Urban Loop 자율주행 개요도

하이퍼루프를 제안한 엘론 머스크는 향후 하이퍼루프와 연결하는 것을 목표로 어반루프와 같은 시스템 구축을 위해 지금도 도심 지하에 터널을 뚫고 있다. 2020년 5월에는 미국 라스베이거스 컨벤션 센터 지하에 구축하고 있는 'Vegas Loop'을 위한 터널 굴착공사를 완료하였다고 한다. 이러한 하이퍼루프와 어반루프는 단순히 미래의 교통수단이라고 부르지 않고, 차세대 모빌리티 혁명이라고 일컫는다. 이는 지금까지 교통을 이동 수단이라고만 생각하여 빠르고 안전하게 가는 것만을 고려하였다면, 앞으로는 안전성, 신속함, 편리성, 접근성, 경제성 등을 복합적으로 고려하며 궁극적으로 우리 모두의 삶의 질을 향상시키는 방향으로 추구되고 있기 때문이다. 우리는 왜 이것들에 주목해야 할까. 차세대 교통수단에 대한 투자와 개발은 가깝게는 당면한 포스트 코로나 시대의 경제와 환경을 살리기 위한 그린 뉴딜 사업의 최적 대안이 될 수 있을 뿐만 아니라, 통일 한반도 시대 한민족 번영을 위한 지속가능한 백본을 준비하고 한반도를 넘어 유라시아 대륙으로의 거침없는 진출을 위한 견실한 준비가 될 수 있기 때문이다(김창용, KSCE 2020).

16.2 Hyper Loop Project

1940년 미국에서는 Trans Atlantic Project가 시작되었다. 초고속 전철 Project로 New York과 London을 직행으로 연결하는 해저 터널 Project로, 여기에는 여러 가지 가정이 있어 왔고, 그 가정의 하나는 초고속열차는 비행기에 못지않은 속력을 내서 시속 1,000km 이상을 내어 런던-뉴욕 간을 5시간 정도에 주파하는 것이다.

이 프로젝트는 1940년부터 타당성 조사를 시작하여 2000년대에 이르러 해양부유 터널 방식(Deep Sea Floating Tunnel)으로, 그 기술적 가능성을 높여 왔다. 터널을 진공튜브로 개발하면서 심부해저에 띄워서 연결해 열차 운행 System을 만드는 방식이다. 열차의 속도 문제는 Rail 저항이 없는 Maglev Train(자기부상 열차) System에 진공 튜브 터널은 시속 1,000km 이상의 열차의 운전을 가능하게 하였다. 문제는 고속으로 가속하고 무진

공 상태로 열차가 진입할 때, 열
차와 탑승승객들에게 엄청난 압
력이 순간적으로 가해진다. 열차
가 고속으로 달리다가 목적지에
서 정차할 때 또한 엄청난 압력
이 발생하는 문제가 발생하는데,
Tesla의 CEO Elon Musk는 네바다

그림 16.7 Hyper Loop 고속전철 차량 Maglev Train

사막에서 실대형 실험을 통해서 500km/hr의 운행 속도를 돌파했음과 더불어 정지 시
Softening System을 개발하여, 안전하고 부드럽게 초고속 열차의 출발과 정차를 성공한
바 있다.

이러한 Hyper Loop가 개발되면 서울-부산은 20분, 서울-평양은 10분 거리에 놓이
게 된다. 항공기와 달리 도심지, 역과 연결되어 아주 편리하게 열차를 이용할 수 있게
된다. 운임도 항공편에 비해 저렴하며, 안전성에서도 항공기 같이 추락할 위험이 없어,
인류의 여행과 물류 시스템에서 획기적인 발전이 기대된다.

그림 16.8 미국 Las Vegas에서 설험한 Hyper Loop Train System

그림 16.9 진공관으로 된 Hyper Loop Tube Tunnel

그림 16.10 Las Vegas에 실험에 성공한 Hyper Loop Train System

진공 튜브 철도는 '하이퍼루프(Hyperloop)'로 알려진 미래형 신교통수단을 달리 부르는 말이다. 하이퍼루프는 2012년 미국의 테슬라모터스와 스페이스X의 CEO인 일론 머스크가 차세대 초고속 이동 수단으로 처음 제안하면서 명칭한 것인데 지금은 우리가 버스, 전철, 고속철도로 부르는 것처럼 전 세계적으로 거의 일반명사처럼 되었다. 가장 큰 특징은 속도인데 육상에서 시속 1,200km급까지의 속도로 이동할 수 있는 것을 목표로 하고 있다. 최고 운영속도가 시속 약 300km급인 KTX보다 4배나 빠르며, 국내선 항공기의 속도인 시속 약 800km보다 1.5배나 빠르다. 서울－부산 간을 20분이면 주파할 수 있게 된다. 초고속 주행을 위해 밀폐된 튜브형 운송관을 이용하는 것이 기존 교통수단에서 볼 수 없었던 또 다른 특징인데 이는 운송관 내부의 공기 밀도를 낮추어 공기저항을 줄이기 위함이다. 일론 머스크의 제안 이후 미국에서 하이퍼루프 시스템을 실현하기 위한 기술 개발 스타트업들이 생겨나기 시작하여 현재는 전 세계적으로 기술을 선점하기 위한 개발 경쟁이 뜨거워지고 있는 양상이다. 본 연구에서는 선박, 철도, 도로, 항공으로 이어졌던 교통수단 발전의 다음을 담당할 제5세대 교통수단으로까지 불리는 하이퍼루프에 대해 소개하고 하이퍼루프의 실현을 위한 전 세계적인 기술개발의 현주소에 대해 살펴보고자 한다.

16.2.1. 하이퍼루프란?

1) 개념 및 역사

하이퍼루프는 앞서 말한 대로 밀폐된 튜브형태로 만들어진 운송관 내부의 기압을 낮춰 공기저항을 줄이고 자기부상 및 추진 시스템을 이용하여 캡슐형태의 차량이 시속 1,000km 이상의 초고속으로 운행하는 새로운 형태의 교통 시스템이다. 물체가 공기 중에서 이동하게 되면 공기는 이 움직임에 저항하는 힘으로 작용하게 되는데 이러한 공기 저항력이 교통수단의 속도를 높이는 데 가장 큰 걸림돌이 된다. 공기 저항력은 물체의 이동 속도의 제곱에 비례하기 때문에 속도가 높아질수록 저항력의 증가폭은 더 커진다. 시속 100km로 달릴 때보다 시속 200km로 달릴 때 받는 공기저항은 4배가 된다. 하이퍼루프는 공기 저항력을 최소화하기 위해 주행로인 튜브형 운송관 내부의 공기를 제거하여 대기압의 1/1,000 수준까지 낮추는 것을 목표로 한다.

그림 16.11 시속 500km 시험 주행에 성공한 Maglev Train

HOW THE HYPERLOOP WORKS

Elon Musk said that if the Concorde, a railgun and an air-hockey table had
a three-way, the hyperloop would be the love child. Here's a look inside
Hyperloop Tech's high-speed cargo pod.

VACUUM TUBE Capsules will travel in a near-vacuum to reduce drag
significantly. Valves and pumps will keep internal air pressure at about
100 Pascals, or one-thousandth the air pressure at sea level. A little
nitrogen may be injected into the tube as a desiccant.

COMPRESSOR Mounting a giant compressor fan on the front of the capsule
is what makes the hyperloop possible, transferring huge volumes of air away
from its nose. Without it, the pod would be pushing all teh air in front of it,
like a syringe, or you'd have to spend big bucks on a bigger tube. Respect the
Kantrowitz limit-the top speed allowable given a tube-to-pod-ara ratio

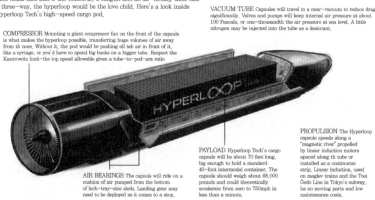

PROPULSION The Hyperloop
capsule speeds along a
"magnetic river" propelled
by linear induction motors
spaced along th tube or
installed as a continuous
strip. Linear induction, used
on maglev trains and the Toei
Ōedo Line in Tokyo's subway,
ha no moving parts and low
maintenance costs.

PAYLOAD Hyperloop Tech's cargo
capsule will be about 70 feet long,
big enough to hold a standard
40-foot intermodal container. The
capsule should weigh about 68,000
pounds and could theoretically
accelerate from zero to 750mph in
less than a minute.

AIR BEARINGS The capsule will ride on a
cushion of air pumped from the bottom
of luch-tray-size sleds. Landing gear may
need to be deployed as it comes to a stop.

그림 16.12 Hyper Loop 열차에서의 화물 운반 시스템

튜브 형태의 운송관을 이용하여 화물이나 승객을 운송하는 아이디어는 꽤나 오래전부터 있어 왔다. 영국의 기계공학자이자 발명가인 George Medhurst는 1799년에 철재 튜브와 공기압축을 이용해 물건을 운송하는 아이디어를 제안하였고, 1812년에는 밀폐 튜브와 내부의 공기압력을 이용한 수송 시스템에 대한 그의 생각을 책으로 출간하기도 하였다 (en.wikipedia.org). 1824년에는 John Vallance가 튜브 내부의 공기의 압력으로 차량을 이동시키는 방법으로 특허를 출원하였다(Hebert, 1837). 1863년 소설가 Jules Verne은 자신의 소설

'Paris in the 20th Century'에서 터널과 압축공기를 이용한 교통 시스템을 등장시키기도 하였다. 1867년 Alfred Ely Beach는 뉴욕에서 터널 압축공기 열차 프로토타입을 공개하였고, 1869년에는 실제로 뉴욕 지하에 건설하여 운행되기도 하였다(nycsubway.org).

Alfred Ely Beach의 'Beach Pneumatic Transit'(en.wikipeia.org) 토목학회 특집기사 SPECIAL FEATURE 제68권 제6호 2020년 6월 17일 THE MAGAZINE OF THE KOREAN SOCIETY OF CIVIL ENGINEERS 18 특집기사 SPECIAL FEATURE 특집기사 SPECIAL FEATURE 120세기가 되면서 1904년에 진공 튜브 개념에 자기부상 추진 개념이 미국의 엔지니어인 Robert H. Goddard에 의해 더해졌다(Miler, io9.gizmodo.com). 러시아 교수 Boris Weinberg는 1914년에 'Motion without Friction(Airless Electric Way)'라는 책에 진공 튜브와 자기부상을 이용한 교통수단 개념을 소개하기도 하였다. 20세기 후반이 되어서 Swiss Metro는 1970년대에 터널 내부를 0.1 기압으로 낮추고 자기부상 방식을 이용하여 열차를 시속 500km로 운행하는 시스템을 제안하였다. 1990년대 후반에는 MIT 연구진이 뉴욕시와 보스턴시를 45분 만에 이동할 수 있는 진공터널 자기부상 열차 시스템을 연구하기 시작하였다.

2) 하이퍼루프의 특징

① 이 시스템의 가장 두드러지는 특징은 아무래도 속도이다. 머스크가 발표한 최초의 하이퍼루프 연구 보고서인 'Hyperloop Alpha'에서 시속 1,200km의 속도를 제시한 이후 하이퍼루프 개발자들은 거의 예외 없이 시속 1,000km 이상의 속도를 목표로 하고 있다. 이 목표는 저기압 튜브 운송관을 활용하여 공기저항을 최소화하고 자기부상 방식 적용으로 바퀴에 의한 마찰력을 최소화함으로써 가능한 것이다. 육상에서 실현할 수 있는 날개 없는 비행기라고도 부를 만하다. 현존하는 가장 빠른 육상 교통 시스템은 일본의 자기부상열차로 최고속도 603km/hr를 기록하였는데 이보다 2배 빠른 속도이며, 서울－부산을 20분, 부산－신의주를 한 시간 이내에 주파할 수 있게 된다.

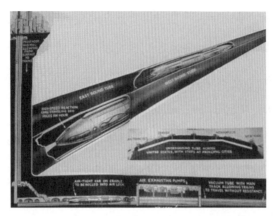

그림 16.13 Robert H. Goddard의 진공튜브 교통 시스템 개념도(io9.gizmodo.com)

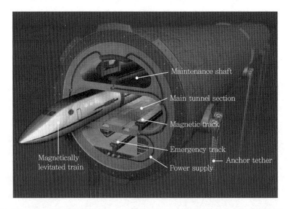

그림 16.14 MIT 연구진이 제안한 해저 진공터널과 자기부상 열차 개념도(popsci.com)

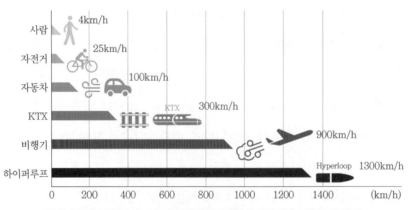

그림 16.15 교통수단 속도 비교(제68권 제6호 2020년 6월 특집기사)

② 안전기존으로 교통수단들은 비, 안개, 바람, 눈, 얼음 등 환경적인 요소들이 사고 유발 요인으로 작용하는 경우가 많으나 하이퍼루프 차량은 이런 환경 요소들로부터 완전히 차단된 운송관 내부를 주행하므로 사고 유발 요인으로부터 자유롭다. 하이퍼루프 시스템은 방향별로 별도의 운송관으로 구성되어 차량이 일방향으로만 운행되며, 운송관의 각 섹션별로 차량 간 안전이 확보되도록 자동으로 차량의 가감속 및 운행 제어가 이뤄지게 된다. 또한 차량의 추진과 방향을 유도하는 전자 궤도 시스템이 하이퍼루프 운송관 내부에 위치하여 차량의 궤도 이탈이나 전복 위험으로부터 안전하다. 비행기 사고의 절반 이상을 차지하는 이착륙 단계가 하이퍼루프 시스템에서는 필요하지 않음도 안전도를 높이는 요소이다.

③ 경제성 하이퍼루프는 기존 고속철도나 자기부상 열차보다 차량 크기가 훨씬 작고 가볍기 때문에 인프라 건설비용이 저렴해진다. 머스크의 'Hyperloop Alpha' 보고서에 따르면 LA에서 샌프란시스코 560km 구간 건설비는 마일당 천7백만 달러(킬로미터당 약 120억 원)로 예측했으며, 같은 구간을 고속철도로 건설할 경우 건설비는 마일당 6천5백만 달러(킬로미터당 약 450억 원)로 예측되었다(Taylor et al., 2016). 또한 공기저항과 마찰저항이 최소화되어 차량이 운행 속도에 이른 후 속도를 유지하는 데 소요되는 에너지가 최소화되는 것도 경제성을 높이는 요인이다.

④ 접근성 및 편의성 비행기는 주행 속도가 빠르지만 비행기를 이용하기 위해 시외에 위치한 공항까지의 접근 시간을 무시할 수 없다. 반면 하이퍼루프는 비행기보다 빠르지만 역사가 기차역처럼 도심에 위치할 수 있어 접근성이 뛰어난 장점이 있다. 또한 비행기나 기차의 경우는 편성수의 제약으로 승객이 정해진 운행 스케줄에 맞추어 탑승해야 하지만 하이퍼루프 차량은 편성 수가 많아 승객의 수요에 맞춘 차량 편성이 가능해 평균 대기시간이 감소하는 등의 편리성이 있다.

⑤ 날씨로부터의 자유성을 갖고 있다. 앞서 설명한 대로 하이퍼루프 시스템은 비, 안개, 바람, 눈 등 날씨의 영향으로부터 자유롭기 때문에 안전뿐만 아니라 운행 정시성도 높아진다. 기후변화로 인한 비행 환경 악화로 갈수록 비행 가능 일수가

줄고, 운행비용이 증가할 것이라는 예측에 비추어 본다면 하이퍼루프의 경쟁력은 충분히 관심을 가질만 하다.

⑥ 친환경성 하이퍼루프는 전기를 사용하기 때문에 화석연료를 사용하는 도로교통이나 항공 교통보다 온실가스 배출이나 대기오염 면에서 훨씬 친환경적이다. 또한 승객 수송 마일당 에너지 사용량 면에서 항공보다 2~3배 더 효율적인 것으로 분석되었다(Taylor et al., 2016). 하이퍼루프 운송관 인프라를 활용한 태양광 등의 신재생 에너지생산 및 활용이 가능해 친환경성은 더욱 증가된다.

3) 하이퍼루프 도입 필요성

인구의 도시권 집중 현상은 갈수록 심화되고 있는 것으로 보고되고 있으며, 이 때문에 교통혼잡, 인프라 부족, 난개발, 국토이용 불균형 등의 사회적인 문제와 각종 대기오염을 비롯한 환경문제들이 악화되고 있다. 이러한 문제를 해결하기 위한 대책 중 하나로 인구와 서비스 등의 기능들을 지방으로 분산할 수 있도록 효율적인 중장거리 이동수단을 마련하는 것이다. 우리나라 국민들의 전체적인 경제 수준이 높아짐에 따라 일과 생활의 균형을 추구하고 삶의 질을 높이기 위한 여가 활동 수요 증대와 시간 가치 상승에 따른 보다 쾌적하고 신속한 이동 수단에 대한 수요가 늘어나고 있다. 2019년 문화체육관광부 국민여가활동조사 보고서에 의하면 실제로 최근 3년 동안 여가 시간과 여가비용 등이 모두 증가되고 있는 것으로 나타났다(문화체육관광부, 2019). 종전 평화시대 남북한 경제교류 협력에 대비하기 위한 최적의 효율적인 물류 인프라 건설에 대한 필요성이 높아지고 있다. 통일시대를 대비하여 북한 경제개발을 견인하고, 국내의 침체된 건설산업의 새로운 성장 동력 점화로 경제 활성화를 이뤄내야 할 필요 또한 절실해졌다. 더욱이 최근 문재인 대통령이 제시한 포스트코로나 시대에 환경과 경제를 모두 살리기 위한 그린 뉴딜 사업에 대한 구상이 당면 과제가 되었다. 하이퍼루프는 이러한 모든 요구에 부응하는 최적의 솔루션이 될 수 있다. 하이퍼루프는 또한 한반도를 넘어 동북아 및 유라시아 지역 교통 혁신을 선도하고 물류 주도권을 확보하기 위한 효율적인 차세대 교통 인프라의 건설 요구에 대한 최적의 대안이다. Ausubel 등에 따르면 현재까지의 미국의 주요 교통수단의 발달은 선박, 철도, 도로 그리고 항공 순으로 이뤄졌으며 각 수단의 출현과 발달 시기적 양상에 특정 패턴을 고려하면 제5세대가 될 차세대 교통수단의 출현 시기가 도래했음을 볼 수 있다(Ausubel et al., 1998). 미래의 교통수단은 보다 더 안전해야 하며, 더 빨라야 하고, 더 편리해야 하며, 보다 저렴해야 하고, 보다 친환경적인 지속가능한 수단이어야 한다는 요구가 있다. 하이퍼루프는 차세대 교통수단으로 대두되고 있는 여러 대안들 중에 이러한 요구에 가장 잘 대응할 수 있는 수단으로 생각된다(그림 16.15 한반도 주요 물류축과 5 교통수단 속도 비교(Ausubel et al., 1998)).

16.2.2 하이퍼루프 기술 개발, 어디까지 와 있나

1) 국제 동향

① 일론 머스크 하이퍼루프의 제안자 일론 머스크는 하이퍼루프 실현 기술을 직접 개발하고 있지는 않지만 지속적인 지원 사업과 관련 사업을 진행하고 있다. 머스크가 이끄는 SpaceX사는 2017년에 SpaceX사 인근에 1.6km 길이의 축소형 아진공 튜브를 구축하여 매년 'Hyperloop Pod Competition'을 개최하고 있다. 2017년 첫 대회 우승은 네덜란드의 Delft 공대팀이 가져갔다. 2019년 제4회 대회에서는 Technical University of Munich(TUM) 팀이 시속 463km의 속도로 우승하였다. 머스크는 도시 간 교통수단인 하이퍼루프뿐만 아니라 이와 연계 운영될 도심형 신교통수단을 제시하였다. 이 도심형 신교통수단은 지하에 입체형 터널을 건설하고 친환경 자동주행 차량이 운행되도록 구상하였다. 미래는 지하를 입체적으로 잘 활용해야 한다는 주장이며, 이를 위한 관련 사업으로 터널 기계를 개발하는 'The Boring Company'를 설립하였다. 2019년부터는 실제로 라스베이거스 컨벤션 센터의 전시관들을 지하에서 연결하는 신교통수단인 'Vegas Loop' 구축을 위한 지하 터널 공사를 착수하여 2020년 5월 터널 굴착공사를 완료한 상태이다.

16.3 차세대 자율주행 TBM을 이용한 고속 굴진

TBM의 현존하는 문제점을 개선하고, 운전 시스템도 단순화하여 AI를 이용한 차세대 TBM에 대한 연구가 시작되고 있다.

지반조건, 반압 조건, 수압 조건과 해저나 하저, 산악지대, 고산지대, 남극이나 북극 같은 빙하지대 터널굴착뿐 아니라, 상온 섭씨 120도에서 영하 230도에 이르는 달에서의 지하 달 기지 개발 등에 적합한 차세대 TBM의 개발은 새로운 인류의 꿈이라 할 수 있다.

16.3.1 자율주행 TBM

오늘날 TBM은 장비 동력의 배가로 직경 20m에 달하는 Mega TBM의 출현이 가능하게 하였으나, TBM Operation에서는 아직도 많은 문제를 안고 있다. 미래의 TBM은 다음 4가지 목표를 해결하기 위해서 연구 발전할 것이다.

TBM 자율주행 시스템 개발

1) 자동 운전(Auto Steering)

2) 자동 굴진(Auto Advance)

3) 자동 굴착(Auto Excavation)

4) 자동 버력처리(Auto Slurry)

TBM의 Digital 혁명

TBM은 수백 개의 Sensor를 갖추고 Logic Controller를 이용해 이미 Digital 혁명의 새로운 시대에 접어들고 있다.

이미 전 세계의 산업체는 소위 AI를 이용한 4차원 산업 혁명의 시대에 돌입하고 있다. 이에 TBM도 자율주행 시스템을 개발하여, 4차 신업혁명 기술에 돌입할 수 있다.

AI 로봇을 이용한 TBM 자율주행을 해야 되는 이유

1) TBM Operator에 대한 의존도

TBM Tunnel Project는 그 운전자 Operator의 능력에 따라 성패가 갈리곤 한다.

2) 숙련된 Operator의 부족

세계적인 TBM 터널공사 붐으로 TBM Operator의 수요가 급증하였다.

3) 고가의 훈련비

Operator 훈련은 긴 시간과 고비용을 필요로 하며, 수년의 경력과 도제식 엄한 훈련을 필요로 한다.

4) 면허 취득의 어려움

실수를 줄이기 위해서 Operator의 자질을 증명할 면허를 취득할 System이 잘 되어 있질 않다.

5) Operator의 TBM 운영 복합성

Operator들은 과도하게 복잡한 조종보드를 운전해야 하며, TBM Operator는 5개의 Screen에서 나오는 수백 개의 Parameter를 판단해야 하며, 동시에 많은 버튼과 다이얼을 조종해야 한다.

해결책은 AI를 이용한 자율주행 TBM 운전이다. 이는 4개의 Subsystem으로 형성되며, 이는 위에서 언급한

1) 자동 운전(Auto Steering)
2) 자동 굴진(Auto Advance)

3) 자동 굴착(Auto Excavation)

4) 자동 버력처리(Auto Slurry)

로 되어 있으나, 인간 Operator는 이 4가지 Subsystem을 동시에 조종할 수 없다. 이러한 문제점을 AI Operator TBM은 쉽게 해결할 수 있다.

지질학적 변형 상태에 대해서도 Auto TBM은 적용을 쉽게 하며, 생산성을 더 높일 수 있다.

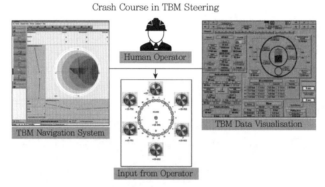

그림 16.16 기존의 인간 TBM Operator의 운전 시스템

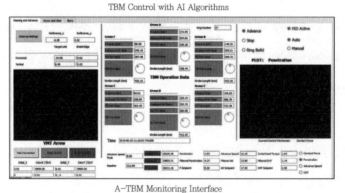

그림 16.17 AI Operator의 자율주행 시스템

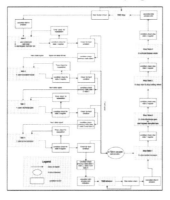

Unifying TBM Subsystems

그림 16.18 TBM의 자율 주행 시스템의 개요

16.3.2 Nuclear TBM의 등장

오늘날의 TBM은 한 번 투입되면 최대 15km 정도를 굴착이 가능하나 앞으로는 이러한 문제를 개선한 핵연료로 작동되는 Super Power TBM이 개발되어 한 번 투입되면 100km 이상 굴착할 수 있고, 남극이나 북극, 달 같이 영하 200도 이하 지역도 유압식이 아닌 새로운 방식으로 굴착이 가능하도록 할 것으로 우리는 앞으로 엄청난 굴진율을 갖춘 새로운 TBM의 출현을 보게 될 것이다.

잠수함이 디젤에서 핵잠수함으로 거듭나면서 해양개발에 새로운 전기를 맞듯이, 이러한 막강한 동력을 갖춘 TBM의 개발은 건설, 자원개발, 달 및 화성 탐사 개발뿐 아니라 국방력에서도 커다란 영향을 미칠 것으로 예상된다.

미래의 TBM은 인류가 운전하지 않는 AI를 이용한 자율주행 TBM으로 막강한 동력을 지닌 핵 TBM, 즉 자율주행 AI 핵 TBM이 출현할 것이고, 소형 원자로를 설치하면 이동력으로 터빈을 돌려 TBM이 굴착 가능하고, 운전은 AI Robot을 이용해서 안전하게 굴착하는 방법으로 필자가 세계 최초로 제안하는 굴착 방식이기도 하다.

새로운 신교통 시스템, Urban Loop나 Hyper Loop 등 지하 터널 교통 시스템 개발에서 커다란 역할을 할 것이고, 자율 차량의 주행에서도 지하 터널의 굴착에서 커다란 역할을 하게 될 것이다.

CHAPTER
17

중국 쉴드 TBM 장비 및 TBM 제작기술 현황

중국 쉴드 TBM 장비 및 TBM 제작기술 현황

17.1 서론

최근 10여 년간, 중국 TBM 산업은 빠른 속도로 발전하고 있다. 더불어 중국은 세계에서 가장 주목할 만한 TBM 내수시장을 갖고 있다고 평가되고 있다. 중국은 지난 60년간 TBM 개발로 설계, 제작, 운영 및 시공을 포함해 TBM의 모든 범위 내에 TBM 기술을 터득하였으며 현재 또한 지속적으로 발전하고 있다. 중국 TBM 기술의 성장은 중국 정부의 강력한 지원 아래 TBM 산업과 학계의 지속적인 연구개발로 이루어졌다. 한국에서 독립적인 기술개발로 세계 TBM 시장에 주도적인 역할을 맡는데 중국 TBM 기술 개발 전략은 좋은 목표치를 준다. 본 장은 중국의 TBM 제작기술을 간략히 다루며, 또한 중국 TBM 제작사의 주요 진전과 업적을 요약하고 있다. 중국 TBM 기술과 관련된 주요 연구 프로젝트를 소개하고 중국 TBM 기술개발의 새로운 트렌드 또한 소개하며, 마지막으로 한국 TBM 기술개발과 미래 연구개발 주제를 중국사례의 영향을 통해 논하고자 한다(Nan Zhang, Hoyoung Jeong, and Seokwon Jeon, 2018).

중국경제의 경기 호황과 함께 이루어진 급속한 도시화는 도시 교통체계 개발 수요를 뒷받쳐주었다(Hong, 2015; Hong, 2017; Wang, 2017). 1960년에 처음 북경에 지하철이 1937년 12월 개통한 일본의 긴자 라인에 이어, 아시아 두 번째로 만들어진 이후 2017년 말에 중국 내 총 32개 도시에 4,750km에 달하는 도시철도가 운영되고 있었다 (자기부상열차 및 트램 포함). 현재 53개 도시는 9,000km를 달하는 도시철도 시공계획을 세웠다. 여기서 6,000km에 달하는 철도는 2020년까지 운영할 것으로 예상하고 있다. 더구나 도시의 지속가능한 발전을 확보하기 위해 중국 정부는 지하공동구 공사를 적극적으로 지원하고 있다. 중국 내 총 69개 도시 내에 총 연장 1,000km에 달하는 지하공동구를 건설하고 있고 총 예상 공사비는 880억 RBM(15조 480억 원)이다(Yang and Peng, 2016).

TBM은 보통 쉴드 TBM과 Open(혹은 Gripper) TBM으로 분류된다. 쉴드 TBM은 주로 연약지반과 복합구조지반에 사용되는데 이는 대부분 지하철 및 하저 터널에 적용된다. Open(혹은 Gripper) TBM은 주로 경암구조에 있는 산악터널 및 가배수로 터널에 사용된다. 본 장은 주로 중국 Shield TBM 제작기술에 대해 주로 설명한 것이다.

대규모 교통건설 시장에 경우 TBM 제작에 대한 수요가 높아 중국 TBM 산업은 빠른 속도로 성장하고 있다. 중국건설기계협회(CCMA) 통계자료에 의하면, 2016 총 TBM 판매량(TBM 단위 수)은 매해 46% 증가했다(그림 17.1). 중국은 2017년에 세계 가장 큰 제작사와 가장 큰 쉴드 TBM 시장을 갖고 있었다(CCMA, 2018). 중국 TBM 시장은 2013년부터 2020년에 약 700억 RMB(12조 3천억 원) 정도 더 성장할 것으로 예상된다(Hong et al., 2013).

최근에 중국 TBM은 대중화되고 중국 내 시장을 급속히 점령하였으며 글로벌 시장 또한 서서히 진입하고 있다. 중국의 TBM 산업은 'Assembled in China'에서 'Made in China'로 성공적으로 변화했다(Chen et al, 2016). 중국 TBM 기술의 놀라운 성장은 독립적인 혁신에서 기반을 둔다. 중국에는 여러 개의 경쟁력 있는 중국 TBM 제작사가 등장했는데 이 중 가장 규모가 큰 TBM 제작사는 다음과 같다 : China Railway Engineering Equipment Group(CREG), China Railway Construction Heavy Industry(CRCHI), Shanghai Tunnel Engineering Co.(STEC), Liaoning Censcience Industry(LNSS), Northern

Heavy Industries Group(NHI), and China Communications Construction Company Tian He Mechanical Equipment Manufacturing Co.(CCCCTH). 위 제작사는 중국 시장의 80%를 넘는 점유율을 보유하고 있다. 2016년에 주요 TBM 제작사 매출 현황은 그림 17.2에 나타냈다.

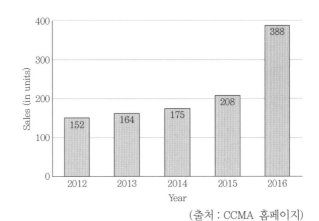

그림 17.1 2012년부터 2016년까지 중국 내 TBM 판매량(단위당)

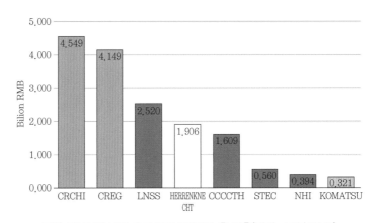

그림 17.2 2016년 주요 TBM 제작사 총 매출(단위 : 10억 RMB)

17.2 중국 TBM 기술의 역사

중국 TBM 제작 기술의 발전은 3단계로 이루어졌다(Chen and Zhou, 2017), 이는 '초기 단계(1952~2002)', '기술혁신단계(2003~2008)' 그리고 '급속개발단계(2009~현재)'로 나누어진다.

초기단계(1952~2002)에 TBM 기술 발전은 북경, 상해, 광저우를 포함한 대도시 지하철 건설사업에 집중되었다. 이 시기에 STEC가 중국 TBM 기술에 중요한 핵심역할을 맡았다. 이 단계에서 Hand shield TBM, Blade Shield TBM, Earth Pressure Balance(EPB) Shield TBM 등이 개발되었다.

'기술혁신단계(2003~2008)'에서는 '863 계획(국가고기술연구발전계획)'의 지원으로 몇몇의 주요 연구 프로젝트가 중국 과학기술부의 기금으로 운영되었다(표 17.1). 그뿐 아니라, 해외 선진기술의 도입으로 중국 자체적으로 지적재산권을 가진 TBM을 개발할 수 있었다. 이를 통해 중국은 해외 TBM 개발 수준의 격차를 줄일 수 있었다. 중국 TBM 제작사는 자체적인 기술개발로 인해 여러 종류의 TBM을 설계할 수 있었다.

중국 국내 거대한 쉴드 TBM 시장을 기반으로 2009년부터 중국은 '급속개발단계'로 진입하였다. TBM 제작 및 터널기술은 '972계획(국가중점기초연구개발계획)'으로 많은 연구 프로젝트가 지원되었다.

몇십 년간의 노력과 개발로 인하여 쉴드 TBM 제작 및 기계화굴착의 핵심적인 기술에 많은 중대한 발견과 업적을 이루었다. 중국에서 제작한 주요 쉴드 TBM은 표 17.3과 그림 17.3에 나타냈다.

표 17.1 '863 계획'으로부터 지원받은 TBM 관련 연구주제

Research Title	Leading Research Unit	Research period
Design and manufacture of full-face TBM	STEC	2002~2005
Key technology of cutterhead and hydraulic drive system of shield TBM	China Railway Tunnel Group	2003. 1.~2004. 12.

표 17.1 '863 계획' 으로부터 지원받은 TBM 관련 연구주제(계속)

Research Title	Leading Research Unit	Research period
Key technology of cutting and measurement-control system of shield TBM in mixed ground	China Railway Tunnel Group	2005. 7.~2006. 9.
Design of large diameter slurry shield TBM	China Railway Tunnel Group	2005. 7.~2006. 12.
Design and manufacture of main bearing of EPB shield TBM	LYC Bearing	2007. 8.~2010. 8.
Design and manufacture of high power reducer of EPB shield TBM	CITIC Heavy Industry	2007. 10.~2010. 8.
Design and manufacture of heavy-duty hydraulic pump in EPB shield TBM	LiYuan Hydraulic	2007. 10~2010. 8.
Comprehensive experimental platform of shield TBM	NHI	2007. 10.~2010. 8.
Development of the prototype of mixed shield TBM	China Railway Tunnel Group	2007. 10.~2009. 9.
Development of the prototype of large diameter slurry shield TBM	STEC	2007. 10.~2010. 8.
Research and application of key technology of large diameter hard rock TBM	CRCHI	2012~2017
Study and development on full-face tunnel boring general technology	Zhejiang University	2012~2017

* 출처 : 중국 과학기술부 홈페이지

표 17.2 '973 계획' 으로부터 지원 받은 쉴드 TBM 관련 연구 주제

Research Title	Leading Research Unit	Research period
Basic scientific challenges in the design and manufacturing of large full-face TBM	Zhejiang University	2007. 7~2011. 8
Basic research on the digital design of cutterhead and cutters based on high performance rock cutting	CREG	2010~2012
Basic research on intelligent control and support software for the whole process of TBM safe and efficient tunnelling	CREG	2010~2016
Study on the measurement and control method of electro-hydraulic system and system integration	CREG	2012~2013
Key fundamental issues of Hard Rock Tunneling Equipment	Zhejiang University	2013~2017
Interaction Mechanism and Safety Control between TBM and the Deep Mixed Ground	Wuhan University	2014~2018
Basic research on the safety of shield tunneling in the Yangtze river with high water pressure	Beijing Jiaotong University	2015~2019

* 출처 : 중국 과학기술부 홈페이지

표 17.3 중국 제작사에서 제작하여 주요 쉴드 TBM 목록

Manufacturer	Year	Type	Project	Remark
CREG	2015	EPB	Tianjin Metro Line #11	Largest rectangular shield TBM with cross-section(10.42m×7.55m)
CREG	2016	EPB	Baicheng Tunnel, MHT J-3 Section	First horseshoe shaped shield TBM in the world
CREG	2017	Slurry	Shantou Bay Tunnel Project.	Largest slurry shield TBM in China(φ 15.03m)
CRCHI	2013	Dual mode	Shenhua Xinjie Coalmine Inclined Shaft Project	For long distance and high slope angle of inclined shafts in coal mine, first in the world
CRCHI	2016	Slurry	Yuji Intercity Railway Project	First large diameter slurry shield TBM in China(φ12.77m)
CRCHI	2016	EPB	Taiyuan Railway Hub Southwest Loop Project	Largest EPB shield TBM in China(φ12.14m)
CCCCTH	2010	EPB	Shanghai Metro Line #12, Section 26	For Deep buried high water pressure tunnel under Yangtze River
STEC	2015	EPB	Ningbo Metro Line #3	Largest quasi-rectangular shield TBM in the world
NHI	2011	Slurry	Esfahan Cable Tunnel in Iran	First micro slurry shield TBM(φ3.14m)
LNSS	2015	EPB	Chengdu Metro Line #4, Section #6	Highest tunneling efficiency of 555m/month in cobble-boulder ground in Chengdu

Dual-mode shield TBM by CRCHI
(φ7.62m) (Chen and Zhou, 2017)

Horseshoe shaped shield TBM by CREG
(11.9m×10.95m) (Li, 2017)

그림 17.3 중국 제작사에서 제작한 주요 TBM

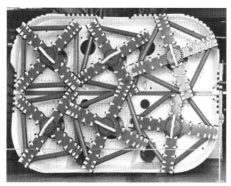

Rectangular pipe-jacking machine by CREG
(10.12m×7.27m) (Li, 2017)

Quasi-rectangular shield TBM by STEC
(11.83m×7.27m) (Chen and Zhou, 2017)

그림 17.3 중국 제작사에서 제작한 주요 TBM(계속)

17.3 중국 TBM 기술의 연구 트렌드

최근 몇 년간 중국 내 TBM 기술에 대한 연구는 큰 인기를 끌고 있다. 지난 20년간 발표한 TBM 관련된 기술은 그림 17.4(a)에 나타냈다. 중국학술정보원(CNKI) 통계자료에 의하면 중국 내 가장 적극적인 연구기관은 Tongji University, China Railway Tunnel Group과 Southwest Jiaotong University이다(그림 17.4(b)). 그림 17.4(c)에 TBM과 관련된 학술지를 나타냈다. 이 중 'Tunnel Construction'이 중국에서 가장 잘 알려진 학술지다. TBM 관련 연구주제는 그림 17.4(d)에 나타냈다. 이 중 지표침하, 커터, 그라우팅 기술이 가장 연구된 주제다. 비록 발간된 학술지들은 다 중국어로 작성되어 국내 학계 및 산업에서 접근하기 힘들겠지만 그래도 TBM 분야에 미래연구를 위해 참고할 만한 가치가 있다.

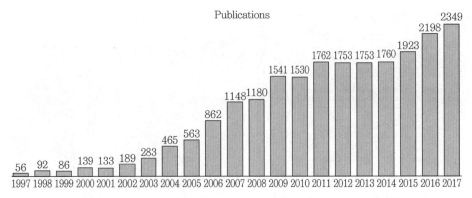

(a) TBM 기술과 관련된 간행물 Publications related to TBM Technology

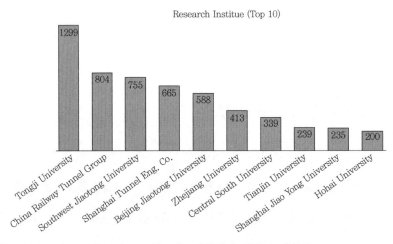

(b) 중국 Top 10 연구기관에서 발간한 간행물

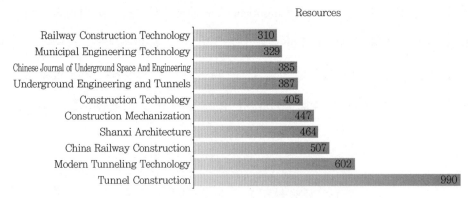

(c) Top 10 중국 학술지들이 각 발행한 논문 개수

그림 17.4 근 20년간 중국 TBM 기술 연구 트렌드

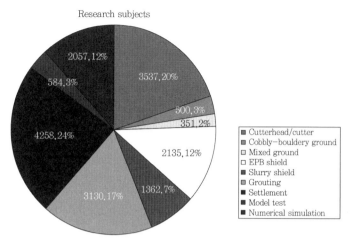

Research subjects

- Cutterhead/cutter
- Cobbly-bouldery ground
- Mixed ground
- EPB shield
- Slurry shield
- Grouting
- Settlement
- Model test
- Numerical simulation

(d) TBM 기술과 관련된 9개 주요 연구주제

그림 17.4 근 20년간 중국 TBM 기술 연구 트렌드(계속)

광범위하게 늘어난 TBM의 적용으로 TBM 터널기술들이 크게 발달되었다(Wang, 2014). 본 장에서는 TBM 굴착 기술에 대한 내용은 다루지 않을 것이다. 다만, 복합지반 (Liao, 2012; Wang, et al., 2016), 자갈-바위형태 지반 Yang, et al., 2011; Le et al., 2012; Sun et al., 2017), 초장대 대구경 TBM(Deng, 2016, Wang, 2017), 높은 geo-stress 부지역 (Fang et al., 2013; Song et al., 2017), 고수지압 하저 터널(Xiao, 2018; Zhu et al., 2018)과 같은 복잡한 지질구조에서 핵심적인 TBM 굴착 기술들이 적용된 사례를 찾을 수 있다.

17.4 중국의 국가중점실험실(State Key Laboratories)

중국은 복합적인 지질학적 조건에서 기술적인 어려움을 극복하고 더 효율적인 TBM 굴착을 확보하기 위해 TBM 제작 및 굴착 기술에 집중 투자를 했다. 정부 지원 TBM 기술 관련 연구를 하기 위한 특정화되고 전문적인 연구기관이 설립되었다.

TBM 기술개발을 위해 두 개의 핵심 실험실이 설립되었다. NHI 소유의 '국가중점실 험실(SKL)'은 2004년에 설립되었다. 본 연구실은 TBM 다기능 시험 시스템을 포함한 여러 선진 시험시설들을 갖추고 있다.

(a) Multifunction test rig   (b) Multifunction testing TBM (φ3.2m)

그림 17.5 NHI 국가중점실험실에 있는 TBM Multifunction test system

CREG에서 운영하는 '쉴드 TBM 및 굴착 기술의 SKL'은 2010년에 설립되었다. 그 후 이 실험실은 2012년 국가과학기술진보상을 포함한 총 35개의 과학 및 기술적 상을 수상하였다. 이는 2012년에 국가과학기술상 대상 수상을 포함한다. 그림 17.6에는 실험시설을 볼 수 있다. 현재 3개의 주요 연구주제가 지정되었다.

1. 커터헤드 및 절삭 Cutter 공구 기술 : 다양한 지질학 조건을 수용하기 위한 커터헤드 및 절삭공구 설계 ; 커터의 지질적 적응에 대한 핵심 기술 연구, 커터헤드와 커터의 고효율 암파쇄 이론 설립 ; 절삭공구 설계 및 제작을 위한 산업표준 개발 설립
2. 쉴드 TBM 굴착의 통제관리기술 : 터널 프로젝트를 위해 기술조언과 기술 서비스를 제공할 수 있는 쉴드 TBM 정보관리 시스템 설립
3. 시스템 통합 관리기술 : 기계통합 및 통제관리기술 개발 : 원격자동진단 시스템 및 지능적 의사결정 시스템 개발

17.5 중국 TBM 기술의 특이업적 및 향후계획

(a) Experimental platform of engineering structure

(b) Rotary cutting platform

(c) Disc cutter testing platform

(d) Comprehensive experimental platform

(e) Intelligent big data platform for TBM tunneling site

그림 17.6 CREG 국가중점실험실 실험 플랫폼

중국 TBM 산업과 학계의 꾸준한 노력으로 인해, 다음과 같은 다수의 특이 선진기술을 개발하였다 (1) 신규굴진기술(영구자석 동기화 굴진기술 및 전기 유체식 굴진 기술), (2) 커터헤드 및 커터보수기술(예 : 기압 및 로봇보조 탐지 및 보수기술 아래 커터공구 교체), (3) 급속버력제거기술(예 : 대형 바위의 고효율 파쇄기술), (4) 비원형 구간의 적응기술(Zhao and Chen, 2013; Chen et al., 2016; Wu et al., 2016; Chen and Zhou, 2017; Li, 2017).

미래의 주요 개발 트렌드는 다음과 같다.

1. 중국 TBM 제작사는 조립형 쉴드 TBM을 위한 소형 TBM을 개발하고 있다(여러 소형 TBM으로 완전체 조립). CREG은 지하 주차장 공사에 이러한 시제품을 이미 적용하였다.
2. 효율적인 굴착의 넓은 수요를 충족하기 위하여 깊이가 깊고 높은 지면−응력을 갖고 고수압 환경에 대구경 터널에 적용할 수 있는 TBM을 개발하고 있다.

복합적인 지질조건에 TBM 적용성, TBM의 강한 내구성, 신뢰할 수 있는 커터 수명의 수요는 미래에 더욱더 상승할 것이다. 중국 TBM 기술의 장기간 목적은 보다 더 효율적이고 자동적인 TBM 설계, 모듈식 제작, 원격 및 지능적 모니터링, 통제 및 관리다.

(출처 : 2020. Nov., T & T Journal)

그림 17.7 1,000번째 TBM을 제작한 후 자축하는 중국 TBM Maker CREG

17.6 결론

현재 중국은 세계에서 가장 터널사업이 많은 국가이다. 다양한 터널 프로젝트에 기반을 두고 중국의 TBM 제작산업은 급증하였다. 선진국들과 기술적 격차를 줄였지만, 중국 TBM 산업은 아직 TBM의 신뢰도, 독립적 기술혁신 그리고 보다 더 지능적인 설계와 제작방법의 개발의 과제가 남아 있다.

중국의 TBM 기술개발의 역사로 어느 정도의 좋은 영향과 배움을 얻을 수 있다. TBM 산업은 기술집약적 그리고 자본집약적이다. 기술을 적용하려면 초기에 대규모자본 투자와 많은 엔지니어링 프로젝트가 필요하다. 일대일로 (BRI) 정책과 강력한 정부 지원으로 중국 TBM 산업을 사립화산업으로 만들었다. 제작사들은 연구기관과 대학과 많은 프로젝트에 협력을 하고 있다. 참고로 이러한 기술발전들은 다양한 터널 프로젝트, 현장에서 피드백과 기술개선이 없었다면 불가능했을 것이다.

아직 한국의 TBM 산업의 규모는 작다. 이는 한정적인 국가터널사업과 TBM보다 비용면에서, 효율적인 발파 굴착방법을 더 선호하기 때문이다. 하지만 대한민국 정부는 TBM 설계, 하저 및 공동구 터널의 핵심기술 개발을 위한 R&D 프로젝트를 지원하고 있다. 만약 한국 정부나 대규모 중공업 등 장비제작사가 TBM 제작에 관심이 있다면, 중국의 TBM 기술발전 역사가 아주 좋은 참고 사례가 될 것이다.

CHAPTER
18

TBM 국산화 방안 및 TBM 터널공법 국내적용 개선방안

TBM 국산화 방안 및
TBM 터널공법 국내적용 개선방안

　　1984년 도수터널 공사를 위해서 세림개발(진로건설의 전신) 소구경 TBM을 수입한 것이 이 땅에 처음 수입된 TBM이었다. 그 이후 한때는 TBM 장비를 보유해야 입찰 자격을 줄 정도로 인기가 좋았으나, 국내 지반조건에 적합하도록 Design이 되지 않은 장비들이 무분별하게 반입되면서, TBM을 이용한 터널 현장은 많은 문제점을 드러내고는 국내 터널 공법사에서 한때 사라져간 비싼 장비 값에 비해서 굴진율이 떨어지는 공법으로 폄하되어 전력구등 소구경 TBM 장비를 제외하고는 대구경 교통터널에는 2005년이 넘어서야 서울 지하철 7호선 등에서 적용되기 시작하여, 근래에 이르러 원주-강릉 강릉시 구간 직경 8.4m Herrenknecht TBM이 반입되어 평창 동계 올림픽을 무사히 마칠 수 있었고, 2019년도 입찰한 서울시 제2외곽순환고속도로 제2공구 김포-파주 간 한강 하저 터널 공사에는 직경 14.01m 대구경 Herrenknecht TBM이 도입되어 도심지 대형 교통 터널공사에 국내도 대구경 TBM 장비의 도입이 이뤄지고 있다.

그림 18.1 갱구부에서 발진 준비 중인 HP TBM(Guadarrama Tunnel, Spain)

18.1 국내 TBM 공법 활성화 방안

국내의 터널 기계화 시공 기술은 앞으로 어떤 방향으로 발전할 것인가? 또한 현재의 기계화 시공기술의 현황을 알아보고, 이에 대한 발전적인 연구방향 제안을 하려 한다.

터널공사에서 기계장비의 도입은 터널 굴진율의 향상과 더불어 지하구조물의 안전 시공을 하는 데 큰 역할을 하여왔다. 과거 200년 동안 터널 굴착의 양대기술은 Drill & Blast를 이용한 발파공법과 TBM 등을 이용한 비발파 순수 기계굴착법인, Bore 공법으로 분류하고 있다. 스웨덴의 Nobel이 안전한 고체형 다이너마이트를 발명한 이후 폭약은 터널굴착에서 획기적인 역할을 하였고, 이에 필요한 착암기의 개발로부터 점보 드릴에 이르기까지, 천공굴착기술의 발전이 있었고, 버력처리를 하기 위한 로더장비 등의 개발로 터널 굴착 굴진율에도 큰 발전이 있어왔다. 약 200년 전 나폴레옹 시대 Euro 터널 건설 방안으로 프랑스의 광산기술자가 최초로 TBM 장비를 제안한 이후 근대 TBM 장비는 미국의 유명한 광산기술자 James Robbins에 의해서 1950년대부터 발전해왔으며, 공사 중 터널 내부를 보호하는 Shield는 영국의 토목공학자 Brunnel이 개발했다(1818). 오늘날에 와서는 독일의 Dr. Herrenknecht 같은 기계전문가가 합류하여 High-Power 유압

장비인 Modern TBM의 개발에 기여하여왔다. 세계적으로 터널 선진기술을 지닌 유럽의 터널현장에서는 Euro-Tunnel의 시공으로 터널의 기계화 시공이 활성화가 되었고, 또한 프랑스, 독일, 스페인, 이탈리아, 스위스 등지에서 고속철도 건설 프로젝트를 시행하면서 높은 산악지 밑을 통과하는 장대터널의 설계로 고속굴진 High-Power TBM의 사용이 본격화되었다. TBM의 발전은 기존의 Drill & Blast 공법의 문제점을 개선하고, 특히 어느 정도 장대터널의 경우 경제성에서도 경쟁력이 있음이 증명되었고, 기존의 Drill & Blast(NATM) 공법이나, Umbrella 공법으로도 시공이 어려운 토사 등 연약지반의 경우도 토사 Shield TBM이 개발되어 도심지 지하철 터널 등에 사용되고 있는 실정이다. 중국의 경우 연장이 2km가 넘는 산악터널이나 해저나, 하저, 특히 도심지 지하철 터널 등에는 대구경 TBM을 사용하는 것이 이미 20년 전부터 보편화하고 있으며, 중국 자체 Brand(CRED, CRCHI, STEC, NHI 등)로 TBM 장비를 제작하고 있는 실정이다. 이에 비하여 조선 등 중공업 선진국인 한국은 아직도 대구경 Traffic Tunnel 사업에서 보수적인 구식 Design인 발파공법을 주로 사용하고 있으나, 1인당 GDP $30,000 시대에 들어서 선진국화 문턱에 들어선 한국의 Tunnel Engineering 입장에서 볼 때, 오늘날 터널의 기계화 시공은 터널산업 Trend의 변화를 위한 매우 중요한 Turning Point라 판단된다.

풍요로워진 생활수준의 향상으로 3D 업종인 발파시공 국내 지하 터널 현장에 한국인 기술자, 기능인의 기피현상으로 제3국인 무자격 기능, 기술자들이 영입되고 있으며, 이로 인해 터널의 안전시공, 시공효율성 등에서 많은 문제점을 보이고 있고, 민주화된 오늘날 주민들의 높아진 환경, 안전 등에 대한 민원 문제의식화로 사실상 도심지에서는 발파공법 적용이 거의 불가능한 편이다. 세계적으로도 대구경 Traffic Tunnel의 사용비율이 증가하여 지금은 대세를 이루고 있다. 20년 전에 3~4군데에 불과했던 TBM 제작사는 이제는 12업체 정도의 업체군을 이루고 있고, 대구경 TBM 장비 가격도 과거에 비해 거의 50% 수준으로 떨어져, 대구경 TBM이 교통 터널에서의 보편적인 주요 장비로 일반화되어 세계화하고 있는 실정이다. 국내의 건설업체도 국내에서의 대구경 TBM 공사에 대한 실적을 쌓아야 세계적으로 공사 물량이 증대하고 있는 Global TBM 공사

시장에 도전할 수 있을 것이다. TBM 터널 공사만큼 국제화하기 쉬운 것도 없는데, 장비를 갖고 국내에서 터널을 뚫으나, 바다 속에서 뚫으나, 미국에서 시공하거나 모두 같은 Process를 갖고 있어 시공사가 얼마든지 국제화가 가능한 사업시장이다. 건설과 중공업에서 선진국 수준에 도달한 한국의 터널시장도 Modern High-Power TBM의 도입을 통해 새로운 국내외 시장 개척이 가능할 것으로 보이며, 장차 젊은 국내 터널기술자들의 미래를 보장하여줄 중요한 Job Item이라 생각된다.

18.2 현대 암반용 TBM의 개발 현황

1951년 James S Robbins가 경암용 Disc Cutter를 장착한 TBM을 개발한 이후, 경암용 TBM의 개발은 지난 10년간 엄청난 발전을 거듭해왔으며, 커터재료의 연구개발로, 초경합금 등으로 경화된 커터의 개발로 극경암반에서 굴진율 저하를 보이던 문제도 많이 극복되었고, TBM Main Drive의 Power가 부족하여 작은 단면에 한하던 TBM 터널굴착이 현재는 미국 Seattle Alaskan Way에 17.48m, 홍콩 Chek Lap Kock 고속도로 터널에 17.63m 직경 러시아 St. Petersburg Orlovski, 도로 Tunnel 사업에 직경 19.25m 정도의 대구경 TBM 장비의 도입으로, 웬만한 교통 터널의 경우 전단면 복층 터널의 굴착이 가능하게 되었다. 또한 운행 속도가 3m/sec를 넘는 고속 장대 벨트컨베이어의 개발로 장대 터널에서의 대량 버력처리의 고속처리가 가능해져서, 장대터널 시공 시 굴진속도에 장애가 되었던 버력처리가 원활하게 되었다. 이로 인해 고속 굴진이 가능하게 되었으며, 과거 터널 내 단층대 등 붕락으로 TBM 장비 보호와 운전자의 안전에 문제를 야기시켰던 개방형 Open TBM에서 막장 밀폐형 Shield TBM으로 구조 변경을 하였다. Hard Rock Shield TBM이 개발되어 지반이 나빠지거나 지하수의 유입량이 늘어 터널붕괴에 따른 장비 보호 및 난구간 공사를 가능케 하고 있다. Shield의 적용으로 PC Segment의 지보재 적용이 가능해져 지보재 설치에서도 과거에 비해서는 훨씬 빠른 그리고 지보재의 품질도 개량된 방법의 도입으로 TBM 기술의 발전을 이루어왔다.

그림 18.2 터널굴착 관통 후 드러난 Hard Rock TBM의 위용

우선은 극경암도 절삭할 수 있는 Cutter의 개발, Cutter의 성능을 극대화할 수 있는 Power Drive Motor의 개발, 장비를 보호하는 Shield TBM의 경암 터널의 적용, 빠른 고강도 Segment 지보재의 설치 기술과, 고속 버력처리 장비의 개발은 굴진 고속화라는 TBM 터널기술의 염원을 성취해주고 있다.

그러나 단층 등 암질이 나빠서 Grouting 등 선 지반 보강을 해야 하는 경우 또는 지하수의 유입이 심해서 차수대책을 수립하는 경우 또한 TBM이 하향굴진 시 배수 문제 등 아직도 장비의 가동률을 낮추는 기본적인 문제들은 앞으로도 계속 풀어나가야 할 문제이다. 하지만 파쇄대 등에서도 장비만 통과될 정도의 최소화 보강 공법의 적용으로 발파공법에 비해 우수한 기술적 장점을 갖고 있다. 그러나 막장 전방의 지층상태에 대한 분석 기술이 부족하여 예기치 못한 지층상태를 만나면 대책수립에 많은 시간이 필요하게 된다. 또한 경암 TBM은 Cutter의 교체가 잦은 편으로 장비의 Down Time의 많은 부분을 차지하고 있어 커터의 사용기간이 긴 대구경 커터(커터직경 20inch)가 등장하였다. 경암용 커터도 고효율 커터로 개발되고 있다. 최근에 Accessible Cutter의 개발로 Cutter

교체 시 특수 가압 없이 바로 대기압 상태에서 커터 교체가 가능해졌고, 로봇 암이 개발되어 무거운 커터 교체가 쉽게 되어 굴진율 향상 및 작업자들 TBM 작업이 쉽게 개선되었다.

일반적으로 대구경 Cutter가 무겁고(약 150~250kg/ea), 커터가 커터 하우징에 Bolt로 연결되어 있으나, 커터 교환 시 커터의 분리가 어려운 실정이다. 또한 커터가 무겁다 보니 막장으로 운반하는 것도 쉬운 일이 아니다. 하여 기존의 막장에서 커터를 교체하는 Front Loading 방식에서 장비 내부에서 Cutter를 교환할 수 있는 Back Loading 시스템이 개발된 상황이나, 아직도 커터의 하우징 내 체결 방식에 대해서는 Robotic Arm 등 많은 연구가 필요할 것이다. 커터의 체결이 쉽고, 분리도 쉬운 방식이 개발되고, 커터의 하중을 경량화시키는 재질의 개선이 필요하고, 커터의 적정 교체시기를 판단할 수 있는 Sensor System의 개발이 절실한 상태이다. 문제는 경암지대와 연암지대를 동시에 굴삭이 가능한 복합지반용 다목적 커터의 개발이 필요하다. 또한 현재 기술적으로 경암용 커터는 Brittle하여 연암지반인 파쇄대에서도 쉽게 파손되며, 연암용 Bite Bit는 경암을 만나면 쉽게 닳아 파손되는 단점을 갖고 있다. 복합지반에 대해서는 Cutter Head의 Cutter Design을 경암용, 연암용을 혼합하여 Universal Type으로 Design하고 있으며, 복합지반용 Cutter의 개발은 앞으로 해결해야 할 중요한 사항이다.

경암 TBM 시공 시 가장 큰 문제는 복합지반을 만나 지반이 연약해질 경우 TBM 운전에 어려움이 생길 수 있다. 장비가 균형을 잃을 수 있고 너무 연약한 곳에서는 장비가 장비 자중 때문에 하향 침하할 위험도 있다. 산악 터널의 시공 시는 터널의 토피가 어느 정도 유지되므로 지층의 변화가 심하지 않으나 계곡, 강 등 지질학적 구조대나 천층 연약지반 통과 시는 장비 운용에 문제점이 생기게 된다.

18.3 토사용 TBM의 개발 현황

토사용 Shield TBM은 지반이 연약한 일본에서 1970년대 개발되었으나, 최근에는 전 세계적으로 제작을 하고 있다. 근본적으로 단단한 기반암이 널리 발달한 국내에는 적용성이 떨어지는 장비이나, 지리적으로 가까운 일본 TBM 업계의 저가 공세로 국내에도 반입이 되었다. 차후 터널 로선이 심부화되면서 국내 활용도는 거의 없는 장비 Type이다. 국내의 토사 전용 Shield TBM의 적용은 도심지 지하철 터널에서 이루어졌고 광주 지하철은 연약지반으로 장비 설계가 되었다. 그러나 복합지반으로 터널 중간에 암선이 올라오는 바람에 커터의 마모가 심하게 되어 경암구간은 발파공법으로 대안 굴착하는 등 어려운 작업을 하였다. 부산지하철 수영강 통과 구간은 커터의 선정, Cutter Head의 설계 잘못, 암반구간의 등장 등으로 커터마모가 심하여 Cutter Head의 Main Bearing까지 파손이 되어 막장이 무려 17번이나 장비 운전 정지로 인해 공사에서 큰 피해를 본 바가 있다. 비교적 성공적인 Project인 서울시 지하철 9호선 9-9공구 여의도 국회 의사당 하부 통과 구간은 충적층의 모래자갈 지반으로 토사 TBM 적용이 가능한 곳으로 Slurry Shield TBM으로 설계되었다. 현장의 지반 조건이 대부분 연약 지층인 모래자갈 층으로 적정 공법의 선정으로 큰 문제없이 굴착되어 일일 굴진율을 16m/day까지 이른 바 있다. 토사 Shield TBM 터널은 설계 시 가장 우려하는 것은 복합지층으로 암선이 올라와 설계 시보다 강한 암층을 굴착하는 경우와 호박돌(Boulder)의 출현으로 이 경우는 특히 호박돌의 처리에 많은 시간과 공사비가 들어간다. 물론 사전에 호박돌의 존재를 파악했다면 여러 가지 다양한 해결책으로 그 문제 지역 통과가 가능하지만, 전혀 예측하지 못한 경우는 호박돌 처리에 큰 어려움을 겪는 것이 일반적이다. 또한 지하수위가 높아서 버력과 함께 물이 막장으로 들어오는 경우, 적당한 수처리 시설이 없으면 도심지 굴착 시 환경문제 때문에 버력의 운반 시 문제가 되곤 한다. 분당선 하강 하저 철도터널공사의 경우 전형적인 토사 Shield TBM인 EPB TBM(고마츠, 일본)이 도입되었으나 불행하게도 터널구간이 거의 경암반 구간이어서 터널굴진에 큰 어려움을 겪은 바 있다. 차후 암반

구간인 본 공사에 암반용 Disc Cutter는 국산 19inch 대형 커터로 변경 사용하였다. 그러나 TBM 장비 사양에 대한 명확한 설계 내용이 없고, Cutter Housing에 암반굴착 시 마찰열을 식혀 주고, 커터로 인해서 발생되는 분진발생을 억제해주는 Water Spray에 대한 시설이 빠져 있다. 장비 자중이 경암반 굴착 필요성에 비해 너무 경량이며, 굴착 시 막장면을 지지할 추력도 무척 부족하며, 막장면 Cutter Head 면판을 돌려줄 구동 Power도 부족한 것으로 TBM 설계에 대한 중요한 내용이 설계 시 빠져 있었다. 장비 구매 시에 중요한 전문 Procurement Service가 빠져 있어 장비사양 결정, 장비구매 사항 등 중요한 전문적인 사항이 빠져 있어 실제로 터널 현장에서 좀 강한 암반을 만나면 연약지반용 커터는 마모율이 커졌다. Cutterhead Drive에 부담을 주어서, 추후 공사 중 Cutterhead의 Main Bearing이 고장이 날 가능성이 있었다. 이런 일이 발생하기 전에 적정 Cutter에 대한 교체가 필요할 것이나, 적정장비 자중, Installed Power, Cutter 선정 등에서 설계 내용이 부적절하여 만일 Main Bearing이 고장 나면, 이를 교체하는 데 비용이 30억 원 이상 필요하다. 막장은 최소 3달 정도는 작업중지 상태가 될 것이다. 결국에는 TBM 공사임에도 불구하고, 굴진율이 너무 낮아져 실행에 많은 부담을 주었다. 현장에서 나온 장비는 보수하여 재활용할 엄두를 못 내고 바로 고철 처분하였다. 대표적인 TBM Design 실패 사례 중의 하나라고 판단된다.

18.4 국내의 기계화 시공 적용 현황과 전망

국내의 터널 시공 기계화 적용률은 2% 미만으로 OECD 회원국 중 최저 비율을 차지하고 있으며, 지난 20년간 직경 7m 이상의 대구경 교통터널에서의 적용율은 0.7%뿐이다. 이는 TBM 터널에 대한 전문 설계, 시공, 조사, 장비운용에 대한 전문가가 부족하고 발주기관이나 터널의 소유자가 기존 NATM, 즉 발파공법에 대해 너무도 익숙해 있기 때문이다. 1984년부터 남침용 땅굴 발견용 및 수자원공사의 장대 수로터널공사 목적으로 도입된 초창기 국내 TBM 장비는 적절한 Engineering 설계 없이 저가의 장비가 30여 대 들어와서 굴착을 시도했다. 그러나 국내 지반 조건에 맞지 않는 장비의 선정으로 현장 적응에 실패하여 건설업계에 좋지 않은 선례를 남기고 사라졌다. TBM 장비를 과다하게 12대를 들여온 유원건설은 향후 TBM 터널의 건설물량 감소로 부도를 맞기도 하였다. 터널의 공법선정, 커터선정, 커터헤드의 면판설계, 굴진율 예측 모델을 통한 적정 공기예측에 의한 공사비 산정 등 합리적인 터널기계화 설계에 대한 적용 없이 저가 입찰에 의한 시공자와 장비를 팔려는 정치적 성향이 큰 영업 활동 외에는 TBM 설계 기술자의 엔지니어링 적용이 전혀 안 된 상태였다. 결과는 장비의 오작동에 의한 터널현장의 잦은 Downtime 등으로 TBM 공법은 국내에 적용이 어려운 것으로 인식되었다. 단지 소구경 Micro TBM 장비가 전력구 터널 등지에서 적용이 되면서 명맥을 이어 왔으며 국내의 TBM 시공업체는 전신이 유원건설인 호반건설(전 유원), 대우조선해양(전 진로건설), 특수건설, 동아지질, 강릉건설, 아주지오텍, LS삼보 등이 현재 국내 TBM 터널 건설 전문시공자로 알려져 있다. 앞으로 철도, 도로 및 수로터널 등에서 20km가 넘는 장대터널들이 설계되고 있어 본격적인 전단면 대구경 경암 TBM 장비의 도입이 현실화되고 있어, 굴진율을 높이고, 터널의 품질을 향상시키는 High-Power TBM의 도입이 절실하다 하겠다. 일단 이러한 프로젝트를 통해서 새로운 암반 TBM의 성능과 터널의 경제적 시공능력이 입증된다면, 국민소득 GNP $30,000 시대에 걸맞은 Modern TBM을 이용한 기계화 시공이 국내 터널 시공의 주력 공법으로 자리매김할 것이다.

18.5 터널 굴착공법의 선정(터널연장 대비 가격 비교)

TBM 공법 적용에 대한 국내 기준이 특별한 것이 없으므로 발주처나, 설계기술자, 시공사 등에서 많은 혼란이 가중되고 있는 형편이다. 또한 공사비, 공기 등에서도 국내 PQ Data를 요구하는 경우도 많은데 현실적으로 대구경의 경우 국내에 시공 실적이 없으므로 쉽지 않은 일이다. 중국과 러시아는 TBM을 보편적인 터널공법으로 사용하는 나라인데, 통상 연장이 2km 이상이면 TBM의 경제성이 있다는 실행 기준을 갖고 있다. 우리나라는 도로터널은 연장이 11km가 넘는 인제 도로터널, 연장이 7.5km가 넘는 양남 터널도 NATM으로 설계 및 시공되었다. 최근 관심을 모았던 보령－태안 1공구 연장이 8km인 해저 도로터널도 시공사 간 담합의심 혐의되는 상황으로 Shield TBM 공법이 아닌, NATM 공법이 선정되었다. 하저 구간인 서울시 강변북로 TK 사업도 저가 입찰을 한 현대건설의 NATM 공법이 선정되었지만, 민원 문제 등 도심지에서는 발파공사가 수월치 않고 현재 타계한 박원순 시장으로 교체 후 공사는 중단된 상태이다. 또한 최근의 부산외곽순환 고속도로 9공구 대안설계구간 연장 7.2km 쌍굴 터널도 NATM 공법을 적용하였다. 세계적인 터널 컬럼리스트인 Maurice Jones가 쓴, T&T Journal의 Choices of Excavation 기고문을 보면(2011년 5월) 전 세계적으로 연장이 3km 이상의 터널은 TBM 공법이 경제적이라는 설명을 하고 있다. NATM 공법의 경우 국내에 많은 시공 경험을 갖고 있으며, 현장 시공 실행 또한 회사마다 다양한 Know-How를 갖고 있다. 전문 하도 급업체도 국내에 많이 존재한다. 따라서 대형 시공사 견적팀은 공사비에서 조금 더 자유로운 편이고, 아주 익숙한 NATM 터널공사비 산정이 가능하다. 그러나 대구경 TBM 공사는 국내의 어떤 시공사도 견적에 있어 자유롭지 못하다. 기술력, 경험부족 등이 그 이유인데, 전문업체의 견적 자체가 외국전문 시공사와 달리 시공 경험이 없어 원천적으로 시공 Risk를 많이 함유하고 있다. TBM 공사비가 NATM보다 무조건 1.4배 비싼 것으로 계산하며 그 근거는 정확하지도 않다. 이러한 TBM 공사비 거품을 빼는 것이 우선적인 중요한 일이며, 중국 등과 같이 장비 사양결정, 적정장비 구매에서, TBM Engineer를 활용한 견적과 TBM Procurement Service를 이용해야 공사의 경제적이고 성공적 수행이 가능해질 것이다. TBM 공사는 표준 품셈과 표준내역이 존재하지 않으므로 기술력을 갖춘 팀이 만든 견적서에 근거해 공사비 산출을 하므로, 기술력에 따라 상대적으로 공사비 차가 많이 발생한다. 기술이 보물인 셈이다. 공사비 비교를 떠나서 터널공사의 안전성, 터널공사 현장 주변의 소음저하 등 환경 친화성, 기존의 발파식 NATM 공사, 열악한 터널작업현장의 자국 기술인력 기피현상 등을 고려하면, 특히 대도시에서는 TBM 굴착이 세계적인 대세라 하겠다.

18.6 기계화 시공의 시대를 맞기 위한 준비과정

기계화 시공은 터널기술이 주력기술이나 적용 TBM 장비에 대한 기계 전기적인 기술의 개발이 필요하다. 거대한 규모의 중장비의 사용을 전제로 하기 때문에 부품사업의 개발이 시급하다. 자동차 산업과 같이 주요 부품의 자급자족이 일어나지 않는다면 복합적인 측면에서 발전이 없을 것이다. 이는 수입 부품으로 시공을 계속한다면 공사비 면에서도 기존의 발파공법에 비해서 경쟁력을 갖추기가 쉽지 않을 것이다. 또한 대구경 TBM의 경우 Plant적인 성격이 크므로, 제대로 된 장비의 구입 조달에서 TBM 전문가의 Procurement Service를 통해서 이루어져야 과거 30년간의 실패에 대한 근본적인 문제해결이 가능할 것이다.

18.6.1 TBM 부품의 국산화

TBM 부품 중에서 터널 공사비의 10~20% 정도를 차지하고 있는 것이 소모성 Cutter에 대한 비용이다. 국내의 작은 중소기업들에서 연약지반용 Cutter는 모방 수준에서 제작하여 국내외 Market에서 저가 Cutter 시장에 진출해 있다. 그러나 경암에서는 거의 외국 제품에 비해서 마모도에서 큰 차이가 있는 상태로써, 초경합금의 제조 기술과 열처리기술 등에서 재료 분야 기술자와 연계 국산 커터의 재질 개선에 대한 연구 투자가 필요할 것이다. 국내에서 적합한 경암 커터의 개발이 가능하다면, 최소한 Cutter 비용에서 많은 절감이 가능하여 TBM 공사비의 10% 정도는 공사비를 낮출 수도 있을 것이다.

18.6.2 TBM 장비의 후방대차의 국산화

TBM 장비를 국산화하는 것은 국내 중공업 기술상 큰 문제는 아닐 것으로 예상하고 있으나, 현재와 같이 국내 TBM Market이 열리지 않은 상황에서는 User가 없는 상태에서 국산화는 의미가 없다 하겠다. 단지 장비를 수리하고, 조립하고, 해체하면서, 장비 제작 도면을 만들면서, 부분적인 제작이 가능하며, Cutter Head 운용을 지원하는 TBM 후방대차는 국내 제작이 우선적으로 가능할 것이다.

18.6.3 TBM Cutter Head의 국산화

한국의 기반암은 중생대(Mesozoic Era) 수정질 암반으로 그 강도와 경도가 비교적 강한 수준이다. 한국의 지반 조건에 적합한 TBM 장비 사양을 정하고 이를 특화시켜 제작에 접목시키는 기술이 필요하고 이를 통해 국내 TBM 공사비 단가가 내려갈 것이다. 일상적으로 국내 교통터널 Project 설계 시 TBM 공법의 공사비를 NATM 공사비의 1.4배로 정하고 있으나, 연장이 2km만 넘고 지반 조건에 적합한 장비를 투입할 수 있다면 NATM보다 더 싼 가격 경쟁도 가능할 것이다.

문제는 굴진율과 장비 가동률에 대한 것인데 중국의 경우도 경암에서 직경이 10m 터널에서 평균 20m/day 보이고 있다. 장비 가동률은 48~50%를 보이고 있어 우리나라의 굴진율 5~8m/day 평균 가동률 30%는 현실적으로 너무도 낮은 수치이다. 그러나 좋은 장비에 많은 Project를 수행하면 터널의 단순반복 작업 사이클을 고려하면, 추후 시간이 지나면, TBM 운용 기술력이 향상되면 굴진율과 가동률은 중국에 못지않게 향상될 것이다. 또한 이를 통해 공기를 절감할 수 있어, 공사비 절감에 시공사의 공사 실행이 향상되어 시공성, 안전성, 경제성 등에서 아주 유리한 공법이 될 것이다. 또한 TBM 공법이 일반화되면, 중국과 같이 전문성을 갖춘 TBM 전문 시공사가 많이 생길 것이다. 경쟁을 통해 공사비는 더욱 절감될 것이고 TBM 장비의 재사용율이 늘어나기 때문에 외국같이 Major Contractor에서 TBM 사업부를 만들어 직영하는 것도 가능할 것이다.

TBM 제작은 우선 단순 조립하는 Assembler의 단계를 거쳐, 자체 TBM Design 능력이 갖춰지면 자체 Brand의 TBM을 제작하는 수순을 따라야 할 것이다.

18.6.4 중고장비의 보수기술 전문화 및 기술 인증 시스템(안전성 및 성능검사)

TBM 장비를 국산화하는 것도 국내 Market 규모에 따라 필요한 일이지만, 새로 국내에 유입장비의 보수 정도는 국내에서 수리하는 방안을 찾아야 한다. 그것이 기술적으로 불가능하다면 초기에는 장비를 원 제작사에 보내서 보수 Manual에 맞춰서 제대로 보수를 해야 한다. 보수 중 TBM 전문 Engineer의 Inspection 검증이 필요하고, Commissioning을 거쳐서 보수를 완료하고, 수리한 원 제작사의 품질 보증(Guarantee)을 받아야 한다.

단순하게 Pipe나 갈고 페인트를 칠하는 것이 아니라 TBM의 원래 굴착기능을 100% 복원해야 한다. 첫 번째 재활용된 장비가 원 Maker의 Guarantee를 받으면, 새장비가의 75%를 호가한다. 이러한 보수작업을 통해 소구경 TBM 제작 등이 가능해진다. 이때 주의 할 것은 새로 시공될 터널의 크기, 연장, 깊이에 따른 토압의 크기, 지반의 종류 등을 고려하여야 한다.

18.6.5 TBM 장비 Procurement(조달 방법)의 개선

1) 향후 TBM 공사 활성화를 위한 TBM 장비 조달 방안

과거에 비해 대형화한 Traffic TBM 공사에 적용되는 장비 규모는 현재 세계적으로 최대장비 직경이 Φ19m까지 이르고 있다. 이러한 규모의 직경이 Φ7m가 넘는 대구경 Traffic TBM은 단순 굴착장비라기보다는 Plant에 가까운 실정이다. 일반적으로 TBM의 구매는 단순한 건설장비를 넘어서 TBM 전문가의 Procurement Service를 통해 이뤄진다. 중국 등 외국의 경우도 발주처는 장비구매를 Procurement Consultant에게 Service를 의뢰하며, 이를 통하여 이 복잡한 TBM Plant를 설계목적에 맞는 사양으로 경제적인 구매가 이뤄지도록 하고 있다. 국내의 일반 건설기술자들은 대구경 TBM을 Dozer 같은 일반

건설장비로 생각하는 우를 범하는데 TBM은 엔지니어링이 필요한 설계를 통해 주문 제작되고 장비의 제작, 검수, 시운전, 인수 등 복잡한 과정이 전문가의 Procurement Service를 통해 이뤄진다. 터널공사가 TBM 공법을 채택할 경우 TBM 장비에 대한 소규모의 EPC System이 적용되어야 한다. 이러한 중요한 문제들이 국내에서는 일반건설 장비를 사듯이 간과되어 있어 제대로 된 사양의 현장 지반조건에 적합한 TBM 장비 구입을 하지 못하여 국내 TBM 터널공사의 주된 실패요인이 되어왔다. 즉 TBM 장비는 Plant적 요소를 갖고 있고 터널 구조물이나 시공은 일반 토목적 요소를 갖고 있는데, 앞으로 TBM 장비 구매는 일반 Plant 공사와 같이 Procurement Service를 통해서 이뤄져야 한다.

2) TBM의 예비설계(Preliminary Design) 단계에서의 구매 행위

일반적으로 건설 장비의 구매에서 장비의 설계제작은 구매 행위에 포함되지 않고 제작사의 자체 모델의 사양에 의하여 구매의사가 결정된다. 그러나 TBM 장비는 Plant나 조선의 경우와 마찬가지로 Procurement 과정이 설계제작에 당연히 포함된다. 따라서 구매자는 이 과정의 관리에 참여하여야 한다.

특히 대구경 터널의 경우 장비의 규모가 직경이 Φ7~19m, 대당 하중이 3,000~10,000ton에 이르며 길이 또한 150~250m가 되므로 터널의 설계 시에 장비의 조립운전에 대한 여건이 반영되어야 하며 장비설계 또한 터널의 제반 환경에 맞게 설계되어야 하므로 TBM 제작사와 터널 관련 TBM Procurement Engineer와의 기술정보교환 및 합의는 매우 중요하다. TBM의 Preliminary Design이 입찰과정의 심의를 거쳤음에도 다시 진행되는 것은 터널의 모든 설계 분야와의 기술합의와 Risk Management의 과정에서 나타난 문제를 반영해야 하기 때문이다. 이때 반영해야 할 사항 중에는 TBM 구매계약의 범위를 넘어선 경우도 있다. 이때 해외의 경우에는 계약 당사자들의 계약에 입각한 합의에 의해서 변경을 한다. 구매 중 이런 과정은 지반환경의 불확실한 상황에 대해 설계 진척도에 따라 보다 적절한 대응방안을 마련하는 것이고 나아가 TBM 장비가 현장에 투입하기 이전에 대부분의 Risk 사항을 제거하거나 축소시키는 결과를 가져오므로

TBM 장비의 굴진율이 개선되어 공사비 절감이 가능해진다.

장비 제작 시 구매 행위는 다음과 같이 품질관리와 공정관리로 이루어진다.

- 제작감독(Manufacturing Supervision)

- 공정관리(Management & Controlling of The Progress)

- 품질관리(The Quality Controlling of The Equipment Manufacturing)

Supervision 업무의 기준(Principle & Rule)은 구매 계약서에 명시된 제작감독의 경로와 상세규칙에 따른다. 제조공정의 기술적 분류는 기계·전기·계장·배관·구조·자재로서 각 분야의 품질관리 기준을 수행할 Engineer의 감독활동을 필요로 한다. 품질관리란 TBM에 포함된 많은 System, Equipment, Structure 등이 설계도서에 맞게 자재가 투입되고 제작되는가를 Client를 대신해서 감독하는 것을 말한다. 그리고 제작의 마지막 시험 단계인 시험운전을 거치게 된다.

TBM Procurement Workscope(BM 조달용역의 과업범위)

1. Machine Purchase

2. Spare Parts Supply Agreement

3. Machine Assembly and Commissioning on Site

4. Cutter Supply agreement

5. Machine Disassembly

6. Operational Personnel Supply

7. Machine Operation

8. Buyback of Equipment

9. Delivery of Equipment to the Site

10. Return Shipment of the Equipment from the Site after the job is completed

11. Maintenance

12. Technical Consulting during the Machine Operation

18.6.6 TBM 터널 Project의 연속성 및 전담 TBM 기술진의 육성

TBM 공사가 우리에게 아직도 익숙지 않은 것은 단순한 토공의 일반토목의 눈으로 접근하기 때문이다. 공사관리, 터널기술, 기계공학, 전기공학, 시스템, 물류 시스템, 재료공학 등 TBM은 Plant적 성격이 큰 Fusion Technology(융합기술)로서 종합적인 눈으로 각 분야가 오픈 마인드로 협력해야만 풀 수 있는 것이다. 따라서 대학에서 기계가 중심에 서거나 토목, 터널이 중심에 서거나 우선적으로 미래의 TBM 기술자를 배출하는 대학이 나왔으면 하고 각 분야를 터널의 기계화 시공, 융합 기술로 하나하나 풀어가는 협력 방안이 절실하다. 터널공법의 발파에서 기계화 시공으로 변하는 것은 세계적인 흐름이다. 이러한 터널산업의 Trend 변화에 대해서 우리도 투자하고 준비해서 세계적 흐름에서 뒤처져서는 안 될 것이다. 터널기계화 시공이 한국에서 발전하리라고 믿는 첫 번째 이유는 터널공학과 기계공학 등의 Basic Infra에서 큰 장점을 지니고 있기 때문이다. 이를 잘 융합하여 끌고 가는 차세대 엔지니어의 육성에 그 해답이 있다 하겠다. 전문 기술자 양성을 위해서 TGM Engineer, TBM 전문 기술사, TBM Pilot(Operator) 등에 대한 면허제도 도입도 필요한 일이다.

18.6.7 결론

국내에서 TBM 공법이 보편적으로 일반화될 날이 곧 올 것으로 예상하면서, 세계적으로 점점 널리 쓰이는 대구경 TBM 적용의 국내 활성화를 위해서 필요한 것은 무엇인가, 그 Risk들을 모아서 분석하여 보다 빠르고, 싸고 환경 친화적인 거대한 Plant Type인 대구경 TBM의 국내 사용이 멀지 않은 미래로 점차 우리에게 현실로 다가오고 있다. TBM 공법에 대한 공사비 문제는 단순하게 판단할 수 없는 문제이나, TBM 공사비 전문가들이 적다 보니 국내 전문회사에서 시공경험 부재로 인한 시공 Risk 등을 고려한 거품 공사비가 많았다. 이러한 전문회사의 불합리한 공사비를 Screening하고, 불필요한 Option 사항들을 끌고 갈 TBM 엔지니어의 부재로 국내에서 터무니없는 높은 TBM 공사비가 현실로 나타나지 않는지 연구할 일이다. 국내 유수의 시공회사도 TBM 공사 견적에서는 비전문적인 곳이 대부분이다. 이러한 문제는 TBM으로 가야만 하는 Project 등을 통해서 하나하나 개선될 것이다. 또한 Modern High-Power TBM의 등장은 과거의 TBM 장비의 문제점을 해결한 것으로 공기단축, 공사비 절감 등으로 중국만 해도 대구경 TBM 보유개수가 1,000대에 이르며, 연장이 2km가 넘으면 TBM 공법 적용이 일상화되었다. 도심지 지하철의 경우도 환경 친화적인 TBM 공사가 일반화되어 있다. TBM 공사가 보편화되면 공사에 필요한 부품의 국내 생산이 활성화될 것이다. 또한 공사비 절감에 큰 효과가 있을 것이고, 해외에 비해 비싼 PC Segment 가격도 공급 물량 증가에 따라 얼마든지 가격 절감이 예측된다. 현지 지반 조건에 적합한 장비의 구매도 중국과 같이 전문 TBM Engineer의 Procurement Service를 통해 잘 구매 조달하면 굴진율이 개선되어 공기 절감 및 공사비 절감에 큰 효과가 있을 것이다. 현지 지반 조건에 맞춰 설계된 HP TBM은 수리 보수를 통해 재활용이 가능하므로 이 또한 공기 절감의 중요한 사례가 될 것이다.

동일한 터널공사에 대한 TBM 공사비 견적이 설계기술자에 따라서 많은 차이를 보이는 것은 기술력에서 비롯되는 것이고 과거의 국내 TBM 전문 시공업체의 원 견적을 기술적 평가 없이 받아들였기 때문이다. 앞으로 기계화 시공이 일반화되면 중국과 같이 대구경 TBM 전문운영회사가 많이 시장에 나올 것이고 곧 국제화가 가능할 것이다. TBM 장비가 발달함에 따라 TBM Operation도 개선되었으며, 장비 재활용이 가능해지기에 발주자나 발주기관이나, Major 시공사가 장비를 소유하는 OPP 방식도 일상화될 것이다. 또한 TBM Procurement Engineer를 통하여 장비 도입, 검수, 시운전, 초기굴착 등에 대해 전문적 Consulting이 가능할 것이고, 비전문가를 통해 잘못된 TBM을 고가에 구입하는 실수도 없어질 것이다. 외국의 경우는 주시공사가 Procurement Consulting을 통해

TBM 공사를 TBM 장비＋시공＋부품공급까지 일괄 외주 관리하기도 한다. 중국의 경우만 보아도 TBM Procurement Consultant, TBM Operator 회사가 많이 있으며, 이 시스템을 통해 공사비 절감 효과를 크게 보고 있다.

세계적으로 TBM을 이용한 기계화 시공이 대세 Trend이다. 이웃 중국의 경우 연 100대 규모의 신규 대구경 TBM을 지난 10년간 발주해왔다. TBM은 특별한 기술이 아니다. 아주 보편적인 기술이고, 그 우수성이 전 세계적으로 입증된 바 있다. 국내에서 TBM 기술이 활성화되기 위해서는 터널 설계 기술자들이 바뀌어야 한다. 보다 창조적이고 도전적인 Mind 없이 대구경 High-Power TBM을 받아들이기가 쉽지 않을 것이다. 선진국화된 한국에서 도심지에서 발파공법을 사용하는 것은 현재도 앞으로도 거의 불가능하다. 또한 3D 작업조건인 지하 발파현장에 일할 인력도 거의 없는 실정이다. 한국에 부는 장대터널 Project의 TBM 적용 필요성은 점점 증가추세이고, 그 바람은 더욱 거세질 것이다. 향후 한국의 주요 터널기술이 될 TBM 기술에 대해서 준비할 필요가 있다. 바람이 불 때 대비해 연을 준비해놓지 않으면, 연을 띄울 수가 없는 것이다. 준비를 하지 않으면 국내의 TBM Tunnel Market은 중국회사들에 빼앗길 수도 있을 것이다. 독일 미국과 같이 터널공법의 급속한 교체는 산업 Trend를 바꾸어 새로운 Job의 제조와 기존 Job의 몰락을 함께 갖고 올 것이다. 최근의 기술 동향을 보면 연장이 3km 넘는 어떤 터널도 TBM으로 시공하는 것이 경제적이라는 것이 밝혀졌고(T & T, 2011, May : Choice of Excavation) 우리나라도 이에 따른 TBM 공법으로의 발주 및 시공이 타당할 것이다. TBM 공법과 NATM 공법의 공법 비교는 공기, 공사비, 터널 단면크기, 연장 등에 따라서 기본 계획 때 분석 적용이 가능하므로 단순한 저가 입찰 방법보다는 해저나 하저, 장대 산악 터널, 도심지 복잡구간 등 TBM으로 해야 할 Project는 TBM으로 발주를 하는 것이 적합하다. 예를 들어 해상을 가로지르는 보령－태안 해저 도로 터널 공사, 민원 문제 등으로 공사 진행이 어려운, 강변 북로 터널공사 등은 TBM 공법으로 발주가 되었어야 하는 아쉬움이 크다. 공기가 Tight한 경우 연장이 긴 터널, 공사 중 안전성 문제가 이슈가 되는 해저 및 하저 터널 공사는 세계적으로 TBM으로 발주가 되고 있다. 중국,

홍콩, 대만 등에서는 지하철 공사는 공사 중 민원, 환경 문제로 TBM으로 발주 시공하고 있다. 최근 서울 지하철 9-19, 9-20, 9-21공구는 Shield TBM 공법이 적용되어 있으나 TBM 장비 사양 결정부터, 조달 등에 전문가를 통한 Procurement가 이뤄지지 않고 있어, 가장 중요한 TBM 장비 Design, Procurement Process 자체가 발주처, 감리, 시공사에서 Control이 어려운 현실이다. 또한 물론 정치적인 배려에서이겠지만 공구분할을 너무 짧게 하여 각 공구별 TBM Tunnel 연장은 실제 600m 정도(One Way)로 도심지 연약지대에 굴착계획으로 있다.

적정한 공구 연장이 필요하며 Segment, TBM도 TBM Procurement Consultant를 통해 일관 구매 시 물량 증가로 구매가격 절감이 가능해진다. 또한 15년 이상 된 중고 장비를 2개 공구는 사용한다 하는데, 장비의 보수 Inspection Plan도 없는 그런 중고 장비도입에 대한 책임은 과연 누가 질 것인가? 이러면서 계속 TBM은 비싸서 안 된다 할 것인가? 석기 시대가 사라진 것은 돌이 없어서가 아니다 청동기가 발견되었기 때문이다. TBM Engineer들은 보다 창조적이고, 도전적이며, 여러 분야에 대한 Open Mind를 지니고 새로운 것에 대한 호기심이 충만한 진취적인 사고가 필요할 것이다.

CHAPTER
19

터널의 Risk Management

CHAPTER 19

터널의 Risk Management

19.1 개요

본 대단면 장대터널공사의 안전과 경제성을 보장하기 위해 모든 프로젝트에는 시스템화된 위험요소관리기술이 필요하다. 터널산업이 20세기 초반부터 시작했음에도 불구하고 "Joint Code of Practice for Risk Management of Tunnel Works in the UK"와 "Code of Practice for Risk Management of Tunnel Works"와 같은 터널위험요소관리 규정과 가이드라인은 불과 2000년 중−초반에 발행되었다. 세계적으로 터널 프로젝트들이 더욱더 대규모화되면서 이에 알맞은 Case by Case 보험구조와 수준에 맞는 보험계획이 필요하다. 특히 터널 프로젝트 매니저(PM)는 프로젝트를 관리하기 전에 위험요소관리와 손해공사보험 및 정책에 대한 경험과 능력을 증명해야 한다. 지반조건, 설계 및 시공, 프로젝트 복잡성, 조직 문제 및 시스템 고장, 계획문제 및 인적 요인 등은 프로젝트 매니저가 자신의 위험 요소 관리계획에 반드시 고려해야 할 몇 가지의 요소에 불과하다. 본 장은 다양한 터널위험요소 관리, 가이드라인을 조사하여, PM이 프로젝트 관리계획에 필히 숙독 준비해야 할 사항들을 제시하고 있다.

세계적으로 점점 더 많은 터널 프로젝트가 입찰, 계약 및 시공이 되면서, 설계의 가장 초기단계부터 시운전의 최종단계까지 다수 범위의 상세한 위험관리가 필요하다. 세계의 많은 주요 프로젝트의 예로써 위험관리의 필요성을 느낄 수 있다. 예를 들어 2004년도 Singapore MRT, 2003년 Shanghai Metro 및 2003년 대구지하철 사건이 프로젝트 모든 단계에서 위험관리가 얼마나 중요한지 보여준다.

위험관리 직업규약의 국제 가이드라인은 다음과 같다.

1. Joint Code of Practice for Risk Management of Tunneling Works, 2003.

2. Code of Practice for Risk Management of Tunnel Works, 2006.

모든 주요 프로젝트는 다양한 복합도 수준이 있고 위험관리 관례작용의 지역적 차이 또한 있다. 따라서 이러한 국제 가이드라인도 주요 터널 프로젝트에서 직업규약을 사용하고 하지 않은 경험과 환경에 미치는 다양한 영향의 경험을 분석함으로써 지속적으로 검토한다. 프로젝트 오너 혹은 시공사가 적절한 위험관리 체계, 위험 등록 혹은 설계 검토를 통해 위험관리를 제공할 시 이러한 터널 프로젝트의 보험성의 처분확률은 상승한다.

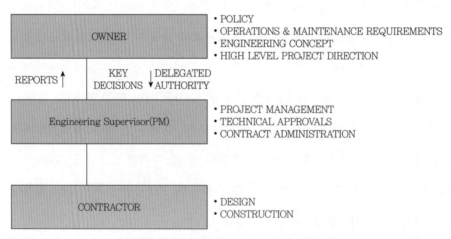

그림 19.1 Project Organization Chart

19.2 터널작업의 위험관리 작업규약(Code)

"Code of Practice for Risk Management of Tunnel Works"의 목적은 위험평가를 위한 최소기준을 설립하고 터널 프로젝트의 계속 진행 중인 위험관리 절차를 세우는 것이다. 또한 터널 프로젝트에 관련된 모든 당사자의 명백한 책임을 정의하는 데 목적을 두었다. 이러한 프로젝트들은 따라서 손해의 확률 감소, 클레임의 크기 감소 및 터널 프로젝트를 계속 시행하는 것에 대한 보험사의 신뢰를 복위하며 이러한 규약을 세계 프로젝트에 적용하는 데 목표를 두고 있다.

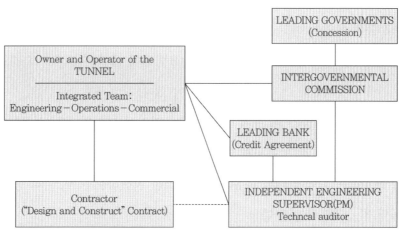

그림 19.2 Diagram of the Tunnel Project Parties

19.3 주요 터널 프로젝트의 위험관리 예시

19.3.1 Crossrail(영국 크로스레일 철도 Project)

크로스레일은 런던과 South East 사이에 서쪽에 Reading에서 Heathrow를 운영하고 동쪽에 London과 Shenfield 및 Abbey Wood 아래 42km의 새로운 터널로 통해 운영하는 높은 빈도의 대규모 철도 시스템이다. Crossrail은 대규모이고 기술적으로 복잡한 프로젝트임에도 불구하고, 터널 위험관리는 실행가능하다는 것을 보여줬다. Crossrail 프로젝트는 약 GBP 15bn(USD 20bn) 들었고, 42km 철도를 8개의 대규모 TBM을 사용하였다. 정거장 터널 및 교차로가 약 18km의 터널로 이루어졌고 영국의 북적거리는 수도 아래 9개의 신규 정거장으로 이루어졌다. 런던은 Jubilee Line 확장 및 Channel Tunnel Rail Link와 같은 비슷한 성공적 대규모 프로젝트를 시행해봤고 런던의 지질도 모델이 잘 알려져 있어, 이러한 완화요소들이 본 프로젝트의 높은 성공률을 야기하여 보험성이 상승하였다.

위험관리 범위 안에, 클라이언트/프로젝트 매니저/오너가 보험사와 위험관리 기술 및 요소에 대한 정보를 공유하는 것이 중요하다. 예를 들어 Crossrail은 계획에 28개의 다른 보험사들이 운영을 하고 있고 각 서브−보험사들은 주도하는 보험사의 위험관리 접근법을 재보험을 해야 했다. 각 보험사는 필요범위에 대한 수준과 기술적인 능력을 확인하기 위해 입찰서류와 초기설계를 검토해야 했다. 프로젝트 매니저의 주목적은 터널을 시공비용 이하 및 공기 내 유지하는 것이다. 따라서 보험의 종류(시공사의 전위험 담보 혹은 제3자 손해), 각 보험사가 담당할 보험 수준 혹은 영역, 보험기간, 기술능력, 주요 터널 프로젝트 위험에 대한 특유의 위험요소를 이해하는 여부, 기타 등에 대해 프로젝트 매니저는 조정해야 한다.

19.4 결론

The Tunnel Code of Practice for Risk Management은 보험사와 프로젝트 매니저가 부담하는 위험에 대한 이해를 도와주었다. 주요 및 복합적인 터널 프로젝트의 위험 완화 및 보험은 보험사들에 참여하기 난해하고 어려운 분야이었다. 또한 터널 프로젝트의 각 분야를 완전히 이해하기 위해 기술 및 상업적인 부분에 투자가 필요했다. 본 규약으로 인한 위험관리는 이러한 위험에 대한 완전한 제거를 보장하지 않지만, 주요 터널 프로젝트의 많은 충들을 피하기 위한 충분한 바탕을 제공한다. 따라서 터널 프로젝트 매니저는 이러한 규약을 학습하고 위험관리에 규약을 사용하여 필요한 부분에 적용해야 한다. 또한 시스템적인 위험관리 기술을 사용하며 보험사들과 협동을 하고 각 프로젝트 단계에서 위험을 감소하는 데 정보를 나누어야 한다. 모든 주요 터널 프로젝트는 각 사업별로 특유의 과제를 가질 것이다. 따라서 프로젝트 매니저는 각 프로젝트 특성에 따른 자신만의 위험관리 기법 계획을 적용해야 한다.

CHAPTER
20

달나라 TBM 굴착 (Moon TBM Development)

CHAPTER 20

달나라 TBM 굴착 (Moon TBM Development)

20.1 개요

근래 미국 CSM 공대(Colorado School of Mines)에서 지구 시스템 및 광산공학과 석좌 교수직을 맡고 있는 Jamal Rostami 교수가 T & T Journal 기자와 Interview를 나누었다. Jamal Rostami는 현재 달나라에서 터널굴착 시행에 대한 과제를 NASA와 공동연구를 하고 있다.

달에 장기간 동안 거주하려면, 지하공간을 활용하는 것이 필수적일 것이다. 달에서 터널을 만드는 것이 어떤 멀리 떨어진 미래시대 인류 여정에 속한 것 같지만, 현재 우주 분야에서 점점 더 커지는 관심으로 인해 지하공간 분야 또한 이에 대한 관심을 갖고 이 분야에서 발생할 수 있는 문제점에 대해 논의하고 있다.

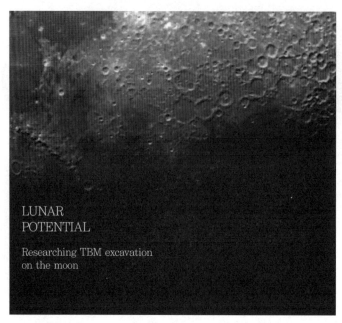

그림 20.1 달 표면에 지하공간 굴착을 TBM으로 굴착 연구 중

이는 신우주 여정의 첫 단계는 달의 서식지를 수반하기 때문이다. 하지만 과학계에서는 아직 몇몇의 반대의견이 있다. 이들은 인류가 달을 지나고 바로 화성으로 가는 것을 원하지만 달 기지가 이 논쟁을 이기고 있는 듯하다. 이러한 달 기지는 인류의 우주탐방을 지원하기 위해 만들어질 것이고 달 환경에서 제공되는 자원을 채취하는 일을 지원할 것이다.

달 표면의 악조건 때문에 터널 혹은 적어도 기존에 있는 지하공간(용암동굴 등)을 활용해야 할 필요가 있다. 온도는 섭씨 −170도에서 +130도 범위에 이르고, 자기장 혹은 대기의 부족으로 표면은 높은 수준의 방사능을 받고 있으며 작은 운석들이 일일단위로 표토(regolith−행성 기반암을 덮은 미고결 고형물의 층)를 강타하고 있다. 이러한 충격들은 시간당 몇만 km의 속도로 이루어지고 있으며 이러한 충격에서 효율적으로 보호하는 방호막 설치는 거의 불가능하다.

Rostami는 "이러한 문제들 때문에 모든 구조물을 지하에 묻어야 한다."라고 하였다.

"지하공간은 생활, 보관 및 식물재배에 사용할 수 있다. 또한 이러한 지역들은 터널굴착 장비로 연결할 수 있다."

"개착식 공법으로 표면에서 땅을 파내려면 크고 무거운 장비가 필요하다. 하지만 달에서는 저중력 때문에 중장비를 제대로 운영할 수 없다. 더구나 달로 화물을 운송하려면 kg당 몇십만 달러가 들기 때문이 현실적으로 중장비를 운송할 수 없다."

마찬가지로 보다 덜 기계화된 기존 터널공법 및 발파공법은 많은 수동적 작업이 필요하고 이는 많은 인력이 필요하다는 뜻이다. Rostami에게 달 기지는 터널굴착이 되어야 하고 이는 특수한 달 TBM으로 굴착 공사해야 한다는 뜻이다.

이러한 장비는 지구에서 설계가 되어야 하고 아마 지구에서 제작되어야 하며 또한 해체와 운송이 가능해야 한다. 이에 관련하여 많은 수송 관련 논의가 이루어지고 있다.

20.2 달의 용암동굴

기존 동굴 혹은 용암동굴은 중량법 혹은 시각증거로 증명이 되지만 아직 이러한 동굴들이 어떤 모습인지를 확인하러 안에 들어가서 본 사람은 없다. 최소한 중량법으로 분명히 거대한 동굴이 있다는 것은 확실하다. 이러한 용암동굴의 온도 및 전반적인 생활조건에 따라 이를 거주 지역으로 변환 마련할 수 있다. 용암동굴을 추가적인 지하공간으로 사용될 확률이 높다. 만약 사용한다면 용암동굴의 출입 및 출구 점을 고려해야 한다. 여러 탈출구가 필요할 수 있고 만약 용암동굴이 도시와 인접하면 모두 연결할 필요가 있다. 여기서 터널 굴착이 중요하다. 이는 달 표면에서 용암동굴까지 접근로를 제공하고 다같이 서비스 식민지로 연결할 수 있다.

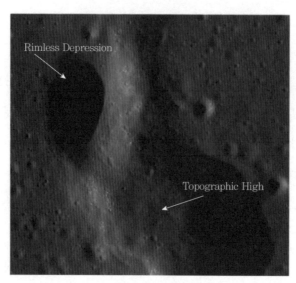

그림 20.2 달의 좌표 34.6°N, 43°W상에 있는 연속적인 구덩이보다 큰 단일 큰 분화구

Rostami는 이러한 새로운 구조물들이 얼마나 깊게 가야 해야 하는지에 대한 질문에는 땅의 기온경도 및 지질과 관련되었다고 설명하였다. 새로운 구조물인 경우 이를 다른 구조물과 표면 간섭을 피하기 위해 약 2배의 직경 길이 정도 깊게 묻어야 한다고 했다. 만약 터널이 3.5m이고 상부가 2D(2Diameter)라면 시작점이 깊이 10m가 될 수 있다. 이는 표면에서 충격이나 방사능/열에서 안전하려면 10m쯤 파 내려가야 한다는 뜻이다. Rostami는 "터널 구조는 매우 깊을 필요는 없다."라고 말했다. "동시에 고려해야 하는 또 다른 사항은 이러한 터널의 기능성 및 기온 경도가 우리가 필요 하는 작업들을 허용하는지 판단하는 것이다. 이런 단계에서는 깊이는 10~15m라고 말할 수 있는데 터널의 최종 사용 정도에 따른다."라고 하였다.

저중력 암석거동에 대한 연구가 많지 않다. Rostami는 예를 들어 저중력은 장비의 낮은 힘의 출력을 의미하지 않는다고 말했다. 암석의 거동은 굴착과 관련이 있다. 만약 암석을 절삭 혹은 파쇄하려면 지구와 달에 같은 힘의 양이 필요하다. 이는 암석의 구조 조건의 문제이고 암석 모듈을 어떻게 파쇄하는지에 달려 있다.

이론적으로 달에 있는 암석은 지구에 있는 암석과 비슷한 거동을 나타내며 하나의 예외적 상황으로 암석을 굴착하고 암석이 부셔질 때 무게가 덜 나가는 것이다. 따라서 운송하기 더 쉬워질 것이다.

20.3 현지 공급

여기서 뚜렷한 것은 달에서 부품을 정비 및 유지관리하려면 제작 플랜트가 필요하다는 것이다. 더구나 지구에서 매우 높은 운송비용에 따라 부품을 제작할 수 있는 대규모 시설들이 필요할 것이다. 이러한 것들 및 기타 우주 제작에 대해서 3D 프린팅이 아주 매력적이다. 이는 최종 사용목적이 확인되기 전에 원자재를 덩어리채로 우주로 운송할 수 있기 때문이다. 최근에 국제 우주 정거장(International Space Station)에서 접근할 수 없는 필요한 도구를 같은 날 지구에서 설계하고 설계파일을 프린터로 이메일을 보내 도구를 3D 프린팅으로 만들 수 있었다. 이는 3D 프린팅의 적응성을 보여준다.

그림 20.3 하와이 국립 화산공원에 있는 용암 동굴

낮은 달의 인구밀도 및 전문적인 인력의 부족으로 유지관리는 문제가 될 것이다. 여러 작업을 실행할 수 있도록 작업자들이 교육받아야 하지만, 지구에서 또한 기술지원을 제공할 것이다. 여러 분야의 핵심원리를 잘 이해하는 것이 바람직하다. 같은 작업자가 전기, 유압, 기계부품 혹은 도구를 가는 작업까지 다룰 수가 있다.

운영에는 높은 수준의 자동화가 필요하고 몇몇의 작업은 로봇이 사용하는 것 또한 예상해야 한다. 유지관리는 사람이 실행해야 하는데 달나라 TBM에 어떻게 부품을 교체할 것인지에 대한 고민을 해야 한다. 터널범위 밖으로 나가 커팅 챔버로 가야 하면 밖이 진공상태라서 커터헤드 측에서 대기압을 유지하기 위해 지반에 사전 그라우팅을 실행해야 한다. 이는 커터헤드에 유지관리를 하기 위해 승무원을 우주복을 입히고 보내는 것이 거의 불가능하기 때문이다. 시스템은 기압이 대기압 상태에 유지하고 보통상태에서 보통기어를 사용할 수 있게 설계되어야 한다.

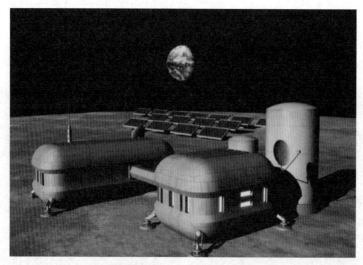

그림 20.4 장기 거주를 위해 모든 새로운 재료에 대해 방사능 차단을 해야 하는 전통적 이미지의 달 기지. 해결책은 지하에 묻어버리는 것이다.

달에 있는 재료에 관해서는 분화구 가운데 찾을 수 있는 운석을 제외하면 달에서 표토를 구할 수 있다. 표토를 특정한 수지(resin)의 종류를 사용하면 이를 구조요소를 만들 수 있는 가능성이 있다. 이러한 달 표토를 다양한 물건을 제작하는 것부터 생활구조물 및 기계부품까지 사용하는 주제에 대한 많은 연구가 진행되고 있다.

하지만 표토는 자체적으로 문제들을 야기한다. 표토에 있는 표면먼지가 매우 이온화되었다. 만약 들이마시면 폐 조직(lung tissue)에 매우 해로울 수 있을 정도이다. 이러한 이온화의 이유는 달 표면이 끊임없는 태양 복사열을 받기 때문이며, 이 자체가 전기 및 전자기 장비에 방해를 줄 수 있다. 따라서 모든 장치는 방사선 차폐가 되어 있어야 한다. 달에 있는 전자기 방사능이 지구보다 훨씬 더 높다. 입자의 전하를 방출할 수 있는 물 혹은 공기와 같은 매체가 없어, 이러한 하전 입자의 이온화된 구름이 달 표면에 그냥 떠 있다.

Rostami는 "만약 금속 장비를 사용하면 이온화의 문제를 해결할 수 있다."라고 하였다. "아폴로 임무의 주요 문제 중 하나는 먼지였다. 이는 전자기기에 들어가고 당연히 고장을 일으킬 수 있었다. 방서선 차폐를 더불어 전자장비는 먼지로부터 운전성능의 방해를 피할 수 있는 시스템을 갖추어야 한다."

현무암 섬유질의 재질은 기본적으로 알칼리성 및 화산암이기 때문에 이에 대한 계속되는 논의가 이루어지고 있다. 연구자들은 현무암 섬유질을 사용하여 제작계획 일부분에 사용하기를 희망하고 있다.

현재 어떠한 회사도 달나라 TBM의 완전한 설계를 스스로 제작하려고 하지 않는다. Rostami는 이러한 회사들이 달나라 TBM 사용을 현재 지지하고 있고 잠재적인 문제사항에 대해 집중을 기여해야 하고 일부 설계 아이디어를 종합해야 한다고 말했다.

NASA는 기술준비수준(Technology Readiness Level-TRL)이라는 개념이 있고 이는 0에서 9까지 이루어져 있다. '0'은 개념을 뜻하고 '9'는 배치될 실제 장비를 뜻한다. 장비는 개념 수준에서 기본설계와 초기시험을 통과하고 이후 제품은 출시할 수 있게 된다. 달나라 TBM은 개념설계와 일부 부품이 있는 것 사이 어디에 있으므로 TRL 2에서 3 사이에 있다고 여길 수 있다.

"장비가 설계될 때까지 아직 먼 길이 남아 있습니다. 아직 연구 진행 중이고 우주에 화물을 효율적으로 발사하는 데에 모든 Project 집중이 기울여져 있다. 여기서 3개의 기업이 이 분야에 집중하고 있는 것으로 잘 알려져 있다. 이는 Elon Musk의 SpaceX, Blue Origin과 Virgin Galactic이며, 발사과정을 보다 신뢰성 있고 비용 효율적으로 개선하기 위해 노력 중이다.

현재 달을 2024~25년까지 가는 것에 대한 논의가 있으나 본 타임라인이 정치적인 이유 때문에 가속되었다고 비판되었다. 하지만 매우 제한적인 Crewed(선원 보내기) 미션이 진행되었고 대부분 관찰은 원격으로 진행되었기 때문에 달 표면 아래에 대해 아직 알려지지 않은 것들이 많다. Rostami는 달 기지를 지하에 건설하려면 10~15년 더 필요하다고 말했다. 하지만 이러한 장비에 대한 문제사항을 해결하기 위해 지금부터 생각을 해야 한다.

우선 1일당 몇 미터 굴진의 성능요건은 필요 없다. 대신에 완전 자율성에 가장 가까운 운전과 여러 지반조건을 견딜 수 있는 유연성을 갖추는 것이 목적이다.

예를 들어 많은 장비 가동이 부품에 마모를 발생시킬 수 있다. 이에 해당되는 분명한 부품은 커터이다. 가볍고 내마모성을 갖춘 것은 어려운 도전이지만, 달 장비에서는 이러한 두 가지 성능에 공을 들여야 하고 균형을 잡아야 한다.

"현재 철과 강철을 사용하는데, 잘 작용되지만 무겁다."라고 Rostami가 말했다. "일부 경우에는 텅스텐 카바이드(초경합금)을 사용하며 이는 더 견고하고 더 잘 작동된다. 절삭에서 다결정 다이아몬드(Poly-Crystalline Diamond-PDC)도 사용된다. 본 원료는 더 비싸지만 달 적용성에서 가격은 주요 고려사항이 아니다."

카바이드 강철의 주요 문제는 무게이다. 지구에서는 인조 다결정 다이아몬드(PBC)를 사용하며 마모 및 연마에 내구성이 아주 높다. PDC의 단점은 온도와 관련되어 있다. 500℃가 넘으면 다이아몬드가 흑연으로 전환되고 근본적으로 붕괴되어 문제가 발생한다.

"PDC는 이러한 높은 온도의 작업환경이 문제가 될 수 있다."라고 설명했다. "절삭 도구를 위한 마모 원료에 대해 당연히 더 깊게 보아야 한다."

그림 20.5 좌 : 1960년부터 인류에게 익숙한 달의 가까운 면, 우 : 익숙하지 않은 달의 먼 표면, 모두가 다른 모습이 충격적이다.

20.4 열방산 및 동력

지구에서는 중급 크기 TBM이 몇 천 kW의 전력을 요구하기 때문에 열교환이 주요한 문제이다. 달에서는 이러한 전력 필요조건을 감소시켜야 한다. 진공은 탁월한 절연재이기 때문에 우주의 진공에서 열을 없애는 것이 주요 과제인 것이 널리 과소평가되는 것이 사실이다. 진공은 접촉 매체가 없음으로 열은 방사능으로만 분산시킬 수 있다는 게 사실이다.

"문제는 제한적인 공간에서 대량의 열을 배출하고 있는데 지구에서 사용하는 것처럼 공기로 열과 장비를 냉각시키는 가능성 혹은 관류할(flushing) 수 있는 매체가 없다." 라고 말하였다. "달에서는 열교환의 수준을 감소시켜야 한다. 열을 분산시킬 수 있는 열교환기에 대한 깊은 논의를 아직 보지 못했다. 이와 같은 문제는 천공 시 관류액 (flushing medium) 및 청소 원료에도 적용된다."

현재 시추의 모든 설계는 터널에서 물질을 빼는 것에 기반을 두고 있으며 천공을 청소할 때 공기 혹은 물 혹은 기타 관류액(Flushing Medium)을 사용하는 계획이 없다.

달 터널환경에는 관류액이 없기 때문이다.

"지구에서는 청소할 때 압축된 공기 혹은 물을 사용하는데 달에서는 시추공에 사용할 관류액 혹은 공기가 없다."라고 말하였다. "이는 막장과 터널 내부의 차압을 유지하기 위한 관류액이 없을 때 장비를 청소하거나 적재할 때 같은 논의가 펼쳐진다."

우리가 말할 수 있는 것은 터널굴착장비를 위한 설계작업 대부분은 태양열 발전을 사용하는 것을 가정한다. 하지만 더 나은 물−얼음 접속을 위해 그늘진 분화구 혹은 영구적으로 어두운 지역에 있으면, 지상 태양 전지판은 하나의 선택사항이 될 수 없다. 태양열 에너지를 달 궤도에서 획득하여 레이저로 표면으로 쏘아야 할 수 있다. 작은 몇 미터짜리 1MW 핵발전소 또한 고려되었다. 하지만 이는 터널 엔지니어가 답할 문제는 아니고 부품을 재설계하여 에너지 소모를 덜 하는 방향으로 연구해야 한다.

20.5 저기압 및 중력

저기압은 버력을 확장시키거나 '부풀어 오르게' 할 수 있다. 이는 지구에서 일어나지만 달에서는 더 과장되어 일어날 것이다. 하지만 버력처리장에 대한 부족 문제는 없을 것이다.

추가적으로 지구에서 진공상태 조건에서 작업할 수 없지만, 이는 달 굴착에서는 예상 가능한 사항이다. "오늘날 지구에서는 우리는 7~10bar 외부압력에 굴착을 하고, 터널작업을 하는 Operator는 대기압에서 작업한다. 우리가 다룬 최대압력은 약 17bar 정도 된다. 달에서는 최고 기압 1bar밖에 안 될 것이며(터널 내 작업은 대기압에 진행하고 그 터널 외부는 진공상태) 지구에서 다룬 7~10bar와 비교하자면, 그렇게 나쁘지 않다."라고 Rostami가 말하였다.

TBM 환경은 터널에서 공기가 흘러 나가고 헛도는 것을 예방하기 위해 봉인되어야 한다. 마찬가지로 컨베이어는 특별히 설계되어야 한다. 이는 달 표면으로 재료를 운송할 때 에어 로크(Air Lock)를 통과하거나 다른 기타 해결책이 개발되어야 한다.

그림 20.6 좌 : 달의 북극지역, 달의 공명 궤도 지역으로 영구 그림자지역 또는 영구 조명지역, 우 : 달의 남극지역
(All photos : NASA/GSFC/ARIZONA STATE UNIVERSITY)

유압은 저중력 혹은 저기압에 잘 작동되지만 두 가지 기타 문제 사항을 고려해야 한다. 첫 번째로 유압유를 다루어야 하는데 상대적으로 무겁고 터널 내에 재고를 관리해야 한다. 따라서 유압유를 우주공간으로 이동하고 관련된 장비에 사용하기는 값비싼 제안이다. 두 번째로 달 표면에서 장비를 사용해야 하면, 낮에 온도가 +120℃를 달성하기 때문에 유압에 문제가 있을 수 있다. 또한 밤에는 −170℃를 도달하여 유압유가 얼 수 있고 실린더 같은 일부분 부품들은 터질 수 있고 이외 다른 상황이 일어날 수 있다. 설계에 대부분은 유압에 대한 문재를 최대한 감소시키는 데 집중을 해야 한다. 역설적으로도 이러한 극적인 범위에서 장비를 보호하기 위해서 지하로 지하기지로 가는 주요 이유이기도 하다.

20.6 달의 터널라이닝

저중력에서 지보조건은 덜 엄중하다. 터널라이닝의 설계는 터널 구조에 상대하는 하중의 종류와 관련되었다. 이는 주요 지반이 어떻게 생길 것인지에 대한 기능적 역할일 것이다. 이는 불안정한 토양 혹은 안정한 암석이 될 것이다.

Rostami는 달의 암석조건에서 특히 얕은 깊이에서 터널라이닝이 아마 필요 없을 것이라고 하였다. 여기서 단지 필요한 것은 암석을 굴착하고, 버력을 제거하여 공기가 빠져나가지 않도록 막(membrane)을 뿌리면 되는 것이다.

토양의 경우 조금 다르다. 또한 터널이 원료에서 파쇄된 부분을 만나면 골격(shell)라이닝이 필요할 수도 있다. 이는 자체적으로 표토와 어느 정도의 수지(resin)로 구성될 수 있고 이를 세그먼트로 현장에서 타설할 수 있다.

주요 우려사항 중 하나는 달 표면의 지진활동이다. 달 표면에 지진 움직임이 기록된 적이 있다. 이는 운석이 표면과 부딪쳐 발생할 수도 있고 월지진(moonquake) 때문일 수도 있다. 설계에서 고려해야 할 한 가지는-특히 불안정한 토양에서-라이닝이 지진 혹은 동하중을 겪을 수 있는 것이다.

20.7 과거 인류의 달 탐사와 미래

달 탐사 사업은 미국과 구소련을 중심으로 1979년까지 진행되다가 높은 비용과 시간 소모 등의 이유로 연구의 가치가 낮아지며 그 열기는 식어가는 듯 보였다. 하지만 1990년 달 표면에 존재하는 얼음과 희귀 금속의 존재가 밝혀지면서 국가와 민간 기업이 달 탐사에 합류하는 움직임을 보이기 시작했다. 이는 2019년 중국이 달 뒷면의 지역 중 하나인 에이트겐 분지(South Pole-Aitken)의 금속의 존재를 증명했기 때문이다.

이 외 우라늄과 이트륨을 비롯한 희귀 광물과 헬륨의 동위 원소인 헬륨-3의 존재가 연속적으로 밝혀져 달 연구는 다시 주목을 받는다. 하지만 이러한 자원을 위해 연구 구성원은 달에 장기간 거주해야 한다. 그리고 건설 재료를 지구에서 달까지 보내기 위해 1kg당 한화 15억 원이 필요하므로 연구원과 엔지니어는 다른 방법을 찾아야 했다. 따라서 달에 있는 흙(자원)을 건설 재료로 생각하기 시작하였다.

20.7.1 달의 특징

달은 40만 킬로미터 거리로 지구와 가까운 자연 위성이다. 지구를 한 바퀴 도는 공전 주기는 27일이고 자기장의 세기는 지구의 1% 미만이다. 달의 표면 중력은 $1.6m/s^2$이므로 지구의 중력이 $9.8m/s^2$임을 고려했을 때 지구의 1/6이다. 그러므로 대기를 당기는 힘이 약한 달은 대기를 가지고 있지 않다. 그리고 달의 기압은 $10^{(-13)}kPa$*이므로 달 기온은 영하 230도에서 영상 120도의 급격한 변화를 지닌다.

대기가 없는 달은 운석과 충돌이 발생한다. 이로 인해 깊은 구덩이를 가지게 되고 우리는 이를 크레이터(Crater)라고 부른다(그리고 운석 파편은 잘게 부서져 달의 표면이 되었다). 과거에는 운석들이 7~10km/s의 속력으로 달과 충돌했을 것이며 달의 앞면에는 1km 이상의 크기를 가진 30만 개의 크레이터가 보고된다.

20.7.2 달의 자원

달의 남극과 북극에서 태양빛이 닿지 않는 지역을 영구 음영 지역이라고 한다. 2008년 이 지역 얼음의 존재가 밝혀졌으며 물은 수소와 산소로 분해할 수 있기 때문에 추진체의 연료와 인간의 생존을 위한 산소를 공급할 수 있으므로 의미가 깊다. 그리고 달의 극 지역인 에이트겐 분지(South Pole－Aitken)에서 금속 활용해 건설 재료를 얻고 전자 장비를 구축할 가능성이 열렸다.

헬륨-3은 두 rod의 양성자와 한 개의 중성자로 이루어진 헬륨의 동위 원소이다. 지구에서 핵 발전을 위해 리튬으로 삼중수소를 만들고 핵융합을 일으켜 전력을 얻지만, 헬륨

-3이 존재하는 달에서는 이 과정을 생략하고 중수소와 곧바로 핵융합을 일으킬 수 있다. 그리고 헬륨-3 1그램(g)당 석탄 40톤(ton)의 에너지를 얻을 수 있으므로 효율이 높다.

20.7.3 현지 자원의 이용

달에 집을 짓기 위한 건설 재료를 지구에서 달로 운반하기 위해 높은 비용을 내야 한다. 따라서 과학자와 엔지니어는 달에 있는 자원을 활용해 집을 짓는 방법을 제안한다. 이것이 미국항공우주국 나사(NASA)의 현지 자원의 이용(In-Situ Resource Utilization, ISRU)의 개념이다. 인공위성과 로봇을 이용해 달의 무기질과 화학 자원을 찾아내고 이를 지도로 표현해 연구계획의 효율을 높인다.

산소와 고체 연료는 사용할수록 줄어드는 소모 물질이다. 이를 달까지 지속해서 운반하는 것은 연구 기관에 부담이 될 수 있으므로 연구 구성원이 장기 거주를 위해 직접 달에 있는 물을 분해해 산소를 만들거나 수소를 활용한 에너지로 쓸 수 있다. 그리고 지구와 달의 토양을 이루는 구성요소는 서로 다르므로 지속가능한 연구를 위해서는 토목 공학의 협업이 필요하다.

달의 헬륨-3의 존재가 밝혀지면서 리튬으로 삼중수소를 만들 필요가 없어졌다. 따라서 태양 진지를 이용한 에너지 발전과 함께 핵융합할 능력이 생겼다. 따라서 이러한 자원을 수송하기 위한 기술이 필요하다. 그리고 달을 탐사 중인 로봇의 오작동을 지구가 아닌 달에서 직접 수리할 수 있도록 한다. 로봇에 내장된 부품의 여분을 제거하고 무게를 줄여 활동 범위를 넓힐 수 있다.

20.7.4 인공 월면토

토양 분석을 위해 미국은 1969년 아폴로 프로젝트에서 380kg의 달 토양을 지구로 보냈다. 여러 국가의 연구를 위해 380kg은 결코 많은 양이라고 할 수 없다. 따라서 연구원과 엔지니어는 달 토양과 유사한 인공 월면토를 연구하기 시작하였다. 우리나라도 개발

중이다. 이를 KLS-1(Korean Lunar Simulant-1)라 부른다.

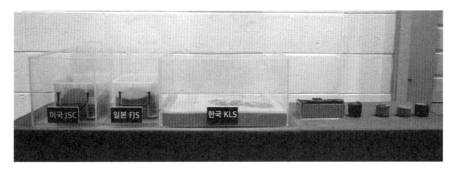

그림 20.7 인공 월면토

인공 월면토를 마이크로웨이브(전자레인지)로 굳혀 소결체를 제작한다. 이는 건설 재료 등으로 활용될 수 있다.

달 토양은 굵은 결정을 지니고 산화칼슘(CaO)의 비율이 높은 사장암과 현무암으로 이루어진다. 그리고 태양풍의 영향으로 유리 결정을 형성한다. 인공 월면토를 위해 지구 내에서 달 토양과 비슷한 성분을 지닌 암석을 찾고 높은 온도에서 유리 결정을 구현하는 열 용접 플라즈마 기법으로 달 토양과 가깝게 제조한다. 마지막으로 달은 진공 상태이므로 월면토는 주로 산화제이철(Fe_2O_3) 대신 산화제일철(FeO)로 이루어진다. 따라서 복제토의 바탕이 되는 산화제일철(FeO)의 함량이 높은 암석을 찾는 것이 중요하다.

달 복제토의 연구를 위해 사용되는 대조 시료는 NASA의 존슨 우주 기지(Johnson Space Center)의 JSC-1이다. 화산재와 현무암을 활용한 이 인공 월면토는 달에서 어둡게 보이는 지역인 달의 바다와 유사하다. 입자의 크기가 미세할수록 JSC-1AF(Fine), 거칠수록 JSC-1AC(Coarse)로 표기한다.

우리나라는 강원도 철원의 현무암으로 KLS-1 인공 월면토를 연구 중이다. 현무암은 급속 냉각되어 작은 알갱이로 구성되어 있고 11% 이상의 철의 비율로 달 토양과 유사하다. 하지만 산화제일철(FeO)의 비율은 미국의 JSC-1인공 월면토와 일본의 FJS-1 인공 월면토보다 낮지만, 이는 후처리가 이루어지지 않았기 때문이며 위의 복제토에 비해 가격이 저렴한 장점이 있다.

그림 20.8 인공 월면토를 마이크로웨이브(전자레인지)로 굳혀 소결체를 제작한다. 이는 건설 재료 등으로 활용할 수 있다.

20.7.5 지반열진공챔버(DTVC)

달은 압력이 낮고 대기가 부족하므로 영하 230도에서 영상 120도까지의 온도 변화를 겪는다. 하지만 이러한 조건 속에서 연구원과 엔지니어는 달 탐사 장비가 작동하도록 설계해야 하기에 달 환경과 비슷한 연구실이 필요하다. 따라서 한국건설기술연구원의 극한환경연구센터는 달 환경을 갖춘 공간을 만든다. 이를 지반열진공챔버(DTVC : Dirty Thermal Vacuum Chamber)라고 부른다.

그림 20.9 지반열진공챔버는 달 환경과 유사한 공간을 구현한다. 진공 펌프로 내부 압력을 낮추고 액체 질소와 코일로 달 기온인 영하 190도~영상 150도까지 내부 온도를 조절한다(KICT, 2020).

간단한 실험 중 유리병에 초코파이를 넣고 진공펌프로 내부 공기를 밖으로 빼내면 초코파이의 마시멜로가 저기압을 버티지 못하고 풍선처럼 부풀어 오르는 것을 상상해 보자. 이처럼 지반 열 진공 챔버는 내부 공기가 제거된 상황에서 엔지니어가 설계한 장비의 사용성을 평가하는 데 쓰인다.

지반 열 진공 챔버는 달 환경을 구현하기 위해 16톤(ton)의 인공 월면토를 넣어준다. 저기압에 의한 고장을 방지하기 위해 14일 동안 내부 공기를 천천히 제거해 달 환경과 비슷한 압력을 구현한다. 그리고 달의 일교차에 맞게 전자 장비를 실험할 수 있도록 실내 온도를 조절한다. 따라서 지반 열 진공 챔버는 달과 비슷한 환경을 제공하고 연구 구성원과 엔지니어의 실험 범위를 넓히는 데 기여한다.

그림 20.10 달로 향하는 건설기술(KICT, 2020)

20.8 달을 향하여

달로 가는 것에 대해 큰 국제적 관심이 있다. 몇몇의 기업들은 우주탐방을 위한 자체적인 계획을 만들고 있는데, 심우주 프로젝트는 아직 현재까지는 국제기관이 주도하고 있다. 미래에는 이러한 노력들이 보다 더 조직화되어 기계 공학자들이 달, 행성 그리고 운석조차 작업을 할 수 있는 새로운 분야의 건설 장비를 개발할 수 있어야 한다.

초기 우주조약 및 국제간 집회들이 효율적이고 평화적인 협약을 보장하기에는 부족하여 법률 체계를 만들어야 한다. 아직은 매우 이르지만 점점 융합되어가는 기술을 보면 사람들이 생각하는 것보다 모든 게 더 빠르게 움직이는 것을 볼 수 있다.

APPENDIX
부록

GTX A Line 민자구간 공사계획

GTX A Line 민자구간 공사계획

Headline : Two-way Tunnelling in Seoul

W. Jee, Two Way Tunnelling in Seoul, P30-32 Tunnels & Tunnelling Journal. October, 2020 PP30-32

Introduction : Great Train Express (GTX) is a proposed high-speed commuter line with shared infrastructure that will connect new towns around the greater Seoul Metropolitan Area (Gyeongi Province) with the Korean capital and the first project in Korea to use a large-bore TBM. Dr Warren Wangryul Jee, chairman and tunnel project manager of GTS-Korea, introduces the project.

On 26 April 2018, South Korea's Ministry of Land, Infrastructure and Transport (MOLIT) announced the winning bidder for the public private partnership (PPP) lot of the Great Train Express (GTX) high-speed railway. The project had been tendered by two consortiums—Shinhan and Hyundai. The winning bidder—Shinhan Consortium led by Shinhan Bank—is joint ventured with various engineering and construction companies (including Dohwa Engineering, SK E & C, Daelim, and Daewoo E & C) and they will construct the PPP section of the GTX A Line.

GTX A will comprise 43.6km of tunnel stretching from Unjeong Station of Gyeongi Province to Samsung Station in Seoul. It will form part of the GTX line which is a proposed high-speed commuter line that will connect new towns around the great Seoul Metropolitan Area (Gyeongi Province) with Seoul. There are three GTX lines currently planned:

- GTX A Line (Unjeong – Dongtan)
- GTX B Line (Songdo – Cheonryangri)
- GTX C Line (Uijeongbu – Geumjeong)

Figure 1 Overview on Samsung Transfer Hub Station in Seoul

The line will boast a maximum speed of 180km/h with only a few major stops in between to increase travel speed and reduce travel times. The ten stations of the GTX A Line are: Unjeong, KINTEX, Daegok, Yeonsinnae, Seoul, Samsung, Suseo, Seongnam, Yongin and

Dongtan station. The project was procured according to the Build Transfer Operate-risk sharing (BTO-rs) method with 40% finance coming from the government and 60% from private entities.

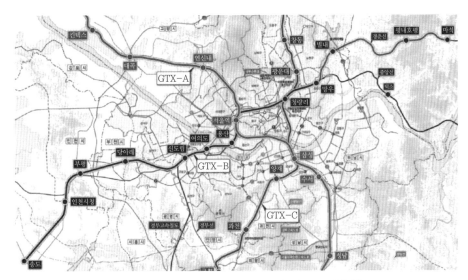

Figure 2 Overview of GTX A Line, B Line and C Line

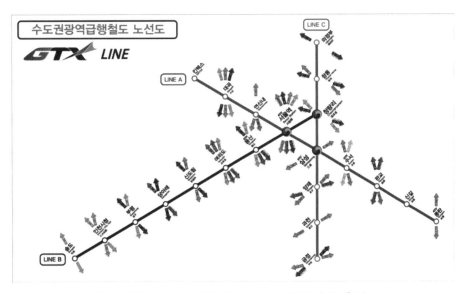

Figure 3 Overview of Stations for the GTX A, B, C Line

Connecting to the Capital

Construction on the US$3.3bn project officially began in December 2018 after the completion of extensive negotiations between the government and the consortium. Expected to carry around 300,000 passengers daily, and eliminate an average of 50,000 car trips per day, the GTX project looks set to revolutionise the way people from outlying cities commute to the capital Seoul. The whole 43.6km of the GTX A northern leg (PPP section) between Unjeong and Samseong will be constructed completely through tunnels, using both mechanised tunnelling with TBMs and conventional tunnelling by drill and blast. A total length of 36,878m will be excavated using drill and blast in diameters ranging from 11.4m to 24.3m.

To add to the complexity, the GTX A line will also share tracks with a 37.9km tunnel which is also part of another rail line, the SRT high-speed railway. Once completed, a journey that used to take 52 minutes from Kintex to Seoul Station will take just 13 minutes by GTX. Construction of the SRT section with which GTX will share the same infrastructure began in December 2018 and is scheduled for completion in 2023. Services from Dongtan Station to Samsung Station are expected to start as early as 2023.

All 83.1km of the GTX A line will be underground. It is expected to be the longest metro and railway tunnel in the world, surpassing the current longest metro the 60.4km Guangzhou Metro Line 3, China, and also the Gotthard Base Tunnel, Switzerland currently the second longest at 57.1km.

The 43.6km northern leg (PPP section) of GTX A which runs through Seoul will be situated at an average depth of 50m below the surface. This greatly reduces the costs and claims from civilian land owners as Korean law dictates that all land more than 40m below the surface belongs to the government of Korea. The tunnel will run as an 11.6m-outside diameter single tube (10.8m ID), double-track railway below the city to save both construction cost and time; the only exception being the stretch under the Han River which, for reasons of passenger safety and escape, is planned to be twin tube, each 1,314m-long with a single track and an internal diameter of 7.53m (8.23m OD). The two parallel tubes to be constructed by a single shield slurry-type TBM will be spaced 20m apart centre-to-centre and will be connected with 3m-diameter cross passages every 250m metres.

Both tunnel types will be lined with steel rebar-reinforced concrete tunnel segments, 350mm thick for the below-river twin-bore tunnels and 400mm thick for the single-bore tunnel.

Geology

The geological profile of central Seoul consists mainly of hard to very hard crystalline rocks such as gneiss and granite. Certain highly fractured zones exist within the planned alignment. This is expected to be a particularly challenging aspect of this project, especially when mining through the highly fractured rock area near the Yeoshinae station in North Seoul. The 11.6m-diameter hard-rock gripper TBM was specially designed for this but it can also excavate in soft ground in order to pass through the fractured zone of the downtown area. Below the Han River, at an average depth of 55m, the geological section through the alignment comprises 10m of alluvial river deposits lying over a 45m layer of hard rock, underlaid by the Seoul granite group.

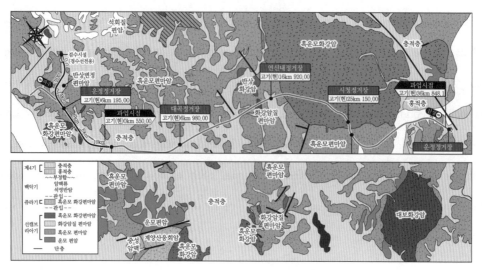

Figure 4 Geological Profile View of the GTX A Line PPP(Public Private Paernership Project) Section

GTX Plan	GTX PPP Lot(Wongjeong) ~ Samsung

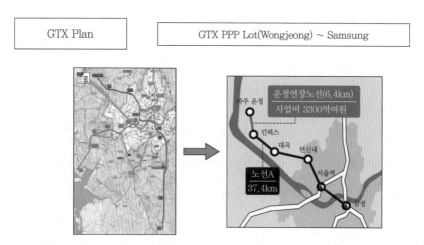

Figure 5 Overview of Alignment for the GTX A Line PPP Section

Choice of Tunnel Excavation Method

The use of mechanised tunnelling would allow for the first large-scale TBM to be introduced to Korea─a country which to date has leant heavily in favour of drill and blast. This shift to TBM technology is hoped will stimulate other industries such as segment manufacture, and cutter and heavy machine assembly. In turn, this is expected to boost technological progress and competitiveness and, ultimately, benefit the future TBM excavations for the GTX B and GTX C lines.

Table 1 Comparison of Muck Transportation Methods

Classification	Dump Truck	Barge
Load Size	15 ton	12,000 ton
Downtown Environmental Issues	Many Issues, Time Constraints	Almost None
SUMP	Necessary	Water Treatment after moving by river to Mobile Segment Plant
Large Scale Muck Hauling Operations	Impossible	Possible
Transportation Issues	Many Issues	None
Other Uses	–	Can be used to transport both segment & muck

Figure 6 Muck Transportation Methods

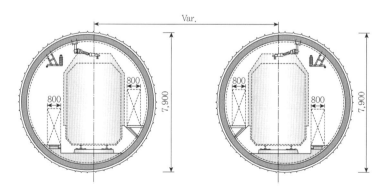

Figure 7 Shield TBM Single Track, Parallel Line (Diameter 7.9m)

Table 2 GTX A line, Han River Cross by Shield TBM

Specifications	Values
Tunnel Length	2×1.314km
Segment Lining Ring Type	7+0 (Universal Type)
Outer Diameter	7,900mm
Inner Diameter	7,200mm
Segment Length	1,500mm
TBM Type	Slurry Type Shielded TBM (Mix Shield TBM by Herrenknecht, Germany, Agent Daeseong. Korea)
Maximum operating depth	7.0bar
Theoretical advance rate	50mm/min
Cutterhead Design	
Cutting Diameter	8,230mm
Opening Ratio	28%
Cutting tools	
Center Cutter Twin Disc Cutter	4 No.
Ring Diameter	17inch
Disc Spacing	100mm
Face cutting tools	
Sing Disc Cutter	28
Ring Diameter	18inch
Disc Spacing	100mm
Gauge Cutting Tools	
Single Disc Cutter	11 No.
Ring Diameter	18inch
Tool wear Detector	Hydraulic Type
Main Drive	Electrical Main Drive Unit
Main Bearing Type	3 Roller Type
Bearing Diameter	4,000mm
Life-Time	100,000 hours
Normal Torque	6,170kN
Exceptional Torque	9,255kN
Max. Rotational Speed	4.75rpm
Total extended power	1,920kN

Construction of the twin-tube river tunnel by TBM began in December 2018 and is expected to take around 60 months for total completion. So far, there have been no problems with water inflows. Mucking will be achieved by belt conveyor followed by the transportation of spoil by barge or dump truck. Pre-grouting is expected to be required during the passage through poor geology. A 8.23m-diameter Herrenknecht slurry-type TBM with a theoretical advance rate of 50mm/min was chosen to bore the twin tunnel below the river and is currently under construction by Herrenknecht in Germany. It is set to arrive on site in the spring of 2021. The TBM has been designed to overcome the 6.5 bar hydrostatic pressure of a predicted 100-year event flooding of the Han River at the job site. Tunnelling below the river is expected to achieve advance rates of around 8m/day, a very conservative rate which had been predicted at the design stage.

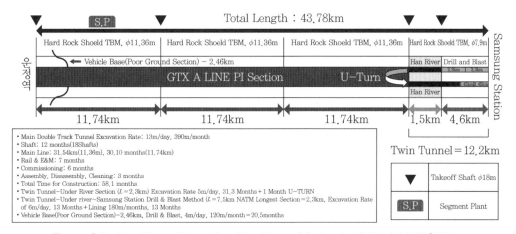

Figure 8 Project Plan - Alternative #1 - Almost Mechanized, Partial Drill & Blast

Overall, excavation of the double-track single-bore tunnel is expected to achieve advance rates in the region of 13m/day and 390m/month. In order to avoid the busy traffic of downtown Seoul and to improve the sustainable credentials of the project, it was decided to deliver the TBM parts by barge.

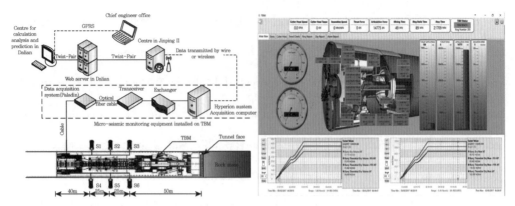

Figure 9 Data Acquisition System

TBM performance throughout will be measured through the data acquisition system and in data collected from the job site. To design a better cutterhead and segment lining, the following trials were undertaken to ensure good quality control of the TBM during boring, including the LCM (Linear Cutting Machine) test and the maximum bending test of the concrete segment lining.

Drilling and blasting will be used to mine through the difficult ground conditions which are anticipated below the suburbs.

The government portion of the tunnel works of the SRT line which connects Suseo Station to Samsung Station is scheduled to open with the completion of the GTX-A PPP portion in 2023.

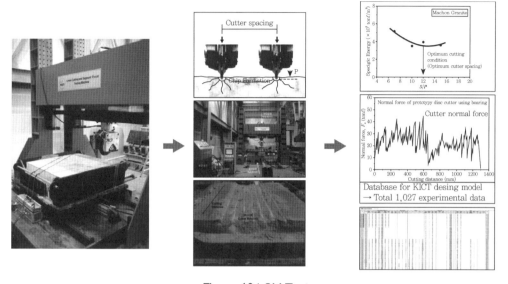

Figure 10 LCM Test

- High-strength Reinforced Concrete(RC) segment
  - Concrete: 40 → 60 MPa
- (50% of cement replaced by blast-furnace slag)
  - Rebar: 400 → 600 MPa

- Steel-Fibre Reinforced Concrete(SFRC) and Hybrid SFRC segment
  - Concrete: 60 MPa
  - SFRC: steel fibre 40 kg/m³
    (No rebars)
  - Hybrid: 600 MPa rebars+steel fibre 20 kg/m³

※ Compared with the conventional RC segment:
  - Material cost reduction: 27~45%
  - Increase of loading capacity: >120%

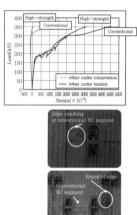

Figure 11 High Performance Segment Lining

Figure 12 Transporting TBM Segment to Construction Site

Figure 13 Tunnel Backfill Grouting

References

- W. Jee(Tunnel Design PM), Technical Proposal of the Tunnel Design for the GTX A Line PPP Area, 2018.

- W. Jee, Mechanised Tunnelling (Design Part), KTA (Korea Tunnelling Association), 2008.

- W. Jee, Tunnel Design Criteria - TBM Tunnel Design, Department of Construction and Ministry of Land, Infrastructure and Transport (MOLIT), 2007.

- W. Jee, Specification of Tunnel Construction, Chapter 11, TBM Construction, Department of Construction and Transportation, Korean Government, 2008.

- W. Jee, Subsea Tunnel Design Project by Large Scaled TBM, 2009 Korea-Japan Joint Symposium on Rock Engineering, Suwon University, Korea, 2009.10.22-23.

Author

Dr. Warren Wangryul Jee Chairman, & Tunnel PM of GTS-Korea, Seoul, Korea
warrenjee@hanmail.net

참고문헌

2장

1. 한국터널공학회, 터널기계화시공 설계편, 씨아이알, 2008.

2. A. Conacher, Illustration of World's first TBM acquired by museum, Tunnel & Tunnelling, 2018, March.

3. A. Conacher, Brunnel Museum hosts Summer Reception, Tunnel & Tunnelling, Sept, 2019.

4. B. Maidle, M. Herrenknecht, Mechanised Shield Tunnelling, 1995.

3장

1. Anagnostou, G., and Kovari, K., 1994, The Face Stability in Slurry-shield-driven Tunnels, Tunnelling and Underground Space Technology, No. 2, 1994, 165-174.

2. Anagnostou, G., 2012, The contribution of horizontal arching to tunnel face stability, Geotechnik 35 (2012), Heft 1, 34-44.

3. Bohlen, T., Lorang, U., Rabbel, W., Müller, C., Giese, R., Lüth, S., Jetschny, S., 2007, Rayleigh-to-shear wave conversion at the tunnel face ─ From 3D-FD modeling to ahead-of-drill exploration, Geophysics, 72, T67-T79.

4. Borm, G., R. Giese, and P. Otto, 2003, Integrated seismic imaging system for geologic prediction ahead of a tunnel construction, Presented at the 10th International Congress on Rock Mechanics.

5. Brierley, G.S., Howard, A.L., & Romley, R.E., Subsurface Exploration Utilizing Large Diameter Borings for the Price Road Drain Tunnel, Proceeding 1991 Rapid Excavation and Tunneling Conference, Chapter 1, pp.3~15, Littleton Colorado, SME.

6. Broms, B. and Bennermark, H., 1967, Stability of clay in vertical openings, Journal of the Geotechnical Engineering Division, ASCE 1967, 193, 71-94.

7. Castro. R., Webb. R. & Nonnweiler. J., Tunneling Through Cobbles in Sacramento, California, Proceeding 2001 Rapid Excavation and Tunneling Conference, pp. 907~918, Littleton Colorado, SME.

8. Davis, E.H., Gunn, M.J, Mair, R.J., Seneviratne H.N., 1980, The stability of shallow tunnels and underground openings in cohesive material, Geotechnique 30 (4), 397-416.

9. Eisenbahntunnel planen, bauen und instand halten, Aktualisierung 2013, Deutsche Bahn AG (in German).

10. Horn, N., 1961, "Horizontaler Erddruck auf senkrechte Abschlussflachen von Tunnelrohren. In Landeskonferenz der Ungarishchen Tiefbauindustrie, 7-16 (in German).

11. Hu, X., Zhang, Z., Kieffer S., 2012, A real-life stability model for a large shield driven tunnel in heterogeneous soft soils, Front. Struct. Civ. Eng., 2012, 6(2), 176-187.

12. Hunt, S.W., & Angulo. M., Identifying and Baselining Boulders for Underground Construction, 1999, In Fernandez, G. & Bauer(eds). Geo-Engineering for Underground Facilities, 255-270, Reston, Virginia, ASCE.

13. Inazaki, T., H. Isahai, S. Kawamura, T. Kuruhashi, and H. Hayashi, 1999, Stepwise application of horizontal seismic profiling for tunnel prediction ahead of the face, The Leading Edge, 18, 1429–1431.

14. Jancsecz, S. and Steiner, W., 1994, Face support for a large mix-shield in heterogeneous ground conditions, in Proc Tunneling, 94, 531-550.

15. Jetschny, S., 2010, Seismic prediction and imaging of geological structures ahead of a tunnel using surface waves, Karlsruher Instituts for Technology.

16. Jones, M., Choices of Excavation - Part 1, T & T International, 2011, May, pp 51.

17. Jones, M., Choices of Excavation - Part 2, T & T International, 2011, June, pp 42~45.

18. Kirsch, A., 2009, On the face stability of shallow tunnels in sand, No. 16 in Advances

in Geotechnical Engineering and tunnelling, PhD Thesis, University of Innsbruck, Logos, Berlin.

19. Kneib, G., A. Kassel., and K. Lorenz., 2000, Automated seismic prediction ahead of the tunnel boring machine : First Break, 18, 295-302.

20. Leca, E. and Dormieux, L., 1990, Upper and lower bound solutions for the face stability of shallow circular tunnels in frictional material, Geotechnique, Vol. 40, no. 4, 581-605.

21. Min, K., Lim, K., Jang, C., Lim, D., 2005, Case Study about the Ground Characteristic Analysis of Tunnel Face Fault Fractured Zone, Tunnel & Underground Space, Vol. 15, No. 2, 1111-118.

22. Mollon, G., Dias, D., Soubra, A.H., 2010, Face stability analysis of circular tunnels driven by a pressurized shield, J. Geotech. Geoenvir Eng., 136, 215-29.

23. Neil, D., K. Haramy, D. Hanson, and J. Descour, 1999, Tomography to evaluate site conditions during tunneling : 3rd National Conference of the GeoInstitute, American Society of Civil Engineers, Geotechnical Special Publication, 89, 13–17.

24. Petronino, L., and F. Poletto, 2002, Seismic-while-drilling by using tunnel boring machine noise : Geophysics, 67, 1798–1809.

25. Recommendations for Face Support Pressure Calculations for Shield Tunnelling in Soft Ground, 2016, DAUB, ITA-AITES, Version 10.

26. Vu. M. N., Broere W., Bosch J., 2015, The impact of shallow cover on stability when tunnelling in soft soils, Tunnelling and Underground Space Technology 50, 507-515.

27. W. R. JEE, Design of the Slurry Type Shielded TBM to Excavate the Alluvial Strata in Downtown Area, 2001, International Symposium on Application of Geosytem Engineering, Seoul Korea.

28. W. R. JEE, Design Report of Seoul Metro Line No. 9, Lot 909, April, 2001, Seoul, Korea.

29. W. R. JEE, Boulder Detection Technologies and its Treatments in Soft Ground

Tunneling, International Symposium on the Fusion Technology of Geosystem Engineering, November, 18-19, 2003, Seoul, Korea.

30. Zusatzliche Technische Vertragsbedingungen und Richtlinien fur Ingenieurbauten (short for ZTV-ING) - Teil 5 Tunnelbau, 2012, Bundesanstalt fur Strassenwesen (in German).

6장

1. Bruland, A., 2000, Hardrock Tunnel Boring−Background and discussion, Norwegian University of Science and Technology, Department of Building and Construction Engineering, Trondheim.

2. Fernandez, E., Magro, J.L., Sanz, A., Technical Approach on Bid Preparation to Succeed on the Alaskan Way Project, In Proceedings of the rapid excavation and tunnelling conference, Society for Mining, Metallurgy and Exploration, Englewood, 2011.

3. ITA, WG5, Safe working in tunnelling, ITA publication, Health and Safety Working Group, 2011.

4. Lamont, D.R., High Pressure Compressed Air−International Guidance, Cutting Edge, 2012, Conference on Pressurised Tunnelling, Miami, 2012.

5. Lamont, D.R., Decompression illness and its regulation in contemporary UK tunnelling −An engineering perspective, Ph.D. Thesis, Aston University, 2006.

6. Le Péchon, J.C., Working under pressure, A common problem, few solutions : Deep sea diving technology shares with deep tunnelling construction, proceedings of InterConstruct 2003, Stratford-upon-Avon, 2003.

7. Moubarak, S. et al., Automated Replacement of TBMs Cutting Tools, Proceedings of the EET Cconference, Athens, Greece, 2014.

8. OHL Report, NeTTUN Project, Cost estimation when tunnel boring machine is stopped, Dept. of machinery, Private communication, 2013.

9. Thomas Camusa and Salam Moubarakaa, Maintenance Robotics in TBM Tunnelling NFM

Technologies, France, E-mail : thomas.camus@nfm-technologies.com, salam.moubarak@nfm-technologies.com.

10. Thomas Camusa and Salam Moubarakaa, Maintenance Robotics in TBM Tunnelling NFM Technologies, 2015, 2015 Proceedings of the 32nd ISARC, Oulu, Finland, ISBN 978-951-758-597-2.

9장

1. Brundan, W., 2009. Robbins 10m Double Shield Tunnel Boring Machines on Srisailam Left Bank Canal Tunnel Scheme, Alimineti Madhava Reddy Project, Andhra Pradesh, India, Proceedings of the Rapid Excavation and Tunneling Conference.

2. Gschnitzer, E., and Harding, D., 2008. Niagara Tunnel Project, Proceedings of the Tunnelling Association of Canada conference, Willis, D, Beating the Clock : On-site First Time Assembly. Tunnels & Tunnelling International, September, 29-31.

3. Smading, S., Roby, J. and Willis, D., 2009, Onsite Assembly and Hard Rock Tunneling at the Jinping-II Hydropower Station Power Tunnel Project, Proceedings of the Rapid Excavation and Tunneling Conference.

16장

1. 김창용, 특집기사, SPECIAL FEATURE 특집기사 SPECIAL FEATURE, 토목학회지, 2020.

2. 김창용, Alfred Ely Beach의 Beach Pneumatic Transit, en.wikipeia.org, 특집기사 SPECIAL FEATURE 제68권 제6호, 2020년 6월 17일, THE MAGAZINE OF THE KOREAN SOCIETY OF CIVIL ENGINEERS.

3. Justin Chin and Jing Ho, Autonomous TBM, ITA 2019, KL Malaysia.

17장

1. Chen, K., Hong, K.R. and Jiao, S.J., 2016, Shield Construction Technique (2nd Ed.), China Communications Press, Beijing, China, 548p.

2. Chen, K. and Zhou, P., 2017. China Shield, Yilin Press, Beijing, China, 320p. China Construction Machinery Association, 2018.04.20, http://info.cncma.org.

3. Deng, M.J., 2016, Key techniques for group construction of deep-buried and super-long water transfer tunnel by TBM, Chinese J. of Geotechnical Engineering, 38(4), 577-587.

4. Fang, Y.M., Liu, N., Zhang, C.Q., Chu, W.J. and Chen, X.H., 2013. Rockburst risk control for large diameter TBM boring in high geostress region, Chinese J. of Rock Mechanics and Engineering, 32(10), 2100-2107.

5. Hong, K.R., Chen, K. and Feng, H.H., 2013, The innovation and breakthrough of shield technology in China, Tunnel Construction, 33(10), 801-808.

6. Hong, K.R., 2015, State-of-art and prospect of tunnels and underground works in China, Tunnel Construction, 35(2), 95-107.

7. Hong, K.R., 2017, Development and prospects of tunnels and underground works in China in recent two years, Tunnel Construction, 37(2), 123-134.

8. Le, G.P., He, S.H. and Luo, F.R., 2012, Beijing Subway Shield Tunneling Technology, China Communications Press, Beijing, China, 761p.

9. Li, J.B., 2017, Key Technologies and Applications of the Design and Manufacturing of Non-Circular TBMs, Engineering, 3(6), 905-914.

10. Liao, H.Y., 2012, Technology for Shield Tunnel in Mixed face ground conditions－Study & Practice in Shield Tunneling projects of Guangzhou Metro, China Architecture & Building Press, Beijing, China, 195p.

11. Liu, Q.S., Huang, X., Liu, J.P. and Pan, Y.C., 2015, A prospect of researches on interaction and safety control between TBM and deep mixed ground, J. of China Coal Society, 40(6), 1213-1224, Ministry of Science and Technology of China, 2018.04.20,

http://www.most.gov.cn.

12. Nan Zhang, Hoyoung Jeong and Seokwon Jeon., 2018, 중국 실드TBM 개발과 기술현황, 한국 자원공학학회지, Development and Research Trends of TBM Manufacturing Technology in China, Journal of the Korean Society of Mineral and Energy Resources Engineers, 55(4) : 314-322, August 2018 DOI : 10.32390/ksmer.2018.55.4.314.

13. Song, F.L. and Zhao, H.L., 2017. Study of key construction technologies of open TBM in complex geological conditions : case study of gaoligongshan tunnel, Tunnel Construction, 37(S1), 128-133.

14. Sun, L.C., Zhang, Z., Wang, Z.H. and Wang, G.S., 2017, Construction Technology of EPB Shield in Waterless Sandy Cobble Stratum, China Communications Press, Beijing, China, 277p.

15. Wang, M.S., 2014, Tunnelling by TBM/shield in China : State of art, problems and proposals, Tunnel Construction, 34(3), 179-187.

16. Wang, H.D., Wei, K.L. and Zhu, W.B., 2016, Research on Shield Tunneling in Guangzhou line 6, China Communications Press, Beijing, China, 332p.

17. Wang, J.Y., 2017, Super large diameter shield tunneling technologies in China in recent decade. Tunnel Construction, 37(3), 330-335.

18. Wu, X.P., Liu, J., Zhu, H.J. and Fang, J.H., 2016. A Review of TBM Engineering in China, China Communications Press, Beijing, China, 703p.

19. Xiao, M.Q., 2018, Representative projects and development trend of underwater shield tunnels in China, Tunnel Construction, 38(3), 360-371.

20. Yang, S.J., Sun, M. and Hong, K.R., 2011, Shield Construction Technology in Water-rich Sand and Cobble Stratum, China Communications Press, Beijing, China, 283p.

21. Yang, C. and Peng, F.L., 2016, Discussion on the development of underground utility tunnels in China, Procedia Engineering, 165, 540-548.

21. Zhao, H. and Chen, K., 2013, Discussion on the development direction of shield electro-hydraulic control technology, Design & Research, 5, 54-86.

22. Zhu, Y.F., Li, L. and Wu, H.M., 2018, Extra-large undersea shield tunnel in composite ground : maliuzhou traffic tunnel in Zhuhai, Tunnel Construction, 38(3), 494-500.

18장

1. Jones, M., Choices for excavation, T & T Journal, 2011, May, PP51.

19장

1. A Code of Practice for Risk Management of Tunnel Works, International Tunnelling Insurance Group, 30 Jan. 2006.

2. B. Bllantyne, Modern Tunnelling Risk, Tunnels & Tunnelling International, December 2017.

3. B. Grose, Tunnel Code of Practice Questionnaire, Tunnels & Tunnelling International, March, 2018.

4. M. Noak, Risk Management in Major Projects, Tunnels & Tunnelling International, February 2018.

5. S.D. Eskesen, P. Tengborg, J. Kampmann, T.H. Veicherts, Guidelines for tunnelling risk management : International Tunnelling Association, Working Group No. 2, Tunnelling and Underground Space Technology 19, 2004, p. 217–237.

6. The Joint Code of Practice for Risk Management of Tunnel Works in the UK, The Association of British Insurers & The British Tunnelling Society, Sept. 2003.

7. W. Jee, J. H. Yoo, KSRM Presentation, 발표 : 2018년 한국암반공학회 임시총회 및 봄학술발표회, 일반세션 2 : 지하공간 굴착 및 안정성 평가, 2018년 3월 29일

20장

1. 윤정찬, [건빵 특파원] 달에 간 건설, 한국건설기술연구원 2기 대학생 기자단 (건빵 특파원), 인천대학교 건축공학 학부생 한국건설기술연구원, 2020. 8. 5. 15:06, https://blog.naver.com/PostView.nhn?blogId=feel_kict & logNo=222051937513 &categoryNo=11 & parentCategoryNo=11 & from=thumbnailList &fbclid=IwAR2QUdhD3JN8X9RoXyFu2qq7pD9pCyIkNyN9qRTI1fTHxM8Am-4L6KuF1KM#

2. Paola De Pascali, To Boldy Go Underground, Tunnels and Tunnelling, North American Edition, December~January 2020, pp. 19~23.

부록

1. W. Jee(Tunnel Design PM), Technical Proposal of the Tunnel Design for the GTX A Line PPP Area, 2018.

2. W. Jee, Mechanised Tunnelling (Design Part), KTA (Korea Tunnelling Association), 2008.

3. W. Jee, Tunnel Design Criteria - TBM Tunnel Design, Department of Construction and Ministry of Land, Infrastructure and Transport (MOLIT), 2007.

4. W. Jee, Specification of Tunnel Construction, Chapter 11, TBM Construction, Department of Construction and Transportation, Korean Government, 2008.

5. W. Jee, Subsea Tunnel Design Project by Large Scaled TBM, 2009 Korea-Japan JointSymposium on Rock Engineering, Suwon University, Korea, 2009. 10. 22.-23.

6. W. Jee, Two Way Tunnelling in Seoul, P30-32 Tunnels & Tunnelling Journal. October, 2020 PP. 30-32 London, England.

7. W. Jee Modern Tunnel Design Technology, 터널설계 2020. 10. 씨아이알(전문 서적사) 한글 Version.

저자 소개

지왕률 박사(Dr. warren Jee)

- 호주 시드니, New South Wales 대학, 터널굴착공학 전공,
  Ph.D 1992, 호주연방정부장학생
  (Commonwealth Research Award)

- 독일 RWTH Aachen 공대, 암반공학 전공, G Diploma, 1984
  서독연방정부 장학생(CDG Stipendiat)

- 한양대학교 자원환경공학 전공, B.E, 1980

- 현재 : GTS-Korea 회장, 터널공사 PM
  • 국내외 터널공사 PM(Tunnel Specialist, Freelancer)
  • 콜로라도 CSM공대(Colorado School of Mines) 교수 역임
  • 한국동력자원연구원 연구원, 한국건설기술연구원 유치연구위원,
  • 동아건설 토목설계부장, 평화엔지니어링 터널공간 사업부 본부장,
  • 중앙건설심의위원 등 역임

- 터널 설계, 시공, 감리, 연구 및 강의 경력 국내외 40여 년, 국내외 30여 건 터널
  Project 수행. 국내외 발표논문 100여 편

TBM 터널설계

초판인쇄 2021년 04월 23일
초판발행 2021년 04월 30일

저　　자 지왕률
펴　낸　이 김성배
펴　낸　곳 도서출판 씨아이알

편　집　장 박영지
책임편집 김동희
디　자　인 안예슬, 김민영
제작책임 김문갑

등록번호 제2-3285호
등　록　일 2001년 3월 19일
주　　소 (04626) 서울특별시 중구 필동로8길 43(예장동 1-151)
전화번호 02-2275-8603(대표)
팩스번호 02-2265-9394
홈페이지 www.circom.co.kr

I S B N 979-11-5610-962-4 93530
정　　가 34,000원